绿色建筑工程质量监督与市政建设

李文辉　刘文炼　李德昌　著

吉林科学技术出版社

图书在版编目（CIP）数据

绿色建筑工程质量监督与市政建设 / 李文辉，刘文炼，李德昌著 . -- 长春 : 吉林科学技术出版社，2023.3
ISBN 978-7-5744-0325-3

Ⅰ . ①绿… Ⅱ . ①李… ②刘… ③李… Ⅲ . ①生态建筑—建筑工程—工程质量监督—研究②市政工程—工程质量—质量管理—研究 Ⅳ . ① TU18 ② TU990.05

中国国家版本馆 CIP 数据核字 (2023) 第 068392 号

绿色建筑工程质量监督与市政建设

著　　李文辉　刘文炼　李德昌
出 版 人　宛　霞
责任编辑　马　爽
封面设计　刘梦杳
制　　版　刘梦杳
幅面尺寸　185mm×260mm
开　　本　16
字　　数　355 千字
印　　张　17.625
印　　数　1–1500 册
版　　次　2023年3月第1版
印　　次　2024年1月第1次印刷

出　　版　吉林科学技术出版社
发　　行　吉林科学技术出版社
地　　址　长春市福祉大路5788号
邮　　编　130118
发行部电话/传真　0431-81629529 81629530 81629531
81629532 81629533 81629534
储运部电话　0431-86059116
编辑部电话　0431-81629518
印　　刷　廊坊市印艺阁数字科技有限公司

书　　号　ISBN 978-7-5744-0325-3
定　　价　110.00元

前　言

建设部《建设工程质量监督机构和人员考核管理办法》，明确了对质量监督机构和人员实施考核的内容和要求；住房和城乡建设部发布的《关于进一步加强建筑工程质量监督管理的通知》，再次提出了"完善政府质量监督体系，加强监管队伍建设，提高监管效能"的目标，强调对监督机构和人员的考核，实行执证上岗。自2000年以来，建设工程质量政府监督管理深化改革，监督内容、方式、方法等都发生了深刻变革，政府质量监督的执法权威性和决策科学性面临新的挑战。在新形势下，如何提高建设工程质量政府监督的有效性已成为政府质量监督理论与实践迫切需要解决的关键问题。

加强建设工程安全质量监督，是政府建筑业管理的重要职能，是建筑业发展大计的根本保证。随着当前经济体制改革的深化、政府工程质量安全监督职能的进一步转变，质量安全监管体制机制必须创新和完善。因此，监督系统中必须培养一批严格贯彻执行高水平的监督管理理论工作者，深入研究国内外工程监督的现状、理论、观点、经验和方法，丰富充实工程监督管理体系，进一步提高我国工程质量安全管理水平，为21世纪的中国社会主义建设新的发展探索新的成功之路。

本书突出了相关的基本概念与基本原理，在写作时尝试多方面知识的融会贯通，注重知识层次递进，同时注重理论与实践的结合，希望可以对广大读者提供借鉴或帮助。

由于作者水平和时间有限，本书不妥与错误之处在所难免，恳请广大读者给予批评指正。

目录

第一章　建设工程质量监督管理

第一节　建设工程质量监督管理概念

一、质量监督

(一) 质量监督的概念

质量监督是指根据国家法律、法规规定，对产品、工程、服务质量和企业保证质量所具备的条件进行监督检查的活动。

(二) 质量监督的方针和工作原则

质量监督作为管理的职能之一，其方针原则既要符合客观规律的要求，又要体现管理目标、计划。

1. 质量监督方针

质量监督方针是指质量监督活动的宗旨，主要有以下三条：

(1) 为经济建设服务的方针；

(2) 坚持公正科学监督的方针；

(3) 坚持以规范、标准为依据，公正执法，站在维护国家、人民利益的立场，第三方公正的立场。

2. 质量监督工作的原则

(1) 统一管理与分级分工管理相结合的原则。

(2) 对生产、施工和流通领域的产 (商) 品质量监督一齐抓的原则。

(3) 突出重点、宽严适度的监督原则。

(4) 质量监督检查后，要及时进行处理。

(三) 质量监督的职能和作用

1. 质量监督的职能

(1) 预防职能。提前排除问题和潜在的危险，并弄清原因，采取措施，防止实现质量目标过程中出现大的失误。

(2) 补救职能。排除产生质量缺陷的因素和弥补其后果。

(3) 完善职能。发现和利用提高质量的现有潜力，对不断完善整个社会经济活动做出积极的贡献。

(4) 参与解决职能。指导企业的生产检验工作，协助群众或社团参与质量监督活动，促进产品质量和企业管理水平的提高。

(5) 评价职能。证实和估价取得的质量成果和存在的问题，以便给予奖惩或仲裁。

(6) 情报职能。向决策部门提供制定决策所需要的质量信息。

(7) 教育职能。宣传社会主义经济工作方针、原则和质量目标要求，提高全民的质量意识，推广正面的经验并吸取反面的教训。

2. 质量监督工作的主要作用

(1) 在经济活动中采取有力手段，对忽视质量，粗制滥造，以次充好，甚至弄虚作假、欺骗用户，损害消费者和国家利益的现象进行揭露曝光。质量监督就是发现和纠正这些危害质量的做法。

(2) 是保证实现国民经济计划质量目标的重要措施。

(3) 发展进出口贸易，提高我国出口产品质量，以提高我国产品在国际上的竞争能力；同时限制低劣商品进口，保障我国的经济权益。

(4) 是维护消费者利益和保障人民权益的需要。

(5) 是贯彻质量法规和技术标准，建立社会主义商品经济秩序的重要保证。

(6) 是促进企业提高素质、健全质量体系的重要条件。

(7) 是经济信息的重要渠道，是客观可信的质量信息源；发现技术标准本身的缺陷和不足，为修订标准和制定新标准以及改进标准化工作提供依据。

二、建设工程质量监督

(一) 建设工程质量监督管理概念

工程质量监督管理是指主管部门依据有关法律法规和工程建设强制性标准，对工程实体质量和工程建设、勘察、设计、施工，监理单位 (以下简称工程质量责任主体) 和质量检测等单位的工程质量行为实施监督。

县级以上地方人民政府建设主管部门负责本行政区域内工程质量监督管理工作，具体工作可以由县级以上地方人民政府建设主管部门委托所属的工程质量监督机构实施。

(二) 我国的建设工程质量监督事业现状

20多年来，我国的建设工程质量监督事业快速发展，取得了显著成绩：一是建立了多层次的、内容比较全面的工程质量法规制度体系，完善了以《建筑法》《建设工程质量管理条例》《建设工程勘察设计管理条例》等法律法规为核心，以有关勘察质量管理、施工图设计文件审查、竣工验收备案、质量检测、质量保修等为部门规章和规范性文件的质量法律法规体系，为工程质量管理提供了有效的制度保障；二是建立了一支机构健全、结构合理的工程质量监督队伍；三是完善了覆盖全面、科学公正的工程质量监管体系。除农民自建低层住宅和临时性建筑外，绝大部分限额以上建设工程都纳入了正常的工程质量监管范围，监管手段从最初的眼看、手摸，发展成为现在的各种现代化仪器、信息化技术广泛应用、备案制、质量巡查等多种监管模式的实行和推广，使监管工作更加公正高效。

三、工程质量监督管理的现状

经过近40年的发展，质量监督机构的人员、设备、监督理论和经验以及监督的权威性都有了质的提高，为监督业务工作的开展奠定了坚实的基础。但我们必须看到，部分监督人员的素质尚不能完全适应工作要求，有些监督机构的设备和装备还有待提高和完善。我们今后面临的形势是，我国工程建设事业蓬勃发展，工程建设规模持续增加，质量技术难度不断加大，经济的快速发展、社会的不断进步对工程质量提出了更高的要求。因此，我们必须做好充分准备，进一步加大质量监督工作的力度和深度，不断增强政府监督的有效性和权威性；进一步加强调查研究，不断完善法规制度体系，构筑质量监督长效机制。

(1) 监督机构和队伍不断发展壮大。

(2) 监督法规和制度不断健全完善。

(3) 监督程序和内容不断规范充实。

(4) 监督方法和能力不断改进提高。开展工程质量监督以来，各级监督机构不断调整改进监督方式，提高监督效率，努力适应行政执法的特点和要求。

目前以抽查、抽测为主的工程质量监督方式改变了过往以工程项目为单位、以定点监督为主的监督模式，可以更加灵活、合理地配置监督资源，增强监督检查的有效性和威慑力。与抽查方式相适应，监督机构遵循差别化监督原则，根据工程类别、重要性及工程参与单位的业绩、信誉、质量保证能力等情况实施分类监督。对重要工程、住宅工程特别是保障性住房和信誉差、质量保证能力弱的企业，加大抽查频次；对带有普遍性和比较严重的质量问题，加大抽查力度。

在探索改进监督方式的同时，监督机构通过配备监督软件进行计算机辅助监督管理，实现了办公自动化、信息化；通过配备现场抽查的仪器设备，增强了质量监督的科学性、针对性。

同时，监督机构还高度重视充分利用市场机制，强化建筑市场和工程施工现场的“两场联动”，加强各职能部门之间的部门联动，进一步推动和完善图纸设计审查、施工监理、质量安全监督、建设监察、材料检测、竣工验收等各环节的闭合管理机制。通过积极开展“三个联动”(现场与市场联动、监督与检测联动、检查与处罚联动)，重点强化现场与市场联动，将不良质量行为、违法违规和严重质量问题予以曝光，形成了市场经济条件下对责任主体强有力的监管手段。

(5) 监督成效和经验不断显现积累。各级工程质量监督机构及质量监督人员，在大量的监督实践中，积极探索，勇于创新，在监督理念的提升、监督模式的改革等方面取得了明显的效果。如在江苏省质监总站带动下，全省质量监督机构不断加大巡查力度，探索以巡查为主要手段的监督模式，针对工程性质、企业信誉、现场管理等情况进行重点抽查，有效保证了工程质量责任落实，对参建各方具有强烈的震撼力，其效果可谓事半功倍。各级质量监督机构在监督模式方面呈现多元化，有责任到人，任务到组，按科室分片负责的；有任务由质监站统一安排，分组监督检查的；有分派主监人监督为主、设立内部随机督查为辅的；监督控制点的设置也出现了必监点和随机抽查、巡查相结合的模式。

(6) 监督问题和矛盾亟待深入解决。当前我国工程质量监督工作面临的问题主要有以下几个方面：

① 一些质量监督机构的人员履行职责时执法不严，素质有待进一步提高，建设规模庞大与质量监督机构现有人员不足的矛盾在有些地区很突出，监督资源明显不足；

② 监督抽查仪器设备、计算机及辅助监督软件等装备配备不齐全，工程质量监督工作未完全实现信息化管理；

③ 重大工程质量事故仍有发生，重大技术风险防范能力不足；

④ 工程质量通病仍然存在，部分地区质量投诉数量居高不下，矛盾较为突出；

⑤ 质量监督执法工作在有些项目上难度较大。

四、工程质量监督的发展趋势

随着政府机构改革进程的不断深入和市场经济体制的不断发展完善，如何借鉴发达国家和地区的工程质量监督管理经验，并结合我国工程质量监督现状，实现质量监督机构和管理方式方法的改革创新，仍需积极探索。

(一) 发达国家和地区建筑工程质量监督管理的模式

目前，世界上的大多数发达国家和地区的工程质量管理都做到了与其建设体制相适应，政府建设主管部门都把制定住宅、城市、交通、环境建设和建筑业质量管理的法规和监督执行作为主要任务，并把大型项目和政府投资项目作为质量管理重点对象。首先，它们都非常重视发挥社会上各种专业人士、学会和行业协会在建设市场中的管理作用，政府主管部门通过审核和认可，授权或委托这些组织和机构，将相应的政府职能向民间和半官方机构转移，实行对专业人士教育培训，考核注册制度，充分发挥建筑师、结构师、建造师等各类专业人士的作用，对工程项目的组织实施阶段的质量进行直接的监督管理。其次，他们的普遍做法是依据法规，建立项目许可制度，施工单位、供应商的市场准入、生产过程检测、认证制度、竣工审核和颁发使用许可证制度等，对工程项目的质量实施全过程管理。再次，在具体工程质量监督的模式上，这些国家和地区的施工单位都按照“谁设计谁负责、谁施工谁负责”的基本原则进行监督自控。最后，建设单位普遍采用委托工程咨询公司对工程项目质量进行控制的做法。为了提高监理工作的有效性，不少国家的建设单位往往委托在工程竞标中失败的一方作为该公司的监理单位。政府是否介入自己投资的公共工程及民间投资工程的质量监督检查，即政府主管部门是否直接参与微观层面工程质量监督检查控制，各个国家和地区的情况不尽相同。

(二) 加强和完善我国建设工程质量监督管理的思考

1. 健全法律、法规体系，明确监督机构定位

借鉴发达国家的成熟经验，加强我国建设工程质量的社会咨询服务保障体系建设，进一步规范建设监理行为，实施建设工程质量风险管理，有效地开展建设工程质量强制性担保和保险制度，培育有效的建设工程担保与保险市场，加强对市场主体要素的监督管理，推动工程担保与保险市场和监理咨询市场的规范有效运转，充分发挥工程担保、保险和建设监理在建设工程质量保证体系中的社会保障作用，全方位挖掘各专业组织和专业人士从事建设工程质量管理的智能潜力，促进建设工程质量管理的专业化和社会化。同时，加速相关法律、法规与国际惯例接轨的步伐，推进建设工程质量监督管理再上新台阶。

工程质量监督是为保证公共利益和公众安全，对工程是否执行国家有关法律法规和工程建设强制性标准进行的监督，是政府监管工程质量的重要手段。因此，工程质量监督机构虽然是受政府委托实施质量监督，但履行的是行政管理职能，本质上仍然属于行政执法机构。

建设工程质量监督费的取消，也为监督机构的“正名”提供了一个有利契机，大部分监督机构由此被调整为全额拨款的事业单位，向明确其执法属性迈出了坚实的一步。目前，已有少数监督机构实现了“参公”管理，从国家事业单位分类改革的大趋势来看，这是监督机构今后发展的方向。

2. 建立健全三大体系，确保市场良性运作

建设工程质量的形成是一个涉及多方主体参与、受众多因素影响，涵盖建设工程决策、勘察设计、施工准备、施工建设和使用维护全过程的复杂系统。从根本上治理建设工程质量差的问题，就必须树立系统工程的观点，对其进行全面、全过程、全方位的系统治理，建立健全建设工程质量监督管理的三大体系，即各建设主体的质量保证体系、建设监理与工程保险在内的社会监督保证体系和建设工程质量政府监督管理体系。以规范建设主体质量保证体系为重点，以社会监督保证体系为突破口，促进建设工程质量监督管理的专业化服务；以政府监督管理体系为驱动力，推动建设工程质量监督管理体系和建设市场的高效运转。改善建设市场要素，增强建设体系质量转化能力，保证建设工程整体质量。

3. 创新监督模式、方法，提高政府监管效能

研究新形势下产生的新问题，加强对监督模式、监督方法的探索和创新，在工程质量监督巡查模式基础上，根据各地实际，不断创新类似分类监督模式、“验监分离”监督模式、信息告知监督模式等有成效的新型监督模式，以解决工程规模不断扩大与有限监督资源日趋突出的矛盾，确保工程质量过程控制。监督人员加强执法监督检查力度，通过抽查参建各方质量行为和工程实体部分环节，对有关责任主体和责任人存在的违法违规行为责令改正，并依法进行处罚，督促工程参建各方自觉履行质量责任，严格执行有关法律法规和工程建设强制性标准。

增强建设工程质量的科学技术含量，这在客观上要求对其实施监督管理的手段和方法必须与之相适应。政府对建设工程质量的监督管理必须以新兴的信息技术为支撑点，实现监督管理的信息化和网络化，实现监督方法的科学化，不断创新和改进检测设备和仪器，以有效适应建筑技术发展的需要，保证政府对建设工程质量监督管理的科学性和有效性，提高监督管理技术装备能力和监督效率，推动全行业信息化和建筑科学技术进步。

4. 加大教育培养力度，提高监督管理水平

做好监督工作，建设一支高素质的监督队伍至关重要。加强质量监督工作关键在人，关键在建设一支高素质、过硬的质量监督队伍。质量监督工作责任大、技术性强、执法要求高，这不仅要求需要懂法规、懂技术、懂管理的复合型人才，而且需要较高的政治素质、良好的职业道德和综合执法能力，因此，需要提高监督人员

从业门槛，不断加强政治素质、思想素质和业务素质的培养，以提高质量监督队伍的整体素质。严格资格条件、上岗培训考试，加强继续教育、加强廉政建设、规范人员行为，进一步提高监督队伍整体素质，着力提高监督人员现场发现问题和处理问题的能力，打造一支“政治合格、技术过硬、作风优良、监督权威”的工程质量卫士队伍。建立有效的激励机制，提高监督工作人员的收入待遇，把知识丰富、水平高、能力强的专业人才吸引到监督管理工作岗位上来，调动专业人员从事监督管理工作的积极性和主动性，提高监督管理能力和水平，保证监督工作质量，全面促进建设工程质量监督管理工作的可持续发展。

第二节　工程质量监督机构

建设工程质量监督机构（以下简称监督机构）是指受县级以上地方人民政府建设主管部门或有关部门委托，经省级人民政府建设主管部门或国务院有关部门考核认定，依据国家的法律、法规和工程建设强制性标准，对工程建设实施过程中各参建责任主体和有关单位的质量行为及工程实体质量进行监督管理的具有独立法人资格的单位。监督机构经考核合格后，方可依法对工程实施质量监督，并对工程质量监督承担监督责任。

一、监督机构的工作原则和基本条件

（一）工程质量监督机构的工作原则

（1）以保证建设工程使用安全和环境质量，维护公共利益为主要目的；

（2）以政府的强制监督为主要方式；

（3）以对工程实体质量主体及质量检测单位的质量行为、工程实体质量随机进行的抽样检查为主要内容；

（4）以法律、法规和工程建设标准规范为主要工作依据。

（二）工程质量监督机构的基本条件

（1）人员数量由县级以上地方人民政府建设主管部门根据实际需要确定，监督人员应当占监督机构总人数的75%以上。

（2）有固定的工作场所和满足工程质量监督检查工作需要的仪器、设备和工

具等。

(3) 有健全的质量监督工作制度，具备与质量监督工作相适应的信息化管理条件。

二、主要工作内容

工程质量监督管理应当包括下列内容。

(一) 执行法律法规和工程建设强制性标准的情况

(1) 对工程质量责任主体及质量检测单位执行有关法律法规和工程建设强制性标准的情况进行监督检查。

(2) 对工程项目采用的材料、设备是否符合强制性标准的规定实施监督检查。

(3) 对工程实体的质量是否符合强制性标准的规定实施监督检查。

(二) 抽查涉及主体结构安全和主要使用功能的工程实体质量

(1) 对工程实体质量的监督采取抽查施工作业面的施工质量与对关键部位重点监督相结合的方式。

(2) 检查结构质量、环境质量和重要使用功能，其中重点监督检查工程地基基础、主体结构和其他涉及结构安全的关键部位。

(3) 抽查涉及结构安全和使用功能的主要材料、构配件和设备的出厂合格证、试验报告、见证取样送检资料及结构实体检测报告。

(4) 抽查结构混凝土及承重砌体施工过程的质量控制情况。

(5) 实体质量检查要辅以必要的监督检测，由监督人员根据结构部位的重要程度及施工现场质量情况进行随机抽检。

(6) 监督机构经监督检测发现工程质量不符合工程建设强制性标准或对工程质量有怀疑的，应责成有关单位委托有资质的检测单位进行检测。

(三) 抽查工程质量责任主体和质量检测等单位的工程质量行为

(1) 抽查责任主体和检测机构履行质量责任的情况。

(2) 抽查责任主体和有关机构质量管理体系的建立和运行情况。

(3) 发现存在违法违规行为的，按建设行政主管部门委托的权限对违法违规事实进行调查取证，对责任单位、责任人提出处罚建议或按委托权限实施行政处罚。

(四) 抽查主要建筑材料、建筑构配件的质量

(1) 检查材料和预制构件的外观质量、尺寸、性状、数量等。

(2) 检查材料和预制构件的质量证明文件和进场验收、复试资料。

(3) 检查材料和预制构件的性能是否符合设计要求。

(4) 检查材料、构件的现场存放保管情况。

(五) 对工程竣工验收进行监督

(1) 对建设单位组织的工程竣工验收进行监督检查。

(2) 在规定时间内完成工程质量监督报告，并提交备案管理机构。

(六) 组织或者参与工程质量事故的调查处理

(1) 负责该项目的监督工程师应将工程建设质量事故及时向质量监督机构负责人汇报并参与调查、收集和整理与事故有关的资料。

(2) 质量监督机构将事故报告、处理方案、处理结果等有关资料整理好，存入监督档案。

(七) 定期对本地区工程质量状况进行统计分析

(1) 根据工程质量监督管理的需求，确定质量信息收集的类别和内容。

(2) 用数据统计方法进行整理加工，为有关部门宏观控制管理提供依据。

(八) 依法对违法违规行为实施处罚

(1) 发现有影响工程质量的问题时，发出“责令整改通知单”，限期进行整改。

(2) 对责任单位、责任人按建设行政主管部门的委托对违规违法行为进行调查取证和核实，提出处罚建议，报上级主管部门进行处罚。

(3) 对责任单位、责任人按建设行政主管部门委托的权限实施行政处罚。

三、工程项目质量监督管理制度

(一) 建设工程质量监督注册 (登记) 制度

(1) 建设工程质量监督注册 (登记) 是指对新建、改建、扩建的房屋建筑和市政基础设施工程，建设单位在申领建设工程施工许可证前，应按规定向工程质量监督机构办理的工程质量监督注册 (登记) 手续。

(2) 办理手续时应向监督机构提交《建设工程质量监督登记表》等相关表格，施工、监理中标通知书和施工、监理合同、施工图设计文件审查报告和批准书，施工组织设计和监理规划 (监理实施细则) 及其他文件资料。

(3)《建设工程质量监督登记表》等相关表格由工程建设各责任主体填写并加盖公章。

(4) 工程质量监督机构根据建设单位提交的《建设工程质量监督登记表》等相关表格，审核工程有关文件、资料，办理监督注册 (登记) 手续。

(5) 工程质量监督注册 (登记) 手续办理完毕后，监督机构应将监督的工作要求，书面通知建设单位，开始实施质量监督工作。

(6) 未办理工程质量监督注册 (登记) 手续的工程项目，不得进行施工。

(二) 建设工程质量监督方案

建设工程质量监督方案是指监督机构针对工程项目的特点，根据有关法律法规和工程建设强制性标准编制的、对该工程实施质量监督活动的指导性文件。

(1) 对一般工程，宜制订工程质量监督方案；对一些重点工程和政府投资的公共工程，工程质量监督工程师应制订工程质量监督方案。

(2) 监督方案应根据受监工程的规模和特点、投资形式、责任主体和有关机构的质量信誉及质量保证能力、设计图纸以及有关文件而制定，并根据监督检查中发现问题的情况及时做出调整。

(3) 在监督方案的编制中应明确以下几点：

① 工程概况；

② 监督人员配备；

③ 监督方式；

④ 重点监督检查的责任主体和有关机构质量行为；

⑤ 工程实体质量监督检查的重点部位 (包括监督检测)；

⑥ 工程竣工验收的重点监督内容。

(4) 监督方案由项目监督工程师编制，重点工程监督方案报监督机构负责人或技术负责人审定，一般工程监督方案报监督科室负责人审定。监督方案的主要内容应书面告知参建各方责任主体。

(三) 建设工程质量监督交底

建设工程质量监督交底是工程质量监督机构根据相关法律、法规、规范、工程建设标准强制性条文、地方标准等文件而编制，发给工程项目参建各方责任主体，用以解决工程项目常见质量问题、防治质量通病、规范参建各方主体质量行为的交底通知。交底的主要内容包括：

(1) 对工程参建各方主体质量行为监督的内容；

(2) 对建设工程实体质量监督的方式、方法；

(3) 工程竣工验收监督的要求；

(4) 工程检测及原材料，半成品构配件的检验要求；

(5) 监督工作的主要职责；

(6) 明确工程参建各方责任、义务及罚则。

(四) 工程质量监督机构的主要职责

1. 省（自治区、直辖市）质监总站

(1) 负责全省（自治区、直辖市）建设工程质量和工程检测的监督管理工作。

(2) 贯彻执行国家有关法律法规和工程技术标准，制定本省（自治区、直辖市）建设工程质量、检测管理工作的有关实施细则和办法。

(3) 指导和管理全省（自治区、直辖市）建设工程质量监督机构和检测机构的业务工作。

(4) 负责对各级工程质量监督机构资格的考核，负责质量监督人员的培训与考核。

(5) 组织全省（自治区、直辖市）建设工程质量检查（巡查），掌握工程质量动态，总结、交流质量监督管理工作的经验。

(6) 按省（自治区、直辖市）建设行政主管部门的委托权限实施行政执法。

(7) 参与组织省（自治区、直辖市）内重大质量事故处理，组织重大质量问题的技术鉴定。

(8) 参与组织省（自治区、直辖市）级优质工程的审核评审。

(9) 完成省（自治区、直辖市）建设行政主管部门委托的其他工作。

2. 地、市级质监站

(1) 负责本地区建设工程质量和工程检测的监督管理工作。

(2) 贯彻执行国家及省（市）有关工程质量的法律法规和工程技术标准，管理和指导本地区的工程质量监督和检测业务工作，开展相应的技术培训。

(3) 组织开展本地区建设工程质量检查，掌握本地区工程质量状况，及时总结、交流和推广工程质量管理经验。

(4) 按照国家及省（市）制定的有关工程质量的法律法规和工程技术标准，对受监工程建设各方责任主体及有关机构履行质量职责情况和工程实物质量情况进行监督检查。

(5) 向工程备案管理机构提交工程质量监督报告。

(6) 对责任主体及有关机构的质量信誉进行管理。

(7) 按照当地建设行政主管部门的委托，对责任主体及有关机构违法、违规行为进行调查取证和核实，提出处罚建议，或按委托权限对违法、违规行为实施行政处罚。

(8) 按照当地建设行政主管部门的委托组织开展本地区工程质量问题的技术鉴定。

(9) 参与本地区重大质量事故的调查处理，参与优质工程的审核评审。

(10) 完成当地建设行政主管部门委托的其他工作。

3. 区、县级质监站

(1) 负责本地区建设工程质量和工程检测的监督管理工作。

(2) 具体贯彻落实国家及省（市）有关工程质量的法律法规和工程技术标准。

(3) 按照国家及省（市）制定的有关工程质量的法律法规和工程技术标准，对受监工程建设各方责任主体及有关机构履行质量职责情况和工程实物质量情况进行监督检查。

(4) 向工程备案管理机构提交工程质量监督报告。

(5) 对责任主体及有关机构的质量信誉进行管理。

(6) 按照当地建设行政主管部门的委托，对责任主体及有关机构违法、违规行为进行调查取证和核实，提出处罚建议，或按委托权限对违法、违规行为实施行政处罚。

(7) 参与本地质量事故的调查处理，组织开展本地区质量问题的技术鉴定。

(8) 掌握本地区工程质量状况，及时总结、交流和推广工程质量管理经验。

(9) 完成当地建设行政主管部门委托的其他工作。

（五）现场监督检查工作程序

1. 责任主体

工程质量行为监督是指主管部门对工程质量责任主体和质量检测等单位履行法定质量责任和义务的情况实施监督。

(1) 工程项目的建设单位；

(2) 工程项目的勘察、设计单位；

(3) 工程项目的施工单位；；

(4) 工程项目的监理单位；

(5) 参与工程项目的质量检测机构；

(6) 参与工程项目的施工图审查机构。

2. 工程实体质量监督

工程实体质量监督是指主管部门对涉及工程主体结构安全、主要使用功能的工程实体质量情况实施监督。

(1) 监督机构对工程实体质量的监督应遵守以下一般规定:

① 对工程实体质量的监督采取抽查施工作业面的施工质量与对关键部位重点监督相结合的方式;

② 重点检查结构质量、环境质量和重要使用功能，其中重点监督工程地基基础、主体结构和其他涉及结构安全的关键部位;

③ 抽查涉及结构安全和使用功能的主要材料，构配件和设备的出厂合格证、试验报告、见证取样送检资料及结构实体检测报告;

⑤ 抽查结构混凝土及承重砌体施工过程的质量控制情况;

⑥ 实体质量检查要辅以必要的监督检测，由监督人员根据结构部位的重要程度及施工现场质量情况进行随机抽检。

(2) 监督机构应对地基基础工程的验收进行监督，并对下列内容进行重点抽查:

① 桩基、地基处理的施工质量及检测报告、验收记录、验槽记录;

② 防水工程的材料和施工质量;

③ 地基基础子分部、分部工程的质量验收资料。

(3) 监督机构应对主体结构工程的验收进行监督，并对下列内容进行重点抽查:

① 钢结构，混凝土结构等重要部位及有特殊要求部位的质量及隐蔽验收;

② 混凝土、钢筋及砌体等工程关键部位，必要时进行现场监督检测;

③ 主体结构子分部、分部工程的质量验收资料。

(4) 监督机构应根据实际情况对有关装饰装修，建筑节能工程、安装工程的下列部分内容进行抽查:

① 幕墙工程、外墙黏 (挂) 饰面工程、大型灯具等涉及安全和使用功能的重点部位施工质量的监督抽查;

② 建筑物的围护结构 (含墙体、屋面、门窗、玻璃幕墙等)、供热采暖和制冷系统、照明和通风等电器设备的节能情况;

③ 安装工程使用功能的检测及试运行记录，工程的观感质量;

④ 分部 (子分部) 工程的施工质量验收资料。

(5) 监督机构应根据实际情况对有关工程使用功能和室内环境质量的下列部分内容进行抽查:

① 有环保要求材料的检测资料;

② 室内环境质量检测报告；

③ 绝缘电阻、防雷接地及工作接地电阻的检测资料（必要时可进行现场测试）；

④ 屋面、外墙、卫生间和淋浴室等有防水要求的房间及卫生器具防渗漏试验的记录（必要时可进行现场抽查）；

⑤ 各种承压管道系统水压试验的检测资料。

（6）监督机构可对涉及结构安全，使用功能、关键部位的实体质量或材料进行监督检测，检测记录应列入质量监督报告。

（7）监督检测的项目和数量应根据工程的规模、结构形式、施工质量等因素确定。

（8）监督检测的项目宜包括：

① 承重结构混凝土强度；

② 受力钢筋数量、位置及混凝土保护层厚度；

③ 现浇楼板厚度；

④ 砌体结构承重墙柱的砌筑砂浆强度；

⑤ 安装工程中涉及安全及功能的重要项目；

⑥ 钢结构的重要连接部位；

⑦ 节能保温材料与系统节能性能；

⑧ 其他需要检测的项目。

（9）监督机构经监督检测发现，工程质量不符合工程建设强制性标准或对工程质量有怀疑的，应责成有关单位委托有资质的检测单位进行检测。

（六）对责任主体及有关机构违反规定的处理

（1）发现有影响工程质量的问题时，发出“责令整改通知单”，限期进行整改。

（2）对责任单位及责任人，按建设行政主管部门的委托，对违规违法行为进行调查取证和核实，提出处罚建议，报上级主管部门进行处罚。

（3）对责任单位及责任人按建设行政主管部门委托的权限实施行政处罚。

（七）工程竣工验收监督

（1）建设单位应当在工程竣工验收5个工作日前，将验收的时间、地点及验收组名单书面通知负责监督该工程的工程质量监督机构。

（2）质量监督机构在对建设工程竣工验收实施监督时，重点对工程竣工验收的组织形式、验收程序、执行验收规范、标准等情况实行监督，对违规行为责令改正，当参与各方对竣工验收结果达不成统一意见时进行协调。

(3) 建设工程质量监督机构在对建设工程竣工验收实施监督时，应对工程实体质量进行抽测，对观感质量进行检查。

(4) 竣工验收完毕后7个工作日内，监督机构向备案部门提交工程质量监督报告。

(八) 工程质量监督报告

工程质量监督报告，是指监督机构在建设单位组织的工程竣工验收合格后向备案机关提交的、在监督检查（包括工程竣工验收监督）过程中形成的、评估各方责任主体和有关机构履行质量责任，执行工程建设强制性标准的情况以及工程是否符合备案条件的综合性文件。

(1) 监督机构对符合施工验收标准的工程应在工程竣工验收合格后5个工作日内向备案部门提交工程质量监督报告。

(2) 建设工程质量监督报告应由负责该项目的质量监督工程师编写，有关专业监督人员签认、工程质量监督机构负责人审查签字并加盖公章。

(3) 工程质量监督报告应根据监督抽查情况，客观反映责任主体和有关机构履行质量责任的行为及工程实体质量的情况。

(4) 工程质量监督报告应包括以下内容：

① 工程概况和监督工作概况；

② 对责任主体和有关机构质量行为及执行工程建设强制性标准的检查情况；

③ 工程实体质量监督抽查（包括监督检测）情况；

④ 工程质量技术档案和施工管理资料抽查情况；

⑤ 工程质量问题的整改和质量事故处理情况；

⑥ 各方质量责任主体及相关有资格人员的不良行为记录内容；

⑦ 工程质量竣工验收监督记录；

⑧ 对工程竣工验收备案的建议。

(九) 混凝土预制构件及预拌混凝土质量监督检查程序

(1) 抽查生产厂家主管部门颁发的资质证书。

(2) 抽查生产厂家相应的生产设备、质量检查仪器、持证上岗人员等生产条件。

(3) 检查混凝土生产企业试验室的设立情况，检测设备、检测人员是否齐全。

(4) 抽查原材料，检查原材料是否符合有关标准的规定，是否按有关标准的规定进行验收、复试，存放留样是否符合要求。

(5) 监督检查混凝土配合比是否符合有关标准及产品性能的要求。

(6) 检查预拌混凝土的制备、运输及检测是否符合标准要求。

(7) 监督检查有关制度及质量保证体系和落实情况。

(8) 监督检查出厂产品质量及有关质量控制资料和质量检测数据。

(十) 建设工程质量检测机构监督管理程序及内容

(1) 省建筑工程管理局负责对全省建设工程质量检测活动实施监督管理和检测机构资质审批。省外注册的检测机构在省行政区域内承揽工程质量检测项目的，应到省建管局进行备案，未经备案不得在该省行政区域内承担检测业务。

(2) 省建设行政主管部门所属的建设工程质量监督机构，负责对建设工程质量检测机构资质审批和备案的具体工作，对检测活动进行监督检查。设区的市、县(市) 建设行政主管部门可委托其所属的工程质量监督机构负责对本行政区域内的建设工程质量检测活动实施监督管理。

(3) 检测机构是具有独立法人资格的中介机构，应取得省级及以上技术质量监督机构计量认证证书及相应的资质证书。

(4) 检测机构不得与行政机关、法律、法规授权的具有管理公共事务职能的组织以及所检测工程项目相关的设计单位、施工单位、监理单位有隶属关系或者其他利害关系，且不得转包检测业务。

(5) 各级建设行政主管部门应当加强对检测机构的监督检查，主要检查下列内容:

① 是否符合本办法规定的资质标准;

② 是否超出资质范围从事质量检测活动;

③ 是否有涂改、倒卖、出租、出借或者以其他形式非法转让资质证书的行为;

④ 是否按规定在检测报告上签字盖章，检测报告是否真实;

⑤ 检测机构是否按有关技术标准和规定进行检测;

⑥ 仪器设备及环境条件是否符合计量认证要求;

⑦ 法律、法规规定的其他事项。

(6) 建设主管部门实施监督检查时，有权采取下列措施:

① 要求检测机构或者委托方提供相关的文件和资料;

② 进入检测机构的工作场地 (包括施工现场) 进行抽查;

③ 组织进行比对试验以验证检测机构的检测能力;

④ 发现有不符合国家有关法律、法规和工程建设标准要求的检测行为时，责令改正。

(7) 各级建设主管部门在监督检查中为收集证据的需要，可以对有关试样和检测资料采取抽样取证的方法；在证据可能灭失或者以后难以取得的情况下，经部门负责人批准，可以先行登记保存有关试样和检测资料，并应当在7日内及时做出处理决定，在此期间，当事人或者有关人员不得销毁或者转移有关试样和检测资料。

(8) 各级建设主管部门在监督检查中发现检测人员未严格按照国家规范、规程、技术标准的要求从事检测工作，未严格实行管理手册制度，应记入管理手册，情节严重或拒不纠正错误的，收回管理手册，检测人员不得继续进行检测工作，具体违规行为包括：

① 超越从业资格项目范围从事检测工作；

② 不按国家、省技术标准进行检测和严重违反操作规程；

③ 伪造检测数据、出具虚假检测报告；

④ 未按要求参加专业教育培训；

⑤ 其他违反国家和省有关规定的行为。

(十一) 质量监督机构的考核

建设部对质量监督机构考核的主要规定：

(1) 省、自治区、直辖市人民政府建设主管部门对本行政区域内的监督机构初次考核合格后，颁发国务院建设主管部门统一格式的监督机构考核证书。

(2) 对监督机构每三年进行一次验证考核。

(3) 监督机构考核的主要内容：

① 执行国家工程建设法律、法规及地方有关规定情况；

② 工程监督覆盖率、所监督工程参建责任主体的质量行为及工程实体质量符合国家工程建设法律、法规和工程建设强制性标准情况；

③ 监督机构基本条件的符合情况；

④ 工程质量监督档案建立情况；

⑤ 所监督区域发生重大质量事故的情况；

⑥ 其他有关规定内容。

(4) 对考核不合格的监督机构，责令限期整改并由建设主管部门对其调整和充实力量。

第三节　工程质量监督人员的基本要求

工程质量监督人员是指经过省级以上建设行政主管部门考核认定，依法从事质量监督工作的人员。

一、工程质量监督人员的基本条件和监督范围

监督人员应当具备一定的专业技术能力和监督执法知识，熟悉掌握国家有关的法律、法规和工程建设强制性标准，具有一定的组织协调能力和良好的职业道德。

监督人员应当符合下列基本条件，并经省级人民政府建设主管部门组织的上岗培训、考核合格后，方可从事工程质量监督工作。

(1) 地、市级以上监督机构的监督人员：

① 具有工程类专业本科以上学历；

② 具有中级以上专业技术职称；

③ 具有 5 年以上建设工程质量管理或设计、施工、监理等工作经历；

④ 年龄不超过 60 周岁。

(2) 县级监督机构的监督人员：

① 具有工程类专业大专以上学历；

② 具有初级以上专业技术职称；

③ 具有 3 年以上建设工程质量管理或设计、施工、监理等工作经历；

④ 年龄不超过 60 周岁。

(3) 取得注册建造师、监理工程师、结构工程师等工程类国家执业资格证书的，可不受上述 (1)、(2) 中 ①、② 条件限制。连续从事质量监督工作满 15 年具有中级以上专业技术职称的，可不受上述 (1)、(2) 中 ① 条件限制。

监督机构负责人应当具备同级监督人员基本条件，熟悉工程建设管理工作。

二、工程质量监督人员的行为规范和职责

(一) 行为规范

政治坚定、爱岗敬业、依法监督、科学规范、清正廉洁、勤政高效、团结协作、品行端正。

(二) 职责

(1) 贯彻执行国家和本省 (市) 有关工程质量的法律法规和工程建设技术标准。遵守各项规章制度，积极做好工程质量监督工作。

(2) 对分管的受监工程和巡查工作实施监督管理。

(3) 编制工程项目监督计划，并负责组织实施。

(4) 负责对建设各方责任主体质量行为的监督，收集、整理、填写受监工程建设各方责任主体和有关机构的质量信誉管理记录，并报站长审查。

(5) 对影响工程质量的关键部位实施重点监督，对隐蔽工程进行监督检查；对涉及结构安全、使用功能、关键部位的实体质量和建筑材料、建筑构配件进行监督检测，并填写监督记录。

(6) 下发整改单，并起草局部停工整改单报站领导同意后实施。

(7) 对建设各方责任主体和有关机构的违法违规行为进行调查取证和核实，提出行政处罚的建议。

(8) 根据国家工程质量验收规范，监督建设单位的工程竣工验收，审查组织形式、验收程序、参验人员资格、抽查质量验收文件和参与实体质量抽查。

(9) 组织或参与工程质量事故的调查处理。

(10) 定期对本地区工程质量状况进行统计分析。

(11) 负责编写建设工程质量监督报告。

(12) 负责受监工程的监督档案的整理、审核、归档工作。

(13) 完成领导交办的其他工作。

助理质量监督员的岗位责任：在质量监督员的带领和指导下，参与工程的监督检查，做好有关记录，并提出积极的意见和建议。

三、工程质量监督人员的培训

建设工程质量监督机构作为一个独立的法人单位，承担着对本地区建设工程质量进行宏观监督管理的责任，因此必须有完善的技术质量和行政管理制度，并得到有效的贯彻落实，才能有效履行职责。其中，人员的培训与考核是基础，因为没有合格的人员，质量监督的岗位责任制度就难以落实。

(1) 可采取长期与短期相结合的方式，鼓励自学，对在职的监督人员进行继续教育和知识更新，提高监督业务水平。

(2) 贯彻理论联系实际、学以致用、按需施教、讲求实效的原则。

(3) 主要内容包括法律法规、工程技术标准和与监督业务工作紧密相连的新的工程技术和新的管理理念。

(4) 主任监督员和监督员应对助理监督员进行技术业务方面的指导和引导。

第四节　建设工程质量监督信息管理

工程质量监督信息化管理是指：在国民经济高速发展和全球信息化的背景下，为了提高工程质量监督工作效率，质量监督机构利用先进的计算机和网络技术，对所辖行政区域内的工程质量监督信息实行科学管理的活动。工程质量监督信息化的管理，使得质量监督机构能够全面、及时和准确地掌握工程质量监督情况，为综合分析、统计、评价建设工程的质量和参建各方责任主体的质量行为提供了科学的依据，以信息共享、网上公示、网上办公等形式为社会各界提供了服务，加强了政府与参建各方和社会公众的沟通。同时，也规范了质量监督机构的执法行为和工作程序，构建和优化了内部管理系统、决策支持系统和办公自动化系统，促进了工程质量监督管理水平的提高。

一、工程质量监督信息管理系统的基本要求

工程质量监督机构应建立工程质量监督信息管理系统。这是一项复杂而细致的工作，必须统筹规划、合理设计，为质量监督工作信息化管理打下良好的基础。工程质量监督信息管理系统的建立应注意以下几点要求。

(1) 满足质量监督机构内部实际工作的需要。

(2) 满足部、省、市各级工程质量监督信息畅通和综合管理的需要。

(3) 满足社会各界和公众对工程质量监督信息资源共享的基本需求。

(4) 坚持实用性、安全性和可操作性相结合，便于维护和升级。

(5) 应建立完整的信息化管理制度，保障信息系统的正常运行与安全。

(6) 信息的收集，应真实、准确、及时，便于分析统计查阅。

二、工程质量监督信息管理系统的技术要求

(1) 完整性。系统应具有统一的数据平台、统一的数据格式、统一的编码原则、统一的操作平台。

(2) 开放性。系统不仅能在本单位、本行业中运行，而且能贯穿建设行政主管部门各有关建设程序的部门，并能在 Internet 上对外开放；为适应信息技术的高速发展，还应将工程质量监督的电子政务纳入系统。

(3) 准确性。适应质量监督机构的工作模式，系统提供的数据信息必须是真实的，确保质量监督工作的公正性。

(4) 适时性。系统应充分利用先进的计算机网络技术，尽可能将数据的采集、

更新、发布与实际同步。

（5）实用性。系统应具有可操作性，既要满足上级部门查询统计决策的需要，又要充分考虑基层单位工作人员操作应用的实际情况，简化输入，降低成本；既能够在办公室使用，也可以在工地现场使用，切实提高工作效率。

三、工程质量监督信息管理系统的主要内容

（1）工程参建各方质量责任主体和有关机构的单位基本信息。

（2）注册建筑工程师、注册结构工程师、注册岩土工程师、注册监理工程师、项目经理（注册建造师）等人员的基本信息。

（3）监督注册、在建及竣工工程的基本信息。

（4）工程参建各方质量责任主体和有关机构所参建的工程信息。

（5）监督检查中发现的工程参建各方质量责任主体和有关机构的不良行为、违反强制性标准和行政处罚情况的信息。

（6）投诉及处理的基本信息。

（7）工程竣工验收备案信息。

（8）工程监督巡查（各类大检查）有关信息。

（9）工程质量状况统计信息。

（10）各类工程评优信息。

（11）工程质量监督档案信息。

（12）质量监督机构、质量监督人员及质量监督工作的内部管理信息。

（13）财务管理、人事管理、图书管理、文件管理等办公自动化信息。

四、工程质量监督信息管理系统的硬件环境要求

工程质量监督机构应设立门户网站，实施政务信息公开，并拥有相应的质量监督管理系统（如工程质量监督管理系统、商品混凝土管理系统、建筑材料管理系统等）。网站和管理系统的架设有两种方法：一是托管至有资质的专业信息服务代理机构，签订相关协议，确保网络畅通、访问快捷、信息安全和系统正常运行，优点是投资少、见效快，缺点是维护管理不便、数据安全不易掌控。二是建设自有机房，按照机房建设标准，配备相应的服务器、交换机、防火墙、路由器、空调、机柜等，优点是维护管理方便、数据安全有保障、便于功能扩展，缺点是投资较大。

硬件设施基本要求：市（地）级以上质量监督机构应设立办公局域网及通信设备，具备访问互联网的条件。按需配置台式计算机、笔记本电脑、掌上电脑、打印机、扫描仪、投影仪、刻录机、数码相机、摄像机、移动硬盘、U盘等办公设备。

县（区）级质量监督机构应配置办公用计算机、打印机及基本通信设备，具备访问互联网的条件。

四、工程质量监督信息管理系统的软件环境要求

监督机构应建立工程质量监督业务信息系统，该系统需满足质量监督管理模式、监督档案、监督流程及监督机构内部管理的需要。

五、工程质量监督人员计算机技能的基本要求

（1）了解计算机软件、硬件的基础知识。

（2）掌握至少一种汉字输入法，熟练运用 Windows 操作系统，能够运用 Excel 对数据进行处理，可完成一般文件的排版、打印工作。

（3）熟练使用本单位的监督管理软件。

（4）掌握计算机网络的基本知识，能够用 Internet 进行查找、浏览所需的信息和 E-mail 的收发操作。

（5）了解计算机病毒的预防措施，能够使用流行杀毒软件查、杀病毒。

六、工程质量监督信息管理系统的内部管理制度

质量监督机构应建立完整的信息化管理制度，保障信息系统的正常运行与安全，使之形成有序的、规范的和可操作的信息管理的工作依据，信息管理制度主要包括：

（1）信息管理工作的定义、职责和范围。

（2）信息管理所需硬件系统（设备）的购买、使用、维护和更新等规定。

（3）信息管理所需软件系统的调研、开发、应用、维护、升级等规定。

（4）对信息系统的管理人员和使用人员的要求。

七、工程质量监督信息管理系统的维护

信息系统的维护工作是信息管理的基本保障，维护包括：保证硬件环境的正常运转（网络及设备、计算机、打印机等）；保证软件环境的正常运转（网络平台、数据、程序等）；进行工程质量监督有关信息数据库的备份；防治计算机病毒；等等。各工程质量监督机构应高度重视系统的维护工作，基本要求是：

（1）工程质量监督信息化建设实行站长总负责制；

（2）保证信息化建设所需要的资金和设备；

（3）设立专人或委托电脑公司负责硬件系统的维护工作；

（4）设立专人负责软件系统的维护工作，省辖市的监督机构应设立专业的网络

管理员，县（市、区）级的机构应设立专门的计算机管理员，并经过专门培训；

(5) 对监督软件的所有使用者应进行培训，达到计算机应用的相应水平。

八、Internet 网络服务

为了适应现代化建设对工程质量监督工作的要求，加强对建设工程质量的有效监督管理，各质量监督机构应积极推广和应用信息技术，利用 Internet 网络为社会各界和公众提供信息服务，增强建设工程质量监督工作的科学性和民主性。

市（地）级质量监督机构可在 Internet 网上建立独立的域名网站，区（县）级质量监督机构可采用网页形式链接在上一级质量监督机构网站上。

质量监督机构的网站（网页）应将与工程质量监督有关的信息，按照规定的程序和权限，及时向社会公布，至少保证每月更新，有条件的质量监督机构可将监督信息同步发布。

Internet 网络服务的主要内容如下。

（一）信息报送

监督机构应根据主管部门及上级监督机构对信息工程的要求，确定信息传递周期，按规定时限向省质监总站报送电子报表。

（二）信息发布

机构设置、部门职责、分工、工作流程、办事程序、质量监督动态、相关法律法规、标准、文件、通知、报监工程项目及动态、竣工验收备案工程项目、工程质量状况统计、优良工程等。

（三）网上公示

监督检查中发现的工程参建各方质量责任主体和有关机构的不良行为记录；监督检查中发现的工程参建各方质量责任主体和有关机构的违反强制性条文情况；对工程参建各方质量责任主体和有关机构的行政处罚情况；工程质量投诉和处理的情况。

（四）网上办公

网上接受建设单位的工程报监；

网上接受各界的有关咨询、答疑和建议；

网上接受工程质量投诉；

网上接受区域内检测机构上传的检测不合格报告的主要情况；

网上接受隐蔽工程验收通知；

网上接受建设单位的竣工验收备案申请等。

第二章　责任主体和有关机构质量行为监督

第一节　建设单位质量行为监督

建设单位是建设工程质量的第一责任人，对工程质量有着不可推卸的责任和义务。

一、建设单位质量责任和义务

(1) 建设单位应将工程发包给具有相应资质等级的单位，建设单位不得将建设工程肢解发包。

建设单位发包工程时，应根据工程特点，以有利于工程质量、进度、成本控制为原则，合理划分标段，不得肢解发包工程。肢解发包是指建设单位将应当由一个承包单位完成的建设工程分解成若干部分发包给不同的承包单位的行为。

(2) 建设单位应依法对工程建设项目的勘察、设计、施工、监理以及与工程建设有关的重要设备、材料等的采购进行招标。

招标采购包括公开招标和邀请招标。根据《中华人民共和国招标投标法》第三条的规定，在中华人民共和国境内进行下列工程建设项目的勘察、设计、施工、监理以及与工程建设有关的重要设备、材料等的采购，必须进行招标:

① 大型基础设施、公用事业等关系社会公共利益、公众安全的项目；

② 全部或者部分使用国有资金投资或者国家融资的项目；

③ 使用国际组织或者外国政府贷款、援助资金的项目。

(3) 建设单位必须向有关的勘察、设计、施工、监理等单位提供与建设工程有关的原始资料。原始资料必须真实、准确、齐全。

建设单位作为建设活动的总负责方，向有关的勘察单位、设计单位、施工单位、工程监理单位提供原始资料，并保证这些资料的真实、准确、齐全，是其基本的责任和义务。一般情况下，建设单位根据委托任务必须向勘察单位提供如勘察任务书、项目规划总平面图、地下管线、地下构筑物、地形地貌等在内的基础资料；向设计单位提供政府有关部门批准的项目建设书、可行性研究报告等立项文件，设计任务，有关城市规划，专业规划设计条件，勘察成果及其他基础资料；向施工单位提供概算批准文件，建设项目正式列入国家、部门或地方的年度固定资产投资计划，建设用地的征用资料，有能够满足施工需要的施工图纸及技术资料，建设资金和主要建筑材料、设备的来源落实资料，建设项目所在地规划部门批准文件，施工现场完成“三通一平”的平面图等资料；向工程监理单位提供的原始资料除包括给施工单位的资料外，还要有建设单位与施工单位签订的承包合同文本。

(4) 建设工程发包单位不得迫使承包方以低于成本价竞标，不得任意压缩合理工期。建设单位不得迫使承包方以低于成本价竞标，这里的承包方包括勘察、设计、施工和工程监理单位。建设单位不得任意压缩合理工期，这里的合理工期是指在正常建设条件下，采取科学合理的施工工艺和管理方法，以现行的建设行政主管部门颁布的工期定额为基础，结合项目建设的具体情况而确定的使投资方、各参建单位均获得满意的经济效益的工期。

(5) 建设单位不得明示或暗示设计单位或施工单位违反工程建设强制性标准。

按照国家有关规定，保障建筑物结构安全和功能的标准大多数属于强制性标准。这些强制性标准包括：

① 工程建设勘察、规划、设计、施工(包括安装)及验收通用的综合标准和重要的通用质量标准；

② 工程建设通用的有关安全、卫生和环境保护的标准；

③ 工程建设重要的通用术语、符号、代号，量与单位，建筑模数和制图方法的标准；

④ 工程建设重要的通用试验，检验和评定方法等的标准；

⑤ 工程建设重要的通用信息技术标准；

⑥ 国家需要控制的其他工程建设通用的标准。

强制性标准是保证建设工程结构安全可靠的基础性要求，违反这类标准，必然会给建设工程带来重大质量隐患。强制性标准以外的标准是推荐性标准，对于这类标准，甲、乙双方可根据情况选用，并在合同中约定，一经约定，甲、乙双方在勘察、设计、施工中也要严格执行。

(6) 建设单位应当将施工图设计文件报县级以上人民政府建设行政主管部门或者其他有关部门审查。施工图设计文件未经审查批准的，不得使用。

施工图设计文件审查是基本建设的一项法定程序。建设单位必须在施工前将施工图设计文件报送政府有关部门审查，未经审查或审查不合格的不准使用，否则，将追究建设单位的法律责任。

建筑物的稳定性、安全性审查，包括：

①地基基础和主体结构体系是否安全、可靠；

② 是否符合消防、节能、环保、抗震、卫生、人防等有关强制性标准、规范；

③ 施工图是否能达到规定的深度要求；

④ 是否损害公众利益。

(7) 实行监理的建设工程，建设单位应当委托具有相应资质等级的工程监理单位进行监理，也可以委托具有工程监理相应资质等级并与被监理工程的施工承包单位没有隶属关系或者其他利害关系的该工程的设计单位进行监理。

下列建设工程必须监理：

① 国家重点建设工程；

② 大中型公用事业工程；

③ 成片开发建设的住宅小区工程。

利用外国政府或者国际组织贷款，援助资金的工程；国家规定必须监理的其他工程。

(8) 建设单位在领取施工许可证或者开工报告之前，应当按照国家有关规定办理工程质量监督手续。

(9) 建设单位在领取施工许可证或者开工报告之前，应当按照国家有关规定，到建设行政主管部门或国务院铁路、交通、水利等有关部门或其委托的建设工程质量监督机构或专业工程质量监督机构（简称为工程质量监督机构）办理工程质量监督手续，接受政府部门的工程质量监督管理。

(10) 按照合同约定，由建设单位采购建筑材料、建筑构配件和设备的，建设单位应当保证建筑材料、建筑构配件和设备符合设计文件和合同要求。建设单位不得明示或者暗示施工单位使用不合格的建筑材料、建筑构配件和设备。

(11) 涉及建筑主体和承重结构变动的装修工程，建设单位应当在施工前委托原设计单位或者具有相应资质等级的设计单位提出设计方案；没有设计方案的，不得施工。

(12) 建设单位收到建设工程竣工报告后，应当组织设计、施工、工程监理等有关单位进行竣工验收。建设工程经验收合格的，方可交付使用。

建设工程竣工验收应当具备下列条件：

① 完成建设工程设计和合同约定的各项内容；

② 有完整的技术档案和施工管理资料；

③ 有工程使用的主要建筑材料，建筑构配件和设备的进场试验报告；

④ 有勘察、设计、施工、工程监理等单位分别签署的质量合格文件；

⑤ 有施工单位签署的工程保修书。

(13) 建设单位应按规定向建设行政主管部门委托的管理部门备案。

（14）建设单位应当严格按照国家有关档案管理的规定，及时收集、整理建设项目各环节的文件资料，建立、健全建设项目档案，并在建设工程竣工验收后，及时向建设行政主管部门或者其他有关部门移交建设项目档案。

二、房地产开发企业市场准入管理

房地产开发企业按照企业条件分为一、二、三、四、暂定资质5个资质等级。一级资质的房地产开发企业承担房地产项目的建设规模不受限制，可以在全国范围内承揽房地产开发项目。二级资质开发企业可承担20公顷以下的土地和建筑面积25万平方米以下的居住区以及与其投资能力相当的工业、商业等建设项目的开发建设，可以在全省范围内承揽房地产开发项目。三级资质开发企业可承担建筑面积15万平方米以下的住宅区的土地、房屋以及与其投资能力相当的工业、商业等建设项目的开发建设，可以在全省范围内承揽房地产开发项目。四级资质开发企业可承担建筑面积10万平方米以下的住宅区的土地、房屋以及与其投资能力相当的工业、商业等建设项目的开发建设，仅能在所在地城市范围内承揽房地产开发项目。暂定资质开发企业可承担的开发项目规模，原则上按与其注册资本和人员结构等资质等级条件相应开发企业可承担的开发项目规模来确定，仅能在所在地城市范围内承揽房地产开发项目（注：二级资质及二级资质以下的房地产开发企业承担业务的具体范围由省、自治区、直辖市人民政府建设行政主管部门确定）。各资质等级企业应当在规定的业务范围内从事房地产开发经营业务，不得越级承担任务。

三、建设单位质量不良行为记录

勘察、设计、施工、施工图审查、工程质量检测、监理等单位的不良记录应作为建设行政主管部门对其进行年检和资质评审的重要依据。其中建设单位对以下情况应予以记录。

（1）施工图设计文件应审查而未经审查批准，擅自施工的；设计文件在施工过程中有重大设计变更，未将变更后的施工图报原施工图审查机构进行审查并获批准，擅自施工的。

（2）采购的建筑材料、建筑构配件和设备不符合设计文件和合同要求的；明示或者暗示施工单位使用不合格的建筑材料、建筑构配件和设备的。

（3）明示或者暗示勘察、设计单位违反工程建设强制性标准，降低工程质量的。

（4）涉及建筑主体和承重结构变动的装修工程，没有经原设计单位或具有相应资质等级的设计单位提出设计方案，擅自施工的。

（5）其他影响建设工程质量的违法违规行为。

第二节　勘察单位质量行为监督

建设工程勘察，是指根据建设工程的要求，查明、分析、评价建设场地的地质地理环境特征和岩土工程条件，编制建设工程勘察文件的活动。

从事建设工程勘察活动，应当坚持先勘察、后设计、再施工的原则。

一、勘察企业市场准入及人员资格管理

工程勘察资质分为工程勘察综合资质、工程勘察专业资质、工程勘察劳务资质。工程勘察综合资质只设甲级；工程勘察专业资质设甲级、乙级，根据工程性质和技术特点，部分专业可以设丙级；工程勘察劳务资质不分等级。

建设工程勘察单位应当在其资质等级许可的范围内承揽建设工程勘察业务。禁止建设工程勘察单位超越其资质等级许可的范围或者以其他建设工程勘察单位的名义承揽建设工程勘察业务。禁止建设工程勘察单位允许其他单位或者个人以本单位的名义承揽建设工程勘察业务。取得工程勘察综合资质的企业，可以承接各专业（海洋工程勘察除外），各等级工程勘察业务；取得工程勘察专业资质的企业，可以承接相应等级、相应专业的工程勘察业务；取得工程勘察劳务资质的企业，可以承接岩土工程治理、工程钻探、凿井等工程勘察劳务业务。

国家对从事建设工程勘察活动的专业技术人员，实行执业资格注册管理制度。未经注册的建设工程勘察人员，不得以注册执业人员的名义从事建设工程勘察活动。

建设工程勘察注册执业人员和其他专业技术人员只能受聘于一个建设工程勘察单位；未受聘于建设工程勘察单位的，不得从事建设工程的勘察活动。

二、勘察单位质量责任和义务

（1）工程勘察企业必须依法取得工程勘察资质证书，并在资质等级许可的范围内承揽勘察业务。

工程勘察企业不得超越其资质等级许可的业务范围或者以其他勘察企业的名义承揽勘察业务，不得允许其他企业或者个人以本企业的名义承揽勘察业务，不得转包或者违法分包所承揽的勘察业务。

（2）工程勘察企业应当健全勘察质量管理体系和质量责任制度。

（3）工程勘察企业应当拒绝用户提出的违反国家有关规定的不合理要求，有权提出保证工程勘察质量所必需的现场工作条件和合理工期。

（4）工程勘察企业应当参与施工验槽，及时解决工程设计和施工中与勘察工作

有关的问题。

(5) 工程勘察企业应当参与建设工程质量事故的分析，并对因勘察原因造成的质量事故提出相应的技术处理方案。

(6) 工程勘察项目负责人、审核人、审定人及有关技术人员应当具有相应的技术职称或者注册资格。

(7) 项目负责人应当组织有关人员做好现场踏勘、调查，按照要求编写《勘察纲要》，并对勘察过程中各项作业资料验收和签字。

(8) 工程勘察企业的法定代表人、项目负责人、审核人、审定人等相关人员，应当在勘察文件上签字或者盖章，并对勘察质量负责。

工程勘察企业法定代表人对本企业勘察质量全面负责，项目负责人对项目的勘察文件负主要质量责任，项目审核人、审定人对其审核、审定项目的勘察文件负审核、审定的质量责任。

(9) 工程勘察工作的原始记录应当在勘察过程中及时整理、核对，确保取样、记录的真实和准确，严禁离开现场追记或者补记。

(10) 工程勘察企业应当确保仪器、设备的完好。钻探、取样的机具设备、原位测试、室内试验及测量仪器等应当符合有关规范、规程的要求。

(11) 工程勘察企业应当加强职工技术培训和职业道德教育，提高勘察人员的质量责任意识。观测员、试验员、记录员、机长等现场作业人员应当接受专业培训方可上岗。

(12) 工程勘察企业应当加强技术档案的管理工作。工程项目完成后，必须将全部资料分类编目，装订成册，归档保存。

三、勘察单位质量不良行为记录

勘察、设计、施工、施工图审查、工程质量检测、监理等单位的不良记录应作为建设行政主管部门对其进行年检和资质评审的重要依据。其中勘察单位存在下列行为的，应予以记录：

(1) 未按照政府有关部门的批准文件要求进行勘察、设计的。

(2) 设计单位未根据勘察文件进行设计的。

(3) 未按照工程建设强制性标准进行勘察、设计的。

(4) 勘察、设计中采用可能影响工程质量和安全，且没有国家技术标准的新技术、新工艺、新材料，未按规定审定的。

(5) 勘察、设计文件没有责任人签字或者签字不全的。

(6) 勘察原始记录不按照规定进行记录或者记录不完整的。

(7) 勘察、设计文件在施工图审查批准前，经审查发现质量问题，进行1次以上修改的。

(8) 勘察、设计文件经施工图审查未获批准的。

(9) 勘察单位不参加施工验槽的。

(10) 在竣工验收时未出具工程质量评估意见的。

(11) 设计单位对经施工图审查批准的设计文件，在施工前拒绝向施工单位进行设计交底的；拒绝参与建设工程质量事故分析的。

(12) 其他可能影响工程勘察、设计质量的违法违规行为。

第三节　设计单位质量行为监督

一、设计企业市场准入及人员资格管理

(一) 建设工程设计

建设工程设计是指根据建设工程的要求，对建设工程所需的技术、经济、资源、环境等条件进行综合分析、论证，编制建设工程设计文件的活动。从事建设工程设计活动，应当坚持先勘察、后设计、再施工的原则。

建设工程设计单位应当在其资质等级许可的范围内承揽建设工程设计业务。禁止建设工程设计单位超越其资质等级许可的范围或者以其他建设工程设计单位的名义承揽建设工程设计业务。禁止建设工程设计单位允许其他单位或者个人以本单位的名义承揽建设工程设计业务。

(二) 资质分类

工程设计资质分为工程设计综合资质、工程设计行业资质、工程设计专业资质和工程设计专项资质。工程设计综合资质只设甲级，工程设计行业资质、工程设计专业资质和工程设计专项资质设甲级、乙级。根据工程性质和技术特点，个别行业、专业、专项资质可以设丙级，建筑工程专业资质可以设丁级。

取得工程设计综合资质的企业，可以承接各行业、各等级的建设工程设计业务；取得工程设计行业资质的企业，可以承接相应行业、相应等级的工程设计业务及本行业范围内同级别的相应专业、专项工程设计业务（设计施工一体化资质除外）；取得工程设计专业资质的企业，可以承接本专业相应等级的专业工程设计业务及同级

别的相应专项工程设计业务（设计施工一体化资质除外）；取得工程设计专项资质的企业，可以承接本专项相应等级的专项工程设计业务。

（1）工程设计综合资质。

工程设计综合资质是指涵盖21个行业的设计资质。

（2）工程设计行业资质。

工程设计行业资质是指涵盖某个行业资质标准中的全部设计类型的设计资质。

（3）工程设计专业资质。

工程设计专业资质是指某个行业资质标准中的某一个专业的设计资质。

（4）工程设计专项资质。

工程设计专项资质是指为适应和满足行业发展的需求，对已形成产业的专项技术独立进行设计以及设计、施工一体化而设立的资质。

建筑工程设计范围包括建设用地规划许可证范围内的建筑物、构筑物设计，室外工程设计，民用建筑修建的地下工程设计，住宅小区、工厂厂前区、工厂生活区、小区规划设计和单体设计等，以及所包含的相关专业的设计内容（总平面布置，竖向设计，各类管网管线设计、景观设计，室内外环境设计及建筑装饰、道路、消防、智能、安保、通信，防雷、人防、供配电、照明、废水治理、空调设施、抗震加固设计等）。

（三）人员资格要求

国家对从事建设工程设计活动的专业技术人员，实行执业资格注册管理制度。未经注册的建设工程设计人员，不得以注册执业人员的名义从事建设工程设计活动。建设工程设计注册执业人员和其他专业技术人员只能受聘于一个建设工程设计单位；未受聘于建设工程设计单位的，不得从事建设工程的设计活动。取得资格证书的人员，应受聘于一个具有建设工程勘察、设计、施工、监理、招标代理、造价咨询等一项或多项资质的单位，经注册后方可从事相应的执业活动。注册工程师的执业范围如下：

（1）工程勘察或者本专业工程设计；

（2）本专业工程技术咨询；

（3）本专业工程招标、采购咨询；

（4）本专业工程的项目管理；

（5）对工程勘察或者本专业工程设计项目的施工进行指导和监督；

（6）国务院有关部门规定的其他业务。

二、设计单位质量责任和义务

(1) 从事建设工程勘察、设计活动的企业，申请资质升级、资质增项，在申请之日起前1年内有下列情形之一的，资质许可机关不予批准企业的资质升级申请和增项申请：企业相互串通投标或者与招标人串通投标承揽工程勘察、工程设计业务的；将承揽的工程勘察、工程设计业务转包或违法分包的；注册执业人员未按照规定在勘察设计文件上签字的；违反国家工程建设强制性标准的；因勘察设计原因造成过重大生产安全事故的；设计单位未根据勘察成果文件进行工程设计的；设计单位违反规定指定建筑材料、建筑构配件的生产厂、供应商的；无工程勘察、工程设计资质或者超越资质等级范围承揽工程勘察、工程设计业务的；涂改、倒卖、出租、出借或者以其他形式非法转让资质证书的；允许其他单位、个人以本单位名义承揽建设工程勘察、设计业务的；其他违反法律、法规行为的。

(2) 有下列情形之一的，资质许可机关或者其上级机关根据利害关系人的请求或者依据职权，可以撤销工程勘察、工程设计资质：资质许可机关工作人员滥用职权，玩忽职守作出准予工程勘察、工程设计资质许可的；超越法定职权作出准予工程勘察、工程设计资质许可的；违反资质审批程序作出准予工程勘察、工程设计资质许可的；对不符合许可条件的申请人作出工程勘察、工程设计资质许可的；依法可以撤销资质证书的其他情形。

三、设计单位质量不良行为记录

勘察、设计、施工、施工图审查、工程质量检测、监理等单位的不良记录应作为建设行政主管部门对其进行年检和资质评审的重要依据。其中设计单位存在下列行为的，应予以记录：

(1) 未按照政府有关部门的批准文件要求进行勘察、设计的。

(2) 设计单位未根据勘察文件进行设计的。

(3) 未按照工程建设强制性标准进行勘察、设计的。

(4) 勘察、设计中采用可能影响工程质量和安全，且没有国家技术标准的新技术、新工艺、新材料，未按规定审定的。

(5) 勘察、设计文件没有责任人签字或者签字不全的。

(6) 勘察原始记录不按照规定进行记录或者记录不完整的。

(7) 勘察、设计文件在施工图审查批准前，经审查发现质量问题，进行一次以上修改的。

(8) 勘察、设计文件经施工图审查未获批准的。

(9) 勘察单位不参加施工验收的。

(10) 在竣工验收时未出具工程质量评估意见的。

(11) 设计单位对经施工图审查批准的设计文件，在施工前拒绝向施工单位进行设计交底的；拒绝参与建设工程质量事故分析的。

(12) 其他可能影响工程勘察、设计质量的违法、违规行为。

第四节　施工单位质量行为监督

一、施工企业市场准入及人员资格管理

(一) 施工企业市场准入管理

《中华人民共和国建筑法》规定：从事建筑活动的建筑施工企业，按照其拥有的注册资本、专业技术人员、技术装备和已完成的建筑工程业绩等资质条件，划分为不同的资质等级，经资质审查合格，取得相应等级的资质证书后，方可在其资质等级许可的范围内从事建筑活动。

建筑业企业资质分为施工总承包、专业承包和劳务分包三个序列。施工总承包资质企业，可以对工程实行施工总承包或者对主体工程实行施工承包。承担施工总承包的企业可以对所承接的工程全部自行施工，也可以将非主体工程或者劳务作业分包给具有相应专业承包资质或者劳务分包资质的其他建筑业企业。专业承包资质企业，可以承接施工总承包企业分包的专业工程或者建设单位按照规定发包的专业工程。专业承包企业可以对所承接的工程全部自行施工，也可以将劳务作业分包给具有相应劳务分包资质的劳务分包企业。劳务分包资质企业，可以承接施工总承包企业或者专业承包企业分包的劳务作业。

工程施工总承包企业资质等级分为特级、一级、二级、三级。特级企业是指可承担各类房屋建筑工程的施工。一级企业是指可承担单项建安合同额不超过企业注册资本金5倍的下列房屋建筑工程的施工：40层及以下，各类跨度的房屋建筑工程；高度240m及以下的构筑物；建筑面积20万平方米及以下的住宅小区或建筑群体。二级企业是指可承担单项建安合同额不超过企业注册资本金5倍的下列房屋建筑工程的施工：28层及以下，单跨跨度36m及以下的房屋建筑工程；高度120m及以下的构筑物；建筑面积12万平方米及以下的住宅小区或建筑群体。三级企业是指可承担单项建安合同额不超过企业注册资本金5倍的下列房屋建筑工程的施工：14层及

以下，单跨跨度24m及以下的房屋建筑工程；高度70m及以下的构筑物；建筑面积6万平方米及以下的住宅小区或建筑群体。

(二) 项目经理资格管理

工程施工实行项目经理负责制，项目经理必须由具有施工资质的企业受聘，取得注册建造师职业资格的人员承担。

一级建造师可以承担特级、一级建筑业企业资质的建设工程项目施工的项目经理；二级建造师可以承担二级及以下建筑业企业资质的建设工程项目施工的项目经理。

二、施工单位质量责任和义务

(1) 施工单位应当依法取得相应等级的资质证书，并在其资质等级许可的范围内承揽工程。禁止施工单位超越本单位资质等级许可的业务范围或者以其他施工单位的名义承揽工程。禁止施工单位允许其他单位或者个人以本单位名义承揽工程。施工单位不得转包或者违法分包工程。

(2) 施工单位对建设工程的施工质量负责。施工单位应当建立质量责任制，确定工程项目的项目经理、技术负责人和施工管理负责人。建设工程实行总承包的，总承包单位应当对全部建设工程质量负责；建设工程勘察、设计、施工、设备采购的一项或者多项实行总承包的，总承包单位应当对其承包的建设工程或者采购的设备的质量负责。

(3) 总承包单位依法将建设工程分包给其他单位的，分包单位应当按照合同的约定对其分包工程的质量承担连带责任。

(4) 施工单位必须按照工程设计图纸和施工技术标准施工，不得擅自修改工程设计，不得偷工减料。施工单位在施工过程中发现设计文件和图纸有差错的，应当及时提出意见和建议。

(5) 施工单位必须按照工程设计要求、施工技术标准和合同约定，对建筑材料、建筑构配件、设备和商品混凝土进行检验，检验应当有书面记录和专人签字；未经检验和检验不合格的，不得使用。

(6) 施工单位必须建立健全施工质量的检验制度，严格工序管理，做好隐蔽工程的质量检查和记录。隐蔽工程在隐蔽前，施工单位应当通知建设单位和建设工程质量监督机构。

(7) 施工人员对涉及结构安全的试块、试件以及有关材料，应当在建设单位或者工程监理单位监督下现场取样，并送具有相应资质等级的质量检测单位进行检测。

(8) 施工人员对施工出现质量问题的建设工程或者竣工验收不合格的建设工程，

应当负责返修。

(9) 施工单位应当建立健全教育培训制度，加强对职工的教育培训；未经培训或者考核不合格的人员，不得上岗作业。

三、施工单位质量不良行为记录

勘察、设计、施工、施工图审查、工程质量检测、监理等单位的不良记录应作为建设行政主管部门对其进行年检和资质评审的重要依据。其中施工单位以下情况应予以记录。

(1) 未按照经施工图审查批准的施工图或施工技术标准施工的。

(2) 未按规定对建筑材料、建筑构配件、设备和商品混凝土进行检验，或检验不合格，擅自使用的。

(3) 未按规定对隐蔽工程的质量进行检查和记录的。

(4) 未按规定对涉及结构安全的试块、试件以及有关材料进行现场取样，未按规定送交工程质量检测机构进行检测的。

(5) 未经监理工程师签字，进入下一道工序施工的。

(6) 施工人员未按规定接受教育培训、考核，或者培训、考核不合格，擅自上岗作业的。

(7) 施工期间，因为质量原因被责令停工的。

(8) 其他可能影响施工质量的违法、违规行为。

第五节　监理单位质量行为监督

工程建设监理是指针对工程项目建设社会化、专业化的工程建设监理单位，接受业主的委托和授权，根据国家批准的工程项目建设文件，有关工程建设的法律、法规和工程建设监理合同以及其他工程建设合同所进行的旨在实现项目投资目的的微观监督管理活动。

一、监理企业市场准入及人员资格管理

(一) 监理企业市场准入管理

工程监理企业资质分为综合资质、专业资质和事务所资质。综合资质、事务所

资质不分级别。专业资质分为甲级、乙级。其中，房屋建筑、水利水电、公路和市政公用专业资质可设立丙级。

综合资质企业可以承担所有专业工程类别建设工程项目的工程监理业务。房屋建筑工程专业甲级资质企业可承担房屋建筑工程类别所有建设工程项目的工程监理业务。房屋建筑工程专业乙级资质企业可承担房屋建筑工程类别二级以下（含二级）建设工程项目的工程监理业务。房屋建筑工程专业丙级资质企业可承担相应房屋建筑工程三级建设工程项目的工程监理业务。事务所资质企业可承担三级建设工程项目的工程监理业务，但是，国家规定必须实行强制监理的工程除外。

(二) 监理企业人员资格管理

工程监理实行项目总监负责制，项目总监理工程师必须取得国家监理工程师执业注册证书，必须具有三年以上同类工程监理经验，经企业法人书面授权，对具体项目的监理工作负全部责任。一名总监理工程师只宜担任一项委托监理合同的项目总监工作。对依法必须监理的工程，项目总监不得同时在其他项目任职；项目总监确需同时在其他工程任职的，需征得同期服务的所有建设单位同意，且最多不得超过三项；总监理工程师不得同时在跨设区市的两个及以上工程任职。项目总监要切实履行主持编写监理规划及实施细则、签发项目监理机构文件和指令，主持召开监理例会以及审查施工单位开工报告、施工组织设计、技术方案、进度计划等职责。

专业监理工程师必须取得国家监理工程师执业注册证书，具有一年以上同类工程监理工作经验。专业监理工程师和监理员不得同时在两个及以上工程项目从事监理工作。

监理人员要有强烈的责任心和责任感，工程实施阶段，专业监理工程师和监理员必须常驻施工现场，坚守工作岗位，严格按照监理工作程序客观、公正地履行监理职责。凡需要监理方签字的各类文件、表格、资料，项目总监或专业监理工程师在根据职责权限签字认可的同时，必须加盖本人执业印章，不得由监理员代签。

二、监理单位质量责任和义务

监理单位对施工质量承担监理责任，主要有违法责任和违约责任两个方面。如果监理单位故意弄虚作假，降低工程质量标准，造成质量事故的，要按照《中华人民共和国建筑法》及《建设工程质量管理条例》的规定，承担相应的法律责任。根据《建设工程质量管理条例》第六十条、第六十八条对监理单位违法责任的规定，工程监理单位与承包单位串通，谋取非法利益，给建设单位造成损失的，应当与承包单位承担连带赔偿责任。如果监理单位在责任期内，不按照监理合同约定履行监理职责，给建设单位或其他单位造成损失的，属违约责任，应当向建设单位赔偿。

工程监理单位受建设单位委托进行监督，其本身行为也应受到规范和限制。

（1）工程监理单位应当依法取得相应等级的资质证书，并在其资质等级许可的范围内承担工程监理业务。禁止工程监理单位超越本单位资质等级许可的范围或者以其他工程监理单位的名义承担工程监理业务，禁止工程监理单位允许其他单位或者个人以本单位的名义承担工程监理业务。工程监理单位不得转让工程监理业务。

（2）工程监理单位应客观、公正地执行监理任务。监理单位必须实事求是，遵循客观规律，按工程建设的科学要求进行监理活动。监理单位执行监理任务时要公平正直、平等地对待各方当事人，没有偏私，真实、合理地进行监督检查，提出意见，为建设单位服务。这是对工程监理单位执行监理任务的基本要求。

（3）由于工程监理单位与被监理工程的承包单位以及建筑材料、建筑构配件和设备供应单位之间是一种监督与被监督的关系，为了保证工程监理单位能客观、公正地执行监理任务，工程监理单位不得与被监理工程的承包单位以及建筑材料、建筑构配件和设备供应单位有隶属关系或者其他利害关系。

（4）工程监理单位应当依照法律、法规以及有关技术标准，设计文件和建设工程承包合同，代表建设单位对施工质量实施监理，并对施工质量承担监理责任。

（5）工程监理单位应当选派具有相应资格的总监理工程师进驻施工现场。未经监理工程师签字，建筑材料、建筑构配件、设备不得在工程上使用或者安装，施工单位不得进行下一道工序的施工。未经总监理工程师签字，建设单位不得拨付工程款，不得进行竣工验收。

（6）监理工程师应当按照工程监理规范，采取旁站、巡视和平行检验等形式，对建设工程实施监理。所谓“旁站”，是指对工程施工中有关地基和结构安全的关键工序和关键施工过程进行连续不断的监督检查或检验的监理活动，有时甚至连续跟班监理。“巡视”主要是强调除了关键点的质量控制外，监理工程师还应对施工现场进行面上的巡查监理。“平行检验”主要是强调监理单位对施工单位已经检验的工程及时进行检验。

根据《房屋建筑工程施工旁站监理管理办法（试行）》(建市〔2002〕189号)，需要监理旁站的关键部位、关键工序，基础工程方面包括：土方回填，混凝土灌注桩浇筑，地下连续墙、土钉墙，后浇带及其他结构混凝土、防水混凝土浇筑，卷材防水层细部构造处理，钢结构安装；主体结构工程方面包括：梁柱节点钢筋隐蔽过程，混凝土浇筑，预应力张拉，装配式结构安装，钢结构安装，网架结构安装，索膜安装。

（7）工程监理单位必须全面、正确地履行监理合同约定的监理义务，对应当监督检查的项目认真、全面地按规定进行检查，发现问题及时要求施工单位改正。工程监理单位不按照委托监理合同的约定履行监理义务，对应当监督检查的项目不检查或者不按规定检查，给建设单位造成损失的，应当承担相应赔偿责任。

三、监理单位质量不良行为记录

勘察、设计、施工、施工图审查、工程质量检测、监理等单位的不良记录应作为建设行政主管部门对其进行年检和资质评审的重要依据。其中监理单位以下情况应予以记录：

(1) 未按规定选派具有相应资格的总监理工程师和监理工程师进驻施工现场的。

(2) 监理工程师和总监理工程师未按规定进行签字的。

(3) 监理工程师未按规定采取旁站、巡视和平行检验等形式进行监理的。

(4) 未按法律法规以及有关技术标准和建设工程承包合同对施工质量实施监理的。

(5) 未按经施工图审查批准的设计文件以及经施工图审查批准的设计变更文件对施工质量实施监理的。

(6) 在竣工验收时未出具工程质量评估报告的。

(7) 其他可能影响监理质量的违法、违规行为。

第六节　施工图审查机构质量行为监督

一、施工图审查机构市场准入及人员资格管理

施工图审查，是指建设主管部门认定的施工图审查机构（以下简称审查机构）按照有关法律、法规，对施工图涉及公共利益、公众安全和工程建设强制性标准的内容进行的审查。施工图未经审查合格的，不得使用。

审查机构是不以营利为目的的独立法人。

审查机构按承接业务范围分为两类：一类机构承接房屋建筑，市政基础设施工程的施工图审查业务范围不受限制；二类机构可以承接二级及以下房屋建筑，市政基础设施工程的施工图审查。

二、施工图审查机构质量责任和义务

(1) 建设单位应当将施工图送审查机构审查。建设单位可以自主选择审查机构，

但是审查机构不得与所审查项目的建设单位、勘察设计企业有隶属关系或者其他利害关系。

(2) 县级以上人民政府建设主管部门应当加强对审查机构的监督检查，主要检查下列内容：是否符合规定的条件；是否超出认定的范围从事施工图审查；是否使用不符合条件的审查人员；是否按规定上报审查过程中发现的违法、违规行为；是否按规定在审查合格书和施工图上签字盖章；施工图审查质量；审查人员的培训情况。

建设主管部门实施监督检查时，有权要求被检查的审查机构提供有关施工图审查的文件和资料。

(3) 审查机构违反本办法规定，有下列行为之一的，县级以上地方人民政府建设主管部门责令改正，处1万元以上3万元以下的罚款；情节严重的，省、自治区、直辖市人民政府建设主管部门撤销对审查机构的认定；超出认定的范围从事施工图审查的；使用不符合条件审查人员的；未按规定上报审查过程中发现的违法违规行为的；未按规定在审查合格书和施工图上签字盖章的；未按规定的审查内容进行审查的。

三、施工图审查机构质量不良行为记录

勘察、设计、施工、施工图审查、工程质量检测、监理等单位的不良记录应作为建设行政主管部门对其进行年检和资质评审的重要依据。其中施工图审查机构以下情况应予以记录：

(1) 未经建设行政主管部门核准备案，擅自从事施工图审查业务活动的。

(2) 超越核准的等级和范围从事施工图审查业务活动的。

(3) 未按国家规定的审查内容进行审查，存在错审、漏审的。

(4) 其他可能影响审查质量的违法、违规行为。

第七节　检测机构质量行为监督

一、检测机构市场准入及人员资格管理

建设工程质量检测是指工程质量检测机构接受委托，依据国家有关法律、法规和工程建设强制性标准，对涉及结构安全项目的抽样检测和对进入施工现场的建筑材料、建筑构配件的见证取样检测。

检测机构是具有独立法人资格的中介机构。检测机构从事《建设工程质量检测管理办法》附件一规定的质量检测业务，应当依据该办法取得相应的资质证书。检测机构资质按照其承担的检测业务内容分为专项检测机构资质和见证取样检测机构资质。检测机构未取得相应的资质证书，不得承担该办法规定的质量检测业务。

二、检测机构质量责任和义务

(1) 任何单位和个人不得涂改、倒卖、出租、出借或者以其他形式非法转让资质证书。

(2) 该办法规定的质量检测业务，由工程项目建设单位委托具有相应资质的检测机构进行检测。委托方与被委托方应当签订书面合同。

(3) 检测结果利害关系人对检测结果存在争议的，由双方共同认可的检测机构复检，复检结果由提出复检方报当地建设主管部门备案。

(4) 质量检测试样的取样应当严格执行有关工程建设标准和国家有关规定，在建设单位或者工程监理单位监督下现场取样。提供质量检测试样的单位和个人，应当对试样的真实性负责。

(5) 检测机构完成检测业务后，应当及时出具检测报告。检测报告经检测人员签字、检测机构法定代表人或者其授权的签字人签署，并加盖检测机构公章或者检测专用章后方可生效。检测报告经建设单位或者工程监理单位确认后，由施工单位归档。见证取样检测的检测报告中应当注明见证人单位及姓名。

(6) 任何单位和个人不得明示或者暗示检测机构出具虚假检测报告，不得篡改或者伪造检测报告。

(7) 检测人员不得同时受聘于两个或者两个以上的检测机构。

(8) 检测机构和检测人员不得推荐或者监制建筑材料、构配件和设备。

(9) 检测机构不得与行政机关，法律，法规授权的具有管理公共事务职能的组织以及所检测工程项目相关的设计单位，施工单位，监理单位有隶属关系或者其他利害关系。

(10) 检测机构不得转包检测业务。

(11) 检测机构跨省、自治区、直辖市承担检测业务的，应当向工程所在地的省、自治区、直辖市人民政府建设主管部门备案。

(12) 检测机构应当对其检测数据和检测报告的真实性和准确性负责。

(13) 检测机构违反法律、法规和工程建设强制性标准，给他人造成损失的，应当依法承担相应的赔偿责任。

(14) 检测机构应当将检测过程中发现的建设单位、监理单位、施工单位违反有关法律、法规和工程建设强制性标准的情况，以及涉及结构安全检测结果的不合格情况，及时报告工程所在地建设主管部门。

（15）检测机构应当建立档案管理制度。检测合同、委托单、原始记录、检测报告应当按年度统一编号，编号应当连续，不得随意抽撤、涂改。

（16）检测机构应当单独建立检测结果不合格项目台账。

（17）检测机构在资质证书有效期内有下列行为之一的，原审批机关不予延期：超出资质范围从事检测活动的；转包检测业务的；涂改、倒卖、出租、出借或者以其他形式非法转让资质证书的；未按照国家有关工程建设强制性标准进行检测，造成质量安全事故或致使事故损失扩大的；伪造检测数据，出具虚假检测报告或者鉴定结论的。

三、质量检测机构质量不良行为记录

勘察、设计、施工、施工图审查、工程质量检测、监理等单位的不良记录应作为建设行政主管部门对其进行年检和资质评审的重要依据。其中工程质量检测机构以下情况应予以记录：

（1）未经批准擅自从事工程质量检测业务活动的；

（2）超越核准的检测业务范围从事工程质量检测业务活动的；

（3）出具虚假报告，以及检测报告数据和检测结论与实测数据严重不符的；

（4）其他可能影响检测质量的违法、违规行为。

第三章　绿色建筑规划设计

第一节　中国传统建筑的绿色经验

中国传统建筑在其演化过程中，不断利用并改进建筑材料，丰富建筑形态与营造经验，形成稳定的构造方式和匠艺传承模式。这是人们在掌握当时当地自然条件特点的基础上，在长期的实践中依据自然规律和基本原理总结出来的，有其合理的生态经验、理念与技术。面对当今社会的现代化进程与人类对自然生态环境的回归愿望，传统民居中所固有的绿色建筑经验迫切需要进行研究、借鉴与转化，以便在特定的经济环境条件下继承和发扬这些宝贵的建构经验，并将其应用于现代人居环境的建设中，从而创造出适于人类可持续发展的绿色人居环境。

一、中国传统建筑中体现的绿色观念

中国传统建筑无论是聚落选址、布局，还是单体构造、空间布置、材料利用等方面，都受到自然环境的影响。“在世界上的任何地方，其地形、气候、文化与住宅或居住的形式之间的深刻关系都不如在中国及日本的建筑体系中，在地盘控制和构造处理等方面所表现的那样完善。”这些传统建筑既体现了当时用当地最经济的材料达到舒适的效果，又体现了人与自然直接而又融洽的和谐关系，并留下了许多宝贵的传统营造技术。

传统营造技术的特点是基本符合生态建筑标准的，通过对“被动式”环境控制措施的运用，在没有现代采暖空调技术、几乎不需要运行能耗的条件下，创造出了健康、相对适宜的室内外物理环境。因此，相对于现代建筑，中国传统建筑（特别是民居）具有一定的生态特性或绿色特性。

中国古代提出的一些朴素的伦理思想，是以“天人合一”“天人统一”为哲学基础的。《易经》《管子》、西汉的董仲舒、明代的王阳明等都有相关的论述。古代的生态道德准则，大体是“尊重动物、珍惜生命；仁爱万物；以时养杀，以时禁发”等。这些内容实际上纠正了生态伦理学的奠基者、法国哲学家施韦兹的一个错误观点即“以往的全部道德规范都是调节人与人之间的关系”的说法，而应该把它们扩展到生

物界，用道德的纽带把一切有生命的物质联系起来。

(一)“天人合一”是一种整体的关于人、建筑与环境的和谐观念

相比之下，中国人的祖先具有早熟的“环境意识”，这是因为中国古代社会是以农业文明为先导的。

由于农耕生活的影响，人们祈盼风调雨顺，五谷丰登，希望与自然建立起一种亲和的关系。在“万物有灵”的观念支配下，与人息息相关的自然，包括天地、日月、风云、山川都成了人们“祭祀”的崇拜对象，这种对自然的崇拜，经过漫长的历史过程而积淀为民族的文化心理结构，在哲学上表现为“天人合一”思想。

(二)“师法自然”是一种学习、总结并利用自然规律的营造思想

“人法地，地法天，天法道，道法自然。”归根结底，人要以自然为师，就是要遵守自然规律，即所谓的“自然无为”。要做到这一点，首先就要认识自然规律，因而造就了中国古人对大地景观的深刻认识，对四时季节变化的敏感。针对这一特点，英国学者李约瑟曾评价说“再没有其他地方表现得像中国人那样热心体现他们伟大的设想‘人不能离开自然’的原则。皇宫、庙宇等重大建筑当然不在话下，城乡中无论集中的，或是散布在田园中的房舍，也都经常地呈现一种对‘宇宙图案’的感觉，以及作为方向、节令、风向和星宿的象征主义”。

(三)“中庸适度”是一种瞻前而顾后的资源利用与可持续发展理念

“天人合一”的理想直接导致了“中庸适度”的发展目标。在中国人看来，只有对事物的发展变化进行节制和约束，使之“得中”，才是事物处于平衡状态长久不衰而达到“天人合一”的理想境界的根本办法。“中庸适度”的发展目标是把建筑的发展连同经济的发展、自然的承受力一起结合起来考虑的综合的目标。它代表着一种辩证的思维方式，强调对立面的相互转化和事物的发展变化。因为事物的发展一旦突破中界线就要向两极发展，最后必然走到自身的反面。司马光曾说：“天地生财只有此数”，认为自然资源只有一定的数额，不在官则在民，非此即彼。所以不如维持较低水平的消费，以尽力延长余额耗尽为其长远目标。所谓“务本节用”“以防匮乏”“终身宜计，毋快目前”“谨盖藏以裕久远”，就是这种目标的体现。这种提倡节约，为后来人着想的发展目标，对传统建筑特别是民居的影响，不仅表现在不追求房屋的过高过大，还表现在建筑风格上的朴素与简洁。

“天人合一”的思想渊源形成了中国传统建筑中人、建筑、自然融为一体的设计理念，人是建筑的主体，建筑空间更关注人体的基本尺度，从而在空间上更注重实

用性。建筑与自然的关系是一种崇尚自然、因地制宜的关系，从而达到一种共生共存的状态。

二、中国传统建筑中体现的绿色特征

关于绿色建筑，也可以理解为是一种以生态学的方式和资源有效利用的方式进行设计、建造、维修或再使用的构筑物。绿色建筑与一般建筑的区别主要表现在四个方面：一是低能耗；二是采用本地的文化、本地的原材料，尊重本地的自然和气候条件；三是内部和外部采取有效连通的办法，对气候变化自动调节；四是强调在建筑的寿命周期内对全人类和地球的负责。而传统建筑，在这些方面都有值得今天参考借鉴的地方。

（一）自然源起的建筑形态与构成

在中国传统建筑形态生成和发展的进程之中，自然因素在不同的发展时期所起的作用和影响虽不相同，但总体上呈现从被动地适应自然到主动地适应和利用自然，以至于巧妙地与自然有机相融的过程。概括来讲，对传统建筑形态的影响可分为两个方面：自然因素和社会文化因素。

自然源起的传统建筑形态的形成和发展取决于两个方面的条件：人的需求和建造的可能性。在古代技术条件落后的条件下，建筑形态对自然条件有着很强的适应性，这种适应性是环境的限定结果，而不由人们主观决定。不论中外、东方和西方，还是远古时代和现代，自然中的气候因素、地形地貌、建筑材料均对建筑的源起、构成及发展起到最基本和直接的影响。

就我国而言，从南到北跨越了热带、亚热带、暖温带、中温带、寒温带五个温度带。通常东南多雨，夏秋之间常有台风来袭，而北方冬、春二季为强烈的西北风所控制，比较干旱。我国位于亚洲的东南部，东南滨海而西北深入大陆内部。我国的地形是西部和北部高，向东、南部逐渐降低。由于地理、气候的不同，我国各地建筑材料资源也有很大差别。中原及西北地区多黄土，丘陵山区多产木材和石材，南方则盛产竹材。

如此巨大的自然因素差异正是传统建筑地域特征形成的初始条件，建筑上的原始地域差异随着各地地域文化的发展而强化，逐渐形成地域建筑各要素之间独特的联系方式、组织次序和时空表现形式，从而组成了我国丰富多彩的传统建筑形态。这种形态一般可分解为空间形态、构筑形态和视觉形态，三者相互依存、相互影响，从而形成建筑形态的统一体。

1. 气候、生活习俗与空间形态

传统民居的空间形态受地方生活习惯、民族心理、宗教习俗、区域气候特征的影响，其中气候特征对前几方面都产生一定的影响，同时也是现代建筑设计中最基本的影响因素，具有超越其他因素的区域共性。“建筑物是建造在各种自然条件之下，从一个极端封闭的盒子到另一个极端开放的露天空间。在这两种极端情况之间存在着相当多的选择。”天气的变化直接影响了人们的行为模式和生活习惯，反映到建筑上，相应地形成了或开放或封闭的不同建筑空间形态。

在气温相对宜人的地区，人们的室外活动较多，建筑在室内外之间常常安排有过渡的灰空间，如南方的厅井式民居都具备这种性质。灰空间除了具有遮阳的功效，也是人们休闲、纳凉、交往的场所。而在干热、干冷地区，人们的活动大多集中于室内，由此供人们交往的大空间主要布置在室内，与外界的关系相对独立，建筑较封闭。同时，传统建筑常常利用建筑围合形成的外部院落空间解决采光、通风、避雨和防晒等问题。

除了利用地面以上的空间，传统建筑还发展地下空间以适应恶劣气候，尤其在地质条件得天独厚的黄土高原地区，如陕北地区的窑居建筑。因此对地域传统建筑模式的学习，首先是学习传统建筑空间模式对地域性特色的回应，这是符合“绿色”精神的。

2. 自然资源、地理环境与构筑形态

构筑形态强调的是建造的技术方面，它是通过建筑的实体部分，即屋顶、墙体、构架、门窗等建筑构件来表现的。建筑的构筑形态包括材料的选择和其构筑的方式，很明显它与特定的环境所能提供的建筑材料有着密切的关系，特别是在人类的初始阶段，交通和技术手段尚不发达，我们的祖先只能就地取材，最大限度地发挥自然资源的潜力，从而形成了特定地区的独特构筑体系。

构筑技术首先表现在建筑材料的选择上。古人由最初直接选用天然材料（如黏土、木材、石材、竹等）发展到后来增加了人工材料（如瓦、石灰、金属等）的利用。有了什么样的材料，必然有以有效地发挥材料的力学性能和防护功能相应的结构方法和形式，传统民居正是按当时对材料的认识和要求来取舍的，并根据一定的经济条件，尽量选用各种地方材料而创造出丰富多彩的构筑形态。

木构架承重体系是传统民居构筑形态的另一个重要特征：一方面是由于木材的取材、运输、加工等都比较容易；另一方面木构架虽然仅有抬梁式、穿斗式和混合式等几种基本形式，但是可根据基地特点做灵活的调节，对于复杂的地形地貌具有很大的灵活性和适应性。因此，在当时的社会经济技术条件下，木构架体系是具有很大优越性的。传统民居在木构架的使用和发展中，积累了一整套木材的培植、选材、采伐、加工和防护等宝贵的经验。就技术水平而言，无论是在高度、跨度以及解决抗震、抗风等问题方面，还是在力学施工等方面，经过严密的论证综合形成了系统的方法。

3. 环境“意象”、审美心理与视觉形态

建筑是一种文化现象，它必然受到人的感情和心态方面的影响，而人的感情和心态又来源于特定的自然环境和人际关系。克里斯蒂安·诺伯格·舒尔茨认为：每一个特定的场所都有一个特定的性格，就像它的灵魂一样，它统辖着一切，甚至造就了那里人们的性格。当然建筑也不例外地符合这个场所“永恒的环境秩序”。这种特定场所的内在性格潜移默化地影响着世代生息于这里的人们，并在他们头脑中形成了一个潜在的关于这个环境的整体“意象”，这也许就是人们最初的审美标准。此外，视觉形态还从心理上影响人们的舒适感觉，如南方民居建筑的用色比较偏好白色，白色在色彩学上属于冷色，能够给人心理上凉爽感，这可能是南方炎热地区多用冷色而少用暖色的根本原因之一。

(二) 有调适特点的微气候环境

研究表明，中国一些传统建筑如北方的窑洞、南方的天井院等的确是“冬暖夏凉”的健康居所。造成这种结果的主要原因在于民居的舒适性并不是表现在单一指标的绝对值上，且往往这种舒适在健康的要求下也降低了标准。一般来说，热舒适是以人体的感知为标准的，其影响因素包括室内空气干球温度、湿度、风速和平均辐射四个客观环境因素以及人体的活动量和衣着两个人为因素。因此热舒适不能用单一因素进行定义，它是各因素变量平衡后所构成的一个范围。

随着室内气候的控制调节技术在第二次世界大战后得到迅猛发展和普及，人工技术手段已经成为现代建筑的通用语言。而这种依赖于技术和能源的恒态舒适的代价却是高昂的，不仅让生态环境不堪重负，而且随着“空调病”的出现，空调环境对人体健康的负面影响也逐渐引起人们的重视。这种恒态舒适没有考虑适应性、文化差异、气候、季节、年龄、性别的不同，没有考虑到人们对热环境的期望和态度引起的心理状况对热舒适的影响，因此并不是特别令人满意。此外，人体感知刺激的空间广度是有限的，特别是人体处于静止状态的时候，如睡眠。因此在通过付出能量得到舒适空间中，往往只有人体感知的一小部分才有实际意义，而其他大部分空间的舒适消耗被浪费了。所以，如果为了获得小范围空间的舒适，就不得不提高大范围空间的舒适水平，这将会产生大量的“舒适浪费”。例如，在冬季临近外窗的位置就寝，而外窗的密闭性和保温性能又不甚理想，近窗处与远窗处之间就必然存在很大的温度梯度，为了提高就寝处的温度就不得不提高整个房间的温度，尽管房间的平均温度高于舒适温度，但人体所感知的空间范围内仍然有可能低于舒适要求，如此获得的舒适的代价就会很高。而传统民居就是尽可能使用自然舒适度较高的空间或者空间中自然舒适度较高的部分来获得高效的舒适感觉的。我国北方传统民居中的火炕就是很好的实例：寒冷冬季夜晚室外气温可降至 -30 ℃以下，在没有暖气及火炉供暖的情况下，由于传统建筑外围护结构的保温和气密性能有限，即使室内在窗前和墙角也可能会结霜甚至冰冻，但是人就寝在温暖的炕上，身体与表面温度较高的蓄热体接触，就可以获得相对理想的热舒适。这种舒适的成本要比通过集中供暖或空调来提高整个房间的温度而获得舒适的成本低得多。恒态、均质的舒适空间不仅造成了能源的极大浪费，而且恒态、均质的舒适空间与人体感官的生理要求也不契合。英国剑桥大学马特尼建筑与城市研究中心的研究成果已经显示：对气候的适度变化适应机会的存在能减轻人的生理和心理压力，换言之，室内气候的动态变化能对人体的舒适感觉起到增进作用。建筑不应成为恒温箱，动态的室内气候对人体产生适度的冷热等方面的刺激不仅是合理的也是必要的。此外，与外界气候呈现波相相同或相近的动态室内气候还能减少对外界气候的修正量，从而减少能量的输入，降低舒适的成本。因此，相对于现代建筑环境而言，传统建筑通过被动式的建筑手段营造了舒适性和健康性动态统一的室内湿热环境。

第二节　绿色建筑的规划设计

一、绿色建筑规划设计的原则

在建筑物的基本建设过程的三个阶段（规划设计阶段、建设施工阶段、运行维护阶段）中，规划设计是源头，也是关键性阶段。规划设计只需消耗极少的资源，却决定了建筑存在几十年内的能源与资源消耗特性。从规划设计阶段推进绿色建筑，就抓住了关键、把好了源头，这比后面的任何一个阶段都重要，可以收到事半功倍的效果。

在绿色建筑规划设计中，要关注其对全球生态环境、地区生态环境及自身室内外环境的影响，还要考虑建筑在整个生命周期内各个阶段对生态环境的影响。

绿色建筑规划设计的原则可归纳为下面几方面。

（一）节约生态环境资源

（1）在建筑全寿命周期内，使其对地球资源和能源的消耗量减至最小；在规划设计中，适度开发土地，节约建设用地。

(2) 建筑在全寿命周期内，应具有适应性、可维护性等。

(3) 提高建筑密度，少占土地，城区适当提高建筑容积率。

(4) 选用节水用具，节约水资源；收集生产、生活废水，加以净化利用；收集雨水加以有效利用。

(5) 建筑物质材料选用可循环或有循环材料成分的产品。

(6) 使用耐久性材料和产品。

(7) 使用地方材料等。

(二) 使用可再生能源，提高能源利用效率

(1) 采用节能照明系统。

(2) 提高建筑围护结构热工性能。

(3) 优化能源系统，提高系统能量转换效率。

(4) 对设备系统能耗进行计量和控制。

(5) 使用再生能源，尽量利用外窗、中庭、天窗进行自然采光。

(6) 利用太阳能集热、供暖、供热水。

(7) 利用太阳能发电。

(8) 建筑开窗位置适当，充分利用自然通风。

(9) 利用风力发电。

(10) 采用地源热泵技术实现采暖空调。

(11) 利用河水、湖水、浅层地下水进行采暖空调等。

(三) 减少环境污染，保护自然生态

(1) 在建筑全寿命周期内，使建筑废弃物的排放和对环境的污染降到最低。

(2) 保护水体、土壤和空气，减少对它们的污染。

(3) 扩大绿化面积，保护地区动植物种类的多样性。

(4) 保护自然生态环境，注重建筑与自然生态环境的协调；尽可能保护原有的自然生态系统。

(5) 减少交通废气排放。

(6) 减少废弃物排放量，使废弃物处理不对环境产生再污染等。

(四) 保障建筑微环境质量

(1) 选用绿色建材，减少材料中的易挥发有机物。

(2) 减少微生物滋长机会。
(3) 加强自然通风，提供足量的新鲜空气。
(4) 恰当的温湿度控制。
(5) 防止噪声污染，创造优良的声环境。
(6) 提供充足的自然采光，创造优良的光环境。
(7) 提供充足的日照，创造适宜的外部景观环境。
(8) 提高建筑的适应性、灵活性等。

(五) 构建和谐的社区环境

(1) 创造健康、舒适、安全的生活居住环境。
(2) 保护建筑的地方多样性。
(3) 保护拥有历史风貌的城市景观环境。
(4) 加强对传统街区、绿色空间的保存和再利用；注重社区文化和历史。
(5) 重视旧建筑的更新、改造、利用，继承发展地方传统的施工技术。
(6) 尊重公众参与设计。
(7) 提供城市公共交通，便利居住出行交通等。

绿色建筑应根据地区的资源条件、气候特征、文化传统及经济和技术水平等对某些方面的问题进行强调和侧重。在绿色建筑规划设计中，可以根据各地的经济技术条件，对设计中各阶段、各专业的问题排列优先顺序，并允许调整或排除一些较难实现的标准和项目。对有些标准予以适当放松和降低。着重改善室内空气质量和声、光、热环境，研究相应的解决途径与关键技术，营造健康、舒适、高效的室内外环境。

二、绿色建筑规划设计的内容

绿色建筑规划设计的内容包括建筑选址、分区、建筑布局、道路走向、建筑方位朝向、建筑体型、建筑间距、季风主导方向、太阳辐射、建筑外部空间环境构成等方面。

(1) 建筑选址。为建筑物选择一个好的建设地址对实现建筑物的绿色设计至关重要。绿色建筑对基地有选择性，不是任何位置、任何气候条件下均可建造合适的绿色建筑。绿色建筑选址的位置宜选择良好的地形和环境，满足建筑冬季采暖和夏季致凉的要求，如建筑的基地应选择在向阳的平地或山坡上，以争取尽量多的日照，为建筑单体的节能设计创造采暖先决条件，并可尽量减少冬季冷气流的影响。

(2) 建筑布局。建筑的合理布局有助于改善日照条件、改善风环境，并有利于建立良好的气候防护单元。建筑布局应遵循的原则是：与场地取得适宜关系；充分结合总体分区及交通组织；有整体观念，统一中求变化，主次分明；体现建筑群风格；注意对比、和谐手法的运用。

（3）建筑朝向。建筑朝向的选择涉及当地气候条件、地理环境、建筑用地情况等。在建筑设计时，应结合各种设计条件，因地制宜地确定合理建筑朝向的范围，以满足生产和生活的需要。选择朝向的原则是满足冬季能获取较多的日照，夏季能避免过多的日照，并有利于自然通风的要求。由于我国处于北半球，因此大部分地区最佳的建筑朝向为南向。

（4）建筑间距。建筑间距应保证住宅室内获得一定的日照量，并结合日照、通风、采光、防止噪声和视线干扰、防火、防震、绿化、管线埋设、建筑布局形式以及节约用地等因素综合考虑确定。住宅的布置，通常以满足日照要求作为确定建筑间距的主要依据。《中华人民共和国建筑设计消防规范》规定多层建筑之间的建筑左右间距最少为 6 m，多层与高层建筑之间最少为 9 m，高层建筑之间的间距最少为 13 m，这是强制性规定。

（5）建筑体形。人们在建筑设计中常常追求建筑形态的变化，从节能角度考虑，合理的建筑形态设计不仅要求体形系数小，而且需要冬季日辐射得热多，对躲避寒风有利。具体选择建筑体形受多种因素制约，包括当地冬季气温和日辐射照度、建筑朝向、各面围护结构的保温状况和局部风环境状态等，需要具体权衡得热和失热的情况，优化组合各影响因素才能确定。

第四章 绿色建筑设计方法

第一节 居住建筑的绿色节能设计

一、绿色居住建筑的节地与空间利用设计手法

(一) 居住建筑用地的规划设计

1. 用地控制

居住建筑用地应选择在无地质灾害或无洪水淹没等危险的安全地段，并尽可能利用废地(荒地、坡地、不适宜耕种土地等)，减少耕地占用。周边的空气、土壤、水体等不应对人体造成危害，确保卫生安全。

居住区在设计过程中，应综合考虑用地条件、套型、朝向、间距、绿地、层数与密度、布置方式、群体组合和空间环境等因素，来集约化使用土地，突出均好性、多样性和协调性。

2. 密度控制

居住建筑用地对人口毛密度、建筑面积毛密度(容积率)、绿地率进行合理的控制，达到合理的标准。

3. 群体组合和空间环境控制

居住区的规划与设计，应综合考虑路网结构、公建与住宅布局、群体组合、绿地系统及空间环境等的内在联系，构成一个完善的、相对独立的有机整体。

合理组织人流、车流，小区内的供电、给排水、燃气、供热、电信、路灯等管线宜结合小区道路构架进行地下埋设，配建公共服务的设施及与居住人口规模相对应的公共服务活动中心，方便经营、使用和社会化服务。绿化景观设计注重景观和空间的完整性，应做到集中与分散结合、观赏与实用结合，环境设计应为邻里交往创造不同层次的交往空间。

4. 朝向与日照控制

居住建筑间距，以满足日照要求为基础，综合考虑地形、采光、通风、消防、防震、管线埋设、避免视线干扰等因素。日照一般应通过与其正面相邻建筑的间距

控制予以保证。不能通过正面日照满足其日照标准的，对居住建筑日照间距的控制不应影响周边相邻地块特别是未开发地块的合法权益（主要包括建筑高度、容积率、建筑物退让等）。

5. 地下与半地下空间控制

地下或半地下空间的利用与地面建筑、人防工程、地下交通、管网及其他地下构筑物统筹规划、合理安排。同一街区内公共建筑的地下或半地下空间应按规划进行互通设计。充分利用地下或半地下空间做机动停车库（或用作设备用房等），地下或半地下机动停车位达到整个小区停车位的80%以上。

配建的自行车库，采用地下或半地下形式，部分公建（服务、健身娱乐、环卫等）宜利用地下或半地下空间，地下空间结合具体的停车数量要求、设备用房特点、机械式停车库、工程地质条件以及成本控制等因素，考虑设置单层或多层地下室。

6. 公共服务设施控制

城市新建居住区应按国家和地方城市规划行政主管部门的规定，同步安排教育、医疗卫生、文化体育、商业服务、金融邮电、社区服务、市政公用和行政管理等公共服务设施用地，为居民提供必要的公共活动空间。居住区公共服务设施的配建水平必须与居住人口规模相对应，并与住宅同步规划、同步建设、同时投入使用。

7. 竖向控制

小区规划要结合地形地貌合理设计，尽可能保留基地形态和原有植被，减少土方工程量。地处山坡或高差较大基地的住宅，可采用垂直等高线等形式合理布局住宅，有效减少住宅日照间距，提高土地使用效率。小区内对外联系道路的高程应与城市道路标高相衔接。

（二）居住建筑设计的节地

住宅设计要选择合理的单元面宽和进深。户均面宽值不宜大于户均面积值的1/10。住宅套型平面应根据建筑的使用性质、功能、工艺要求合理布局。套内功能分区要符合公私分离、动静分离、洁污分离的要求。功能空间关系紧凑，便能得以充分利用。住宅单体的平面设计力求规整。电梯井道、设备管井、楼梯间等要选择合理尺寸，紧凑布置，不宜凸出住宅主体外墙过大。套型功能的增量，除适宜的面积外，尚应包括功能空间的细化和设备的配置质量，与日益提高的生活质量和现代生活方式相适应。

居住建筑的体形设计应适应本地区的气候条件，住宅建筑应具有地方特色和个性、识别性，造型简洁，尺度适宜，色彩明快。住宅建筑配置太阳能热水器设施时，宜采用集中式热水器配置系统。太阳能集热板与屋面坡度应在建筑设计中一体化考虑，以有效降低占地面积。

二、绿色居住建筑节能与能源利用体系

（一）建筑构造节能系统

1. 墙体节能技术

（1）体形系数控制技术。为了减少因建筑物外围护结构临空面的面积大而造成的热能损失，体形系数不应超过规范规定值。

（2）窗墙比控制技术。要充分利用自然采光，同时要控制窗墙比。居住建筑的窗墙比应以基本满足室内采光要求为确定原则。建筑窗墙比不宜超过规范规定值。

（3）外墙保温技术。保温隔热材料轻质、高强，具有保温、隔热、隔声、防水性能，外墙采用保温隔热材料，能够增强外围护结构抗气候变化的综合物理性能。

2. 门窗节能技术

外门窗选择优质的铝木复合窗、塑钢门窗、断桥式铝合金门窗及其他材料的保温门窗。门窗开启扇在条件允许时尽量选用上下悬或平开下悬，尽量避免选用推拉式开启。外门窗玻璃选择中空玻璃、隔热玻璃或 Low-E 玻璃等高效节能玻璃，各种玻璃的传热系数和遮阳系数应达到规定标准。选择抗老化、高性能的门窗配套密封材料，以提高门窗的水密性和气密性。

3. 屋面节能技术

屋面保温可采用板材、块材或整体现喷聚氨酯保温层，屋面隔热可采用架空、蓄水、种植等隔热层。

种植屋面应根据地域、建筑环境等条件，选择适宜的屋面构造形式。推广屋面绿色生态种植技术，在美化屋面的同时，利用植物遮蔽减少阳光对屋面的直晒。

4. 楼地面节能技术

楼地面的节能技术，可根据底面不接触室外空气的层间楼板、底面接触室外空气的架空或外挑楼板以及底层地面，采用不同的节能技术。层间楼板可采取保温层直接设置在楼板上表面或楼板底面，也可采取铺设木龙骨（空铺）或无木龙骨的实铺木地板。底面接触室外空气的架空或外挑楼板宜采用外保温系统。接触土壤的房屋地面，也要做保温。

5. 管道节能技术

管道节能技术包括：设备管线与结构体的分离技术、水管的敷设、干式地暖的应用、风管的敷设。

6. 遮阳系统

利用太阳照射角各种工况综合考虑遮阳系数。考虑居住建筑所在地区的太阳高度角、方位角、建筑物朝向及位置等因素，确定外遮阳系统的设置角度。

(二) 电气与设备节能系统

1. 供配电节能技术

居民住宅区供配电系统的节能，主要通过降低供电线路和供电设备的损耗实现。

在建设供配电系统时，通过合理选择变电所位置，正确地确定线缆的路径、截面和敷设方式，采用集中或就地补偿的方式，提高系统的功率等，降低供电线路的电能损耗；采用低能耗材料或工艺制成的节能环保的电气设备，降低供电设备的电能损耗；对冰蓄冷等季节性负荷，采用专用变压器供电方式，以达到经济适用、高效节能的目的。

2. 照明节能技术

(1) 照明器具节能技术：在满足照明质量的前提下，宜选择高效电光源和延时开关。

(2) 居住区景观照明节能技术：①智能控制技术；②高效节能照明光源和灯具，应优先选择高效节能产品，鼓励使用太阳能照明、风能照明等绿色能源；③积极推广金属卤化物灯、LED 等高效照明光源产品。

(3) 地下汽车库、自行车库等照明节电技术：①光导管技术；②棱镜组多次反射照明节电技术；③车库照明自动控制技术。

(4) 绿色节能照明技术：① LED 照明技术；②电磁感应灯照明技术。

3. 智能控制技术

(1) 智能化的能源管理技术。

(2) 建筑设备智能监控技术。

(3) 变频控制技术等。

(三) 给排水节能系统

通过调查收集和掌握准确的市政供水水压、水量及供水可靠性的资料，并根据用水设备、用水卫生器具和水嘴的供水最低工作压力要求，合理确定直接利用市政供水的层数。

1. 小区生活给水加压技术

对市政自来水无法直接供给的用户，可采用集中变频加压、分户计量的方式供水。小区生活给水加压系统可采用水池 + 水泵变频加压、管网叠压 + 水泵变频加压及变频射流辅助加压三种供水技术。为避免用户直接从管网抽水造成管网压力过大波动，有些城市供水管理部门仅认可水池＋水泵变频加压及变频射流辅助加压两种供水技术。通常情况下，可采用射流辅助变频加压供水技术。

2. 高层建筑给水系统分区技术

给水系统分区设计中，应合理控制各用水点处的水压，在满足卫生器具给水配件额定流量要求的条件下，尽量取低值，以达到节水节能的目的。住宅入户管水表前的供水静压力不宜大于0.20 MPa；水压大于0.30 MPa的入户管，应设可调式减压阀。

第二节　办公建筑的绿色节能设计

绿色生态办公建筑设计要点可以概括为以下几点。

(1) 减少能源、资源、材料的需求，将被动式设计融入建筑设计之中，尽可能利用可再生能源如太阳能、风能、地热能以减少对于传统能源的消耗，减少碳排放。

(2) 改善围护结构的热工性能，以创造相对可控的舒适的室内环境，减少能量损失。

(3) 合理巧妙地利用自然因素，如场地、朝向、阳光、风及雨水等营造健康生态适宜的室内外环境。

(4) 提高建筑的能源利用效率。

(5) 减少不可再生或不可循环资源和材料的消耗等。

一、采光与遮阳塑造光环境

“朝九晚五”是典型的上班族的习惯，既然办公建筑通常是在白天使用的，那么它便成了最应该充分利用自然光线采光的场所。自然光线的利用不仅是节能的需要，更是使用者身心健康的保证。人们希望能够看到窗外一天中天空的变化，感受时光的变化，感受四季的变化。理想的办公建筑的采光首先应该充分考虑自然采光，还要考虑自然采光与人工照明的互动，光线不仅应该符合各种类型工作的要求，而且应该能够激发员工的工作激情和灵感。

二、空间与室内舒适度

影响舒适度的因素主要有：温度、湿度、风、辐射及采光。这些气候因子之间存在一定的相关性。例如，改善通风情况的同时也降低了温度和湿度。因此，不能孤立分析这些因子，否则会造成技术的堆砌。办公空间的设计应结合不同功能空间对舒适度的要求。

当前，较常见的办公空间模式是细胞式和开放空间式。细胞式适合小空间办公，细胞样的办公室沿走廊阵列，通常为两排，最多三排，这种办公形态的私密性相对较强，但空间受局限灵活性不强。较早期的开放空间办公模式，沿窗户周边的办公条件相对较好，而内部的座位其采光和通风条件都较差。这种办公室可以容纳大量员工，但是它过于重视经济效益而缺乏对员工的关怀。绿色办公的核心内容不仅仅是对环境的关怀，同时亦是对使用者的关怀，在为当代人营造美好生活环境的同时不应以牺牲后代的资源和环境为代价。建筑的空间、形体、材料与构造设备系统的设计都对节能和创造舒适的室内环境起到了一定的作用。

三、被动式设计与表皮

由于办公建筑的使用一般集中在白天，这为我们利用被动式设计创造生态绿色的办公环境提供了很好的条件，从而使室内空间尽量少地依赖空调系统。被动式设计是可以不拘一格的。看到下面这句话我们会深受鼓舞："正确的建筑围护结构和一丁点的创意，就可以使人类以最少的化石能源，在几乎任何地方居住。"被动式设计由被动式太阳能设计起源，实际上我们可以利用一切可利用的自然因素如日照、风、温度的日变化和季节变化、地热、水温、湿度等，使得建筑通过表皮与气候相互作用、调节。紧凑的建筑结构可以减少建筑物的表面积，从而降低热量损失。围护结构应该具有良好的绝缘性和密闭性，从而实现热桥最小化。一扇窗户的设计，不单是一个立面形式的问题，而应该根据房间的尺度、对光线和热量的需求，确定它的位置、方向、大小和形式。窗户既要考虑接收阳光又要考虑可以调节遮挡过量阳光，组织良好的通风系统，适当的遮阳系统可以阻止建筑在夏季里吸收过多热量。自然光的使用降低了照明用电量，中央控制系统自动控制各个系统的运转，优化了能源使用率。

四、系统与能源效率

目前，办公楼建筑主要存在以下问题：

(1) 常规能源利用效率低，可再生能源利用不充分；

(2) 无组织新风和不合理新风的使用导致能耗增加；

(3) 冷热源系统方式不合理、冷冻机选型偏大、运行维护不当；

(4) 输配电系统由于运行时间长、控制调节效果差，导致电耗较高；

(5) 照明及办公设备用电存在普遍的浪费现象等。

因此，在优化建筑围护结构、降低冷热负荷的基础上，应提高冷热源运行效率，降低输配电系统的电耗，使空调及通风系统合理运行，降低照明和其他设备电耗，这一系列无成本、低成本的措施可以有效降低建筑能耗。针对以上问题，需制定一系列指标分项约束建筑物的围护结构、采光性能、空气处理方式、冷热源方式、输配电系统、照明系统和可再生能源利用率。

建筑是为人类活动而建的，当然不能忽视人类活动的影响。办公空间有潜在的高使用率和办公机器的散热。人体散热和机器散热这两部分内在热辐射不容忽视。实践证明，这两部分得热加上日照辐射热、地热以及建筑的高密闭性，就可为建筑提供充足的热量。当然，这种密封良好的建筑一般都应有较好的通风系统，室内过少的通风不仅危及建筑结构而且对人的健康危害很大。为了保证低能耗，建筑要控制通风量，但每小时每立方的室内应该至少有约 40% 的新风量。在夏季，室内得热加上太阳辐射量吸收，会使房间温度过高，因此夏季要做好遮阳措施，避免额外太阳热量吸收，并利用夏季夜间自然通风以提供白天的舒适度，减少白天耗能。

五、挖掘水利用的潜力——净水、灰水及黑水

办公建筑用水量主要体现在使用人数和使用频率上，主要包括饮用水、生活用水、冲厕水以及比例较小的厨房用水。节水不仅要求更新节水设备，更要求每位使用者养成节水的习惯。中水的回收利用已经是比较成熟的技术，但在国内由于有些城市并没有中水系统，单个建筑设置中水回收不仅造价高而且并不一定有效，这就需要城市提供建筑节能绿色的基础设施系统。雨水经屋顶收集处理后可用于冲洗厕所，可以浇灌植被。保持并使用雨水井使其回流到现场土壤内的过程十分简单，但却是控制溢出水的重要途径。但目前，城市中由于渗透性土壤大都密封在建筑和路面下方，因此溢水和积水的发生频率越来越高，灾害性越来越大。黑水进行固液分离，干燥后可以作为有机肥料使土壤肥沃、植被茁壮成长。

六、探索材料的深度以尽量发挥资源的能量

建筑材料的开发绝不是一滴半点的节能。另外，从日常的生活办公的废料中也可开发出可为建筑所利用的材料，例如，不仅利用废纸可以生产保温材料，而且“从蓝色到绿色”的运动发起了回收废旧牛仔裤以制造被称为 Ultra Touch 的天然棉质纤维绝缘材料作为建筑的保温材料。

《绿色建筑评价标准》要求，在保证性能的前提下，使用以废弃物为原料生产的建筑材料，其用量占同类建筑材料的比例不低于 30%。可考虑采用的废弃物建材包

括利用建筑废弃物再生骨料制作的混凝土砌块、水泥制品和配制再生混凝土；利用工业废弃物等原料制作的水泥、混凝土、墙体材料、保温材料等建筑材料。

办公建筑以简洁为宜，尽可能使用可再生材料，使用的材料应经久耐用、维护成本低、减少装修，甚至管道系统、管件和电缆等均可外露，还便于检修。减少装修的另一个好处就是可减少空气的污染。为了营造一个无毒的室内环境，同时较好地保护室外环境，在建筑内部不要使用任何施工用溶剂型化学品及含有其他有害物质的材料或产品。为保证室内空气环境，应对现场达标性进行监测。现场监理人员应定期对材料进行检查，收集标签和产品数据表，并安排专家对其进行检查。

此外，建筑外围护材料的选择还应注意避免对周围环境的光污染。光伏玻璃作为一种新型材料，不仅可以作为建筑外围护结构，而且可以发电为使用者提供能源。

七、整体设计

实现绿色建筑要分三个层面。第一层面，在建筑的场址选择和规划阶段考虑节能，包括场地设计和建筑群总体布局。这一层面对于建筑节能的影响最大，这一层面的决策会影响以后各个层面。第二层面，在建筑设计阶段考虑节能，包括通过单体建筑的朝向和体形选择、被动式自然资源利用等手段减少建筑采暖、降温和采光等方面的能耗需求。这一阶段的决策失当最终会使建筑机械设备耗能成倍增加。第三层面，建筑外围护结构节能和机械设备系统本身节能。

第三节　商业建筑的绿色节能设计

一、规划和环境设计

（一）选址与规划

在场地的规划中，合理利用地形，尽量不破坏原有地形地貌，避免对原有环境产生不利影响，降低人力物力的消耗，减少废土、废水等污染物。规划时应充分利用现有的交通资源，在靠近公共交通节点的人流方向设置独立出入口，必要时可与之连接，以增加消费者接触商业建筑的机会与时间。

（二）环境设计

环境设计中还要充分考虑绿化与硬质铺地的合理搭配，绿化较少会单调乏味并失去气候调节功能。商业建筑为了获得大面积的室外广场，建筑周边都采用不透水的硬质铺装，这些都阻碍了雨雪等降水渗透到地下。地下水得不到应有的补偿，长久下去就会形成地下水漏斗区，导致土壤承载力下降，威胁到商业建筑的安全。不透水地面也失去了蒸发功能，无法通过蒸发来调节温度与湿度，造成夏季城市热岛效应加剧。

二、建筑设计

（一）建筑平面设计

建筑物的朝向选择是与节能效果密切相关的首要问题。南向有充足的光照，商业建筑选择坐北朝南，有利于吸收更多的热量。在进行商业建筑平面设计时，应将低能耗、热环境、自然通风、人体舒适度等因素与功能分区统一协调考虑。将占有较大面积的功能空间放置在建筑的端部，设置独立的出入口，几个核心功能区间隔分布，中间以小空间连接，缓解大空间的人流压力。

（二）建筑造型设计

规整的商业建筑体形在一定程度上有利于建筑的节能，但过分规整的建筑形体又显得呆板乏味，难以形成活跃的商业氛围。商业建筑形体上可适当采取高低落差、体块穿插等手法，不仅可以在视觉上丰富建筑轮廓，而且能利用自身高起的部分对西晒形成遮挡。在商业建筑的造型上，不同内部功能采取不同的材质和虚实处理手法。

（三）中庭设计

中庭是商业建筑不可缺少的功能空间，在它顶部一般都设有天窗或是采用透光材质的屋顶，引入自然光，减少人工照明能耗。夏天，利用烟囱效应，将室内有害气体以及多余的热量进行集中，统一排出室外；冬天，利用温室效应将热量留在室内，提高室内的温度。合理配置中庭内的植物，可以调节中庭内的湿度。有些植物还具有吸收有害气体和杀菌除尘的作用。另外，利用落叶植物不同季节的形态还能达到调节进入室内太阳辐射的作用。

（四）地下空间利用

现在很多商业建筑利用地下一、二层的浅层地下空间，发展餐饮、娱乐等功能，而将地下车库布置在更深层的空间里，在获得良好经济效益的同时，也实现了节约用地的目标。

商业建筑还可以将地下空间与地铁等地下公共交通进行连接，借助公共交通的便利资源，使消费过程变得方便快捷，减少搭乘机动车购物时给城市交通带来的压力，达到低碳生活的目的。

三、室内空间环境设计策略

（一）室内空间设计

消费者的大部分商业行为都是在商业建筑室内完成的。商业建筑室内空间设计首先要吸引消费者的购买欲望，并且在长时间的购物过程中身心都感觉比较舒适。在室内空间的设计中，可以采取室外化的处理手法，将自然界的绿化引入室内空间，或者将建筑外立面的装饰手法应用到商业建筑的室内界面上。

（二）室内材料选择

商业建筑室内装饰材料的选用，首先要突显商业性、时尚性，同时还应重点考虑材料的绿色环保特性。

在设计过程中，同时应该避免铺张浪费、奢华之风，用经济、实用、适合的材料创造出新颖、绿色、舒适的商业环境。在具体工程项目中应考虑尽量使用本土材料，从而可以降低运输及材料成本，减少运输途中的能耗及污染。

四、结构设计中的绿色理念

以全寿命周期的思维概念去分析思考，合理选择商业建筑的结构形式与材料。内部空间的自由分割与组合对商业建筑非常重要，在满足结构受力的条件下，结构所占的面积也要尽可能少，以提供更多的使用空间；较短的施工周期，有利于实现尽早盈利；商业建筑还时常需要高、宽、大等特殊空间。基于以上几点考虑，目前钢结构已成为商业建筑最具优势的结构形式。虽然钢结构在建设初期投入的成本相对较高，但它的刚度好，支撑力强，有时代感，更能突显建筑造型的新颖、挺拔。而且在后期拆除时，这些钢材可以全部回收利用，从这一角度上讲，钢结构要比混凝土结构节能环保得多。

五、围护结构节能

(一) 外墙与门窗节能

商业建筑重视外立面的装饰效果，在外围护结构的设计上，不仅要考虑造型美观的因素，还应该注意保温性能的要求。商业建筑的实墙面积所占比例并不多，但西、北向以及非沿街立面实墙面积较大。

商业建筑立面一般比较通透、明亮，橱窗等大面积的玻璃材质较多，通透的玻璃幕墙给人以现代时尚的印象，夜晚更能使建筑内部华美的灯光效果获得充分的展现，吸引人们的注意。但从节能角度考虑，普通玻璃的保温隔热性能较差，大面积的玻璃幕墙将成为能量损失的通道。解决玻璃幕墙的绿色节能问题，首先就要选择合适的节能材料。

(二) 屋顶保温隔热

商业建筑一般为多层建筑，占地面积较大，这就导致其屋顶面积很大。发掘屋顶的景观潜力，与实用功能相结合，利用绿色节能技术，设置屋顶花园是提高商业建筑屋顶保温隔热性能的有效方法之一，并且可以提高商业建筑的休闲品位。另外，架空屋顶，通风屋面等也是实现商业建筑屋面保温隔热的良好措施。

(三) 建筑遮阳

商业建筑采用通透的外表面较多，为了控制夏季太阳对室内的辐射，防止直射阳光造成的眩光，必须采用遮阳措施。由于建筑物所处的地理环境、窗户的朝向，以及建筑立面要求的不同，所采用的遮阳形式也有所不同。

六、空调通风系统节能技术

有关资料表明，空调制冷与采暖耗能占到了公共建筑总能耗的50%～60%。商业建筑的空调与通风系统有很多相似和相通之处、新风耗能占到空调总负荷的很大一部分，除了提高空调的能效之外，处理好两者之间的关系，也有利于降低空调的能耗。

七、采光照明系统

商业建筑消耗在采光照明上的能源占到了总能源的1/3以上。其中，夏秋季节，照明系统能耗占总能耗的比例为30%～40%；冬春季节，则要占到40%～50%，节能潜力很大。

（一）人工照明

选用智能化的照明控制设备与控制系统，同时与商业建筑内安保、消防等其他智能系统联动，实现全自动管理，将有效节约各部分的能源和资源。

建筑设计是一门艺术，人工照明是其中的重要组成部分，在考虑照明系统节能的同时不能只满足基本的照明需求，更需要建筑师与相关专业人员合作探讨，创造出生态、节能、健康，又具有艺术气息的人工照明系统。

（二）自然采光

自然采光对于商业建筑的意义不仅在于减少照明能耗，还意味着安全、清洁、健康。在太阳的全光谱照射下，人们的生理与心理都会得到比较愉悦的感觉。阳光可以拉近人与自然的距离，满足人们回归自然的心理，还能促进儿童的生长发育，具有杀菌作用，增强人体的免疫力。

自然采光可分为侧窗采光与天窗采光。商业建筑多数都采用天窗采光。另外，商业建筑的地下空间在进一步利用后也对自然光有着一定的要求，但现有的采光系统较难实现。近年来，导光管、光导纤维、采光隔板和导光棱镜窗等新型采光方式陆续出现，它们运用光的折射、反射、衍射等物理特性，满足了这部分空间对阳光的需求。

八、防火与节能

近年来，随着保温材料等节能措施的不断应用，由其引发的火灾也频频发生。商业建筑人员密集，货物集中，一旦发生火灾，将造成巨大的生命与财产损失。商业建筑的节能应与防火措施紧密结合。

（一）保温材料

有机保温材料保温性能良好，但多数防火性能较差，燃烧时还会产生有毒气体和烟尘，导致人员中毒、窒息，保温材料在外墙上都是相连贯通的，一旦起火，将会迅速蔓延整个建筑。商业建筑设计保温材料时，应更多考虑难燃和不燃的无机保温材料。如果必须使用可燃的有机保温材料，必须对材料进行阻燃处理，使其满足防火要求。

（二）中庭

在发生火灾危险时，中庭及其上部的通风口能够快速有效地将室内的浓烟及有害气体排出室外，避免室内人群因浓烟窒息。但是中庭的拔风作用也会对火势起到加强效果，要注意在中庭周边设置防火卷帘，防止火势借中庭空间窜至其他楼层，在中庭还应布置灭火设施。

另外，在选择照明设施等设备时，应尽量选择发热量小的产品，提高能源的转化效率，防止产生过多的热量，造成火灾隐患。同时，还能减少能源浪费和空调负荷。商业建筑外立面经常被巨大的广告牌包围，不仅造成外立面的混乱，也是火灾隐患，一旦出现火情，也为及时扑救带来很大困难。因此在进行商业建筑的设计时，要特别注意。

第四节　酒店（饭店、旅馆）建筑的绿色节能设计

一、酒店建筑的节能设计

（一）酒店建筑的能耗特点

酒店建筑的能耗主要包括：采暖能耗，空调与通风能耗，照明能耗，生活热水，办公设备，电梯，给排水设备等。

酒店的能耗量主要取决于建筑被动节能设计，能源系统和空调等系统设计，控制系统与模式，运营使用管理等。

酒店建筑的全年能耗中50%～60%用于空调制冷与采暖系统，20%～30%用于照明。而在空调采暖这部分能耗中，20%～50%由外围护结构传热所消耗（夏热冬暖地区大约20%，夏热冬冷地区大约35%，寒冷地区大约40%，严寒地区大约50%）。

酒店的功能非常复杂，包括文化、物质、心理和生理等方面内容。不同功能的空间，如客房、餐厅、酒吧、会议、大堂等，对舒适度的要求有很大区别，因而在建筑设计和空调采暖通风系统设计上，都需要针对不同功能空间的使用特点，选择相应的解决方案。

酒店建筑从使用上看，有明显的间歇性特点，通常客房的入住率在50%～70%，一些季节性强的酒店，淡季与旺季入住率的差异更加明显。其他餐厅、会议等区域更是有明显的使用时段，因而其空调采暖、通风设计必须与其相适应。

(二) 避免不必要的节能技术与设备的堆砌

目前国内绿色节能建筑出现的最大偏差是不顾实际效果盲目堆砌各种所谓节能技术与设备，造成高能耗建筑和后期高昂的维护成本。建筑节能与否，唯一的衡量标准是在达到设定的舒适度指标条件下，每平方米建筑面积的能耗指标，更准确科学的定义是单位建筑面积每年一次性能源消耗指标，而绝对不是采用了多少节能技术设备系统。

(三) 被动式节能设计优先

被动式节能措施是指通过群体规划布局、单体建筑设计本身，有效利用自然条件，克服不利因素，为创造舒适的室内环境，节约能耗或为主动式节能创造有利的条件。

1. 总平面规划设计

酒店建筑的总平面规划设计是建筑节能设计的重要内容之一，这一阶段设计要对建筑的总平面布置，建筑平、立、剖面形式，太阳辐射，自然通风等气候参数对建筑能耗的影响进行分析。也就是说，在冬季最大限度地利用自然能来取暖，多获得热量和减少热损失；在夏季最大限度地减少得热并利用自然能来降温冷却，以达到节能的目的。

特别注重入口大堂和餐厅室外庭院的冬季防风和夏季遮阳效果，这两方面对酒店的舒适体验和价值提升意义重大。

朝向选择的原则是冬季能获得足够的日照并避开主导风向，夏季能利用自然通风并防止太阳辐射。然而建筑的朝向、方位以及建筑总平面设计应考虑多方面的因素，尤其是公共建筑受到社会历史文化、地形、城市规划、道路、环境等条件的制约，要想使建筑物的朝向对夏季防热、冬季保温都很理想是有困难的，因此，只能权衡各个因素之间的得失轻重，选择出这一地区建筑的最佳朝向和较好的朝向。通过多方面的因素分析、优化建筑的规划设计，尽量避免东西朝向日晒。

2. 建筑体形系数控制

严寒和寒冷地区建筑外围护结构能量损失占比很大，此类地区建筑体形的变化直接影响建筑采暖能耗的大小。建筑体形系数越大，单位建筑面积对应的外表面面积越大，传热损失就越大。严寒和寒冷地区建筑的体形系数应小于或等于0.40。

在夏热冬冷和夏热冬暖地区，建筑体形系数对空调和采暖能耗也有一定的影响，但由于室内外的温差远不如严寒和寒冷地区大，而且夏季空调能耗占总能耗比例上升，所以体形设计要兼顾冬季保温和夏季散热通风要求，有较大的自由度，建筑师能够设计出较丰富生动的建筑群体和单体造型。

3. 控制外围护结构的传热系数

严寒和寒冷地区建筑节能主要考虑建筑的冬季防寒保温，建筑围护结构传热系数对建筑的采暖能耗影响最大，因而提高外围护结构传热系数的指标是节能最有效、投资相对小的措施。

在夏热冬冷和夏热冬暖地区，室内外温差没有严寒、寒冷地区那么大，通过外围护结构损失的能量没有那么多，同时在过渡季和夏季需要考虑室内向外散热，过度提高外围护结构传热系数的指标要求，综合效果并不一定好。

4. 避免热桥构造，消除结露危险，提高建筑的气密性

由于围护结构中窗过梁、圈梁、钢筋混凝土抗震柱、钢筋混凝土剪力墙、梁、柱等部位的传热系数远大于主体部位的传热系数，形成热流密集通道。如果在此不采取充分隔热措施，就会形成热桥，造成能量损失。不利条件下还会形成结露，导致发霉，严重影响室内健康环境。

提高严寒地区和寒冷地区建筑的气密性是提高建筑舒适性和节能的重要环节，有条件的项目应通过“鼓风门”等方法检测建筑的气密性，配合红外热敏成像等技术设备，综合诊断改善建筑的保温性能。

5. 窗墙比的控制，模拟计算寻优

透明玻璃窗是建筑保温隔热的薄弱环节，高性能保温隔热玻璃的造价相对较高。因而在设计初期业主和建筑师就需要明确，采用较大玻璃面积外墙设计，同时达到室内舒适环境和节能要求，需要采用高性能保温隔热玻璃、遮阳和其他空调技术设施，需要较大投资支持。如果不能做到这一点就必须严格控制窗墙比。

对于复杂的建筑需要进行计算机模拟，根据当地的气候条件、太阳辐射的强度，对不同开窗面积、不同玻璃性能、遮阳设施的组合进行比较，在保证室内舒适度的前提下，计算能耗量，以确定最佳方案。

（四）重点空间的舒适度与节能设计

酒店大堂、中庭餐饮、会议室等空间是酒店建筑最富于艺术表现力的空间，同时也是舒适度和节能设计容易出问题的区域。随着时代的演变，酒店大堂及中庭等空间更多地具有客厅、休憩、等候、茶饮和私密交谈等功能，而不是简单的交通功能和高大辉煌的空间。这些功能需要较高的舒适度，特别是对分层空间温度、空气流速、空间界面温度、阳光舒适度、声舒适度等方面的要求。

这些特效的空间设计需要综合权衡建筑的艺术效果、实用功能性和舒适节能方面的要求，选择最佳解决方案。设计过程中宜选用 FLUENT、Star CCM+ 等专业软件，

对未来空间的舒适度指标，如温度场、风速场、空气龄场、PMV场等，进行系统模拟，对房间的气流组织、室内空气品质（IAQ）进行全面综合评价，以保证其舒适度的要求，同时在此基础之上建筑师和暖通工程师共同确定适当的设备系统和末端形式的选择，以达到空间艺术、舒适度和节能的最佳效果。

(五) 酒店空调系统最具节能潜力的十个方面

酒店由于季节性和使用间歇性大，因而需要空调系统能够灵活可调，且反应快速。影响酒店空调系统能耗的主要有采暖锅炉、制冷机水泵、新风机和控制系统。在建酒店空调系统设计和既有酒店建筑空调系统改造方面，节能潜力最大的有以下十个方面。

①冷热源系统的优化与匹配，综合考虑可再生能源利用的实际效果和与其他系统的配合而不是盲目采用多种技术，使系统过于复杂，整体效率降低，反而增加能耗；②根据建筑运行荷载精心选择不同功率大小制冷机组搭配，使制冷机组总能在较高CPO状态下运行；③采用变频水泵，根据冷热负荷需要调节送水量；④根据室外空气温度情况，在过渡季节，以及夏日夜间和早晨时段，尽量采用室外空气降温减少空调开启时间；⑤采用适当的传感与控制系统，要求做到房间里无人时，空调与新风系统自动降到最低要求标准，有条件时，应做到门窗开启时，空调或暖气系统自动关闭；⑥保证输送管线有足够的保温隔热措施减少输送过程中的能量损耗；⑦定期清洗风机盘管等设备，减少阻力和压力损失；⑧空调整体智能化控制系统，根据末端要求情况利用水资源等系数，准确控制制冷机的开启和水泵运行，在某些季节和时段只对餐厅等空间运行制冷，而对客房和走廊大堂等只进行送风；⑨必要的热回收设备；⑩设计师需要关心项目的实际使用情况，了解建筑使用后物业管理方式与问题，进行实际能耗跟踪测评统计和用户反馈，有针对性地进行精细化系统设计，而不是只按规范，造成设备过大或搭配不合理等问题。

二、绿色环保建材使用

(一) 保证健康室内空气环境

国际上对绿色环保建材的要求最新发展体现在两个方面，一方面是保证室内空气质量，控制甲醛和有害挥发性有机化合物（TVOC），甲醛和TVOC主要潜在包含在人造板家具、涂料、胶黏剂、壁纸、地毯衬垫等。酒店工程都是精装修，因而绿化环保建材应用对室内空气质量至关重要。①需要设计师以及施工标书编制机构对此有足够重视和相应专业知识，在设计和标书中对所有材料的要求，包括黏结剂等辅助材料的环保性提出明确的量化指标要求；②在施工过程中所有材料要求提供第三方权威检测机构出具的检测证书，并全程备案；③装修完成后进行室内空气质量检测。

（二）减少大气污染排放

环保建材要求的另一方面是衡量建筑对宏观环境的影响，即建筑中所有使用的建筑材料及设备，考量其生产过程中能源的消耗和有害气体的排放量，对地球环境可能产生的影响。可持续建筑不仅要求减少 CO_2 排放，同时也要求减少 NO_2、SO_2 等其他有害气体对臭氧层的破坏，减少磷化物和重金属的排放，以避免对全球环境造成更严重的破坏。

通过对建筑中所有使用建材与设备建立档案和量化记录，根据数据库提供的参数就可计算出每种建筑材料相应折算每年排放有害物质的数量，核算建筑中所有建材和设备，即可计算出建筑每年排放有害物质的总量。

如果在设计过程中就能进行这项计算工作，就可以考核不同建筑及结构形式。不同建筑材料的应用，将会对环境产生较多或较少的负面影响，从而达到在这一项考核指标方面减少污染、保护环境的目的。

（三）强调就地取材

国际上可持续建筑强调使用本地建筑材料，通常要求主要建筑材料来源在 500 km 范围以内。就地取材有利于减少交通运输中 CO_2 和其他污染物的排放，同时有利于形成地方特色的建筑风格，这一点对于酒店建筑也是非常重要的。

三、酒店可持续运营管理

酒店的运营管理对于酒店建筑与设施的节能、绿色环保效果影响巨大。

（一）酒店可持续管理组织架构

酒店需要设立创建绿色酒店的组织机构，由经过专业培训的高层管理者负责；设立绿色行动专项预算；有明确的绿色行动目标和量化指标；为员工提供绿色酒店相关知识培训；有倡导节约、环保和绿色消费的宣传行动，对消费者的节约、环保消费行为采取鼓励措施。

（二）酒店建筑的能耗管理

酒店建筑的运行节能是节能工作非常重要的环节，具体应从下列八个方面入手。

(1) 水、电、气、煤、油等主要能耗部门有定额标准和责任制。

(2) 主要用能设备和功能区域安装计量仪表。

(3) 每月对水、电、气、煤、油的消耗量进行监测和对比分析，定期向员工报告。

(4) 定期对空调、供热、照明等用能设备进行巡检和及时维护，减少能源损耗。

(5) 积极引进先进的节能设备、技术和管理方法，采用节能标志产品，提高能源使用效率。

(6) 积极采用可再生能源和替代能源，减少煤、气、油的使用。

(7) 公共区域夏季温度设置不低于 26 ℃，冬季温度不高于 20 ℃。

(8) 水、电、气、煤、油等能源费用占营业收入百分比达到先进指标。

(三) 酒店减少废弃物与环保

国际上酒店业对于减少垃圾产生与促进环保已形成一定有效机制与办法，通常从以下十三个方面推进。

(1) 减少酒店一次性用品的使用。

(2) 根据顾客意愿减少客房棉织品换洗次数。

(3) 简化客房用品的包装。

(4) 改变洗涤品包装为可充灌式包装。

(5) 节约用纸，提倡无纸化办公。

(6) 有鼓励废旧物品再利用的措施。

(7) 减少污染物排放浓度和排放总量，直至达到零排放。

(8) 引进先进的环保技术和设备。

(9) 不使用可造成环境污染的产品，积极选择使用环境标志产品。

(10) 采取有效措施减少固体废弃物的排放量，固体废弃物实施分类收集、储运，不对周围环境产生危害；危险性废弃物及特定的回收物料交由资质机构处理、处置。

(11) 避免过度包装，必须使用的包装材料尽可能采用可降解、可重复使用的产品。

(12) 积极采用有机肥料和天然杀虫方法，减少化学药剂的使用。

(13) 采用本地植物绿化酒店室内外环境。

第五节　医院建筑的绿色节能设计

一、可持续发展的总体策划

随着医疗体制的更新和医疗技术的不断进步，医院功能日趋完善，医院建设标准逐步提高，主要体现在床均面积扩大、新功能科室增多、就医环境和工作环境改善等方面。绿色医院的设计理念要体现在该类建筑建设的全过程，总体策划是贯彻设计原则和实现设计思想的关键。

（一）规模定位与发展策划

医院建筑的高效节约设计首先要对医院进行合理的规模定位，它是医院良好运营的基础。如果定位不当，将造成医院自身作用不能充分发挥和严重的资源浪费。正确处理现状与发展、需要与可能的关系，结合城市建筑规划和卫生事业发展规划，合理确定医院的发展规划目标，有效地对建设用地进行控制，体现规划的系统性、滚动性与可持续发展，实现社会效益、经济效益与环境效益的统一。

随着人口不断增长，医院的规模也越来越大，应根据就医环境合理地确定医院建筑的规模，规模过大则会造成医护人员、病患较多，管理、交通等方面问题突显；规模过小则资源利用不充分，医疗设施难以健全。随着人们对健康的重视和就医要求的提高，医院的建设逐渐从量的需求转化为质的提高。我国医院建设规模的确定不能臆想或片面追求大规模和形式气派，需要综合考虑多方面因素，注重宏观规划与实践的结合，在综合分析的基础上做出合理的决策。

要制订出可行的实施方案，主要考虑的内容是医院在未来整体医疗网络中的准确定位、投资决策、项目的分阶段控制完成等，它是各方面关联因素的综合决策过程。在这个阶段，需要医院管理人员及工艺设备的专业相关人员密切参与配合，他们的早期介入有利于进行信息的沟通交流（如了解设备对空间的特殊技术要求，功能科室的特定运作模式等），尽可能避免土建完工后建筑空间与使用需求之间的矛盾冲突和重新返工造成极大浪费的现象产生。统筹规划方案的制订应该有一定的超前性，医院建筑的使用需求在始终不停的变化之中，但对于一幢新的医院建筑一般需要四五十年的使用寿命，设备、家具可以更新，但结构框架与空间形态却不易改动，因此，建筑设计人员应该与医院院方共同策划，权衡利弊，根据经济效益情况确定不同投资模式。另外，我国医院的建设首先确定规模统一规划，分期或一次实现进行，全程整体控制是比较有效与合理的发展模式。在医院建筑分期更新建设中，应该通过适当的规划保证医院功能可以照常运营，把医院改扩建带来的负面影响减至最小，实现经济效益与工程建设协调统一进行。医院建设的前期策划是一个实际调查与科学决策的过程，它有助于医院建筑设计工作者树立整体动态的科学思维，在调查及与医院相关人员的交流等过程中提高对医疗工作特性的认识，奠定坚实的工作基础，使可持续发展的具体设计可以更顺利地进行。

(二) 功能布局与长期发展

随着医疗技术的不断进步、医疗设备的不断更新、医院功能的不断完善，医院建筑提供的不仅是满足当前单纯的疾病治疗空间和场所，而且应该注意到远期的发展和变化，为功能的延续提供必要的支持和充分的预见，灵活的功能空间布局为不断变化的功能需求提供物质基础。随着医疗模式的不断变化，医院建筑的形式也发生着变化，一方面是源于医疗本身的变化；另一方面医院建筑中存在着大量的不断更新的设备、装置。绿色医院建筑的特征之一就是近远期相结合，具备较强的应变能力。医院的功能在不断地发生改变时医院建筑也要相应地做出调整。在一定范围内，当医院的功能寿命发生改变时，建筑可以通过对内部空间调整产生应变能力以满足功能的变化，保证医院建筑的灵活性和可变性，真正做到以“不变”应“万变”的节约、长效型设计。

1. 弹性化的空间布局

医院建筑的结构空间的应变性是对建筑布局应变性的进一步深化，从空间变化的角度看，基本分为调节型应变和扩展型应变两种。调节型应变是指保持医院自身规模和建筑面积不变，通过内部空间的调整来满足变化的需求；扩展型应变主要是指通过扩大原有医院规模和面积来满足变化的需求。两种方式的选择是通过对建筑原有的条件的分析和比对而决定的。在设计中，绿色医院建筑应该兼有调节型应变和扩展型应变的特征，这样才能具有最大限度的灵活性应变，适应可持续发展的需要。

调节型应变在结构体系和整体空间面积不变的条件下可以实现，其简便易行，大大地提高效率、节省资源。要实现医院的调节型应变的关键是在建筑空间内设置一定的灵活空间以用于远期发展，而调节型应变要求空间具有匀质化的特征，以便空间更容易被置换转移和实现功能转换融合，即要求医院空间具有较好的调整适应度。例如，空间的标准化设计，空间尺度、面积、高度的发展预留，空间的简易灵活分隔等。因此在医院空间设计时应适当转变原有固定空间的设计模式，转而考虑医院不同功能空间之间的交融和渗透，寻求空间的流动和综合利用。医院空间的使用并不是完全单一的，例如，门诊空间就是一个复杂的综合功能空间，可以通过一定的景观、绿化、屏风、地面铺装、高低变化等软隔断进行空间分隔，并可依据功能使用的情况变化而不断调整，医院候诊空间、科室相近的门诊空间等也可以采用类似的方法来实现空间更大的应变性。因此，灵活空间的设置可以依据近似功能空间整合的方式进行。例如，医院护理单元病房空间标准化处理既有利于医护人员加深对环境的熟悉程度从而提高工作效率，也有利于空间的灵活适应性。

扩展型应变主要是通过面积的增加来实现，扩展型空间应变的关键是保证新旧功能空间的统一协调，扩展型空间应变包括水平方向扩展和竖直方向扩展两个方面。医院的水平扩展需要两个基本条件：一方面要预留足够的发展用地，考虑适当留宽建筑物间距，避免因扩展而可能造成的日照遮挡等不利影响；另一方面使医院功能相对集中，便于与新建筑的功能空间衔接，考虑前期功能区的统一规划等。医院竖直方向扩展一般不打乱医院建筑总体组合方式，优点是利于节约土地，特别适用于用地紧张，原有建筑趋于饱和的医院建设，缺点在于竖直方向扩展需要结构、交通和设备等竖直方向发展的预留，而在平时的医院运营中它们尚未充分发挥作用，容易造成一定的资源浪费，如近期有扩建的可能则是一种较好的应变手段，或者可以采取竖向预留空间暂作他用，待到需要的时候再通过调整使用用途的方式进行扩展。

2. 可生长设计模式

医院建筑是社会属性的公共建筑，但又与常规的公共建筑有所不同。由于其功能的特殊性，使用频率较高，发展变化较快，功能的迅速发展变化，大大缩短了建筑的有效使用寿命，如果医院建筑缺乏与之适应的自我生长发展模式，很快就会被废弃。从发展的角度讲，建筑限制了医疗模式的更新和发展；从能源角度讲，不断地新建会造成巨大的浪费，因此医院建筑在设计中应该充分考虑建筑的生长发展。建筑的可生长性主要是从两个层面考虑，一是为了适应医学模式的发展，满足医院建筑的可持续发展，而不断地在建筑结构、建筑形式和总体布局上做出探索变化，即“质”变；二是建筑基于各种原因的扩建，即“量”变。医疗建筑的生长发展是为了适应疾病结构的变化和医疗技术的进步发展。延长建筑的使用寿命是绿色建筑的重点之一，无论是质变还是量变，关键是前期的规划准备和基础条件，医院应该预留足够的发展空间，建筑空间也应便于分隔，适度预留，体现生长型绿色医院建筑的优越性和可持续性。

（三）节约资源与降低能耗

近几十年我国城市迅速发展扩大，城市的高速发展不可避免地带来许多现实问题，诸如城市发展理念不符合一般的城市可持续发展规律、城市中心区建筑密度过高、用地紧张、公共设施不完善、道路低密度化等问题。其中对建筑设计影响最大的应该是建设用地的紧张、高密度造成的环境破坏，因此随着我国功能部门的分化和医院规模的扩大，为了节约土地资源，节省人力、物力、能源的消耗，医院建筑在规划布局上相应地缩短了流线，出现了整合集中化的趋向，原有医院建筑典型的“工”字形、“王”字形的分立式布局已经不能满足新时期医院发展的需要。其建筑形态进一步趋于集中化，最明显的特征就是大型网络式布局医院的出现以及许多高层医院的不断产生。纵观医院建筑绿色化的发展历程，医院建筑经历了从分散到集中又到分散的演变，它反映了绿色医院建筑的发展趋势。应该注意到医院建筑的集中化、分散化交替的发展模式是螺旋式上升的发展方式，当前我们所倡导的医院建筑分散化不是简单地回归到以前的布局及分区方式，而是结合了现代医疗模式的变化发展，更为高效、便捷、人性化的布局形式，做到集约与分散的合理搭配，力求实现医院建筑的真正绿色化设计。

二、自然生态的环境设计

（一）营造生态化绿色环境

与自然和谐共存是绿色建筑的一个重要特征。拥有良好的绿色空间是绿色医院建筑的鲜明特征，自然生态的空间环境既可以屏蔽危害、调节微气候、改善空气质量，还可以为患者提供修身养性、交往娱乐的休闲空间，有利于病人的治疗康复。热爱自然、追求自然是人类的本性，庭院化设计是绿色医院建筑的标志之一，是指运用庭院设计的理念和手法来营造医院环境。空间设计庭院化不论是对医患的生理还是心理都十分有益，对病人的康复有极大好处。注意医院绿化环境的修饰，是提高医院建筑景观环境质量的重要手段。如采用室内盆栽、适地种植、中庭绿化、墙面绿化、阳台绿化、屋顶绿化等都能为病人提供赏心悦目、充满生机的景观环境，达到有利治疗、促进康复之目的。环境是建筑实体的延伸，包括生态环境和人文环境。

（二）融入自然的室内空间

室内空间的绿色化是近年来医院设计的重要趋势之一。我国的医院建筑规模和人流量均较大，室内空间需要较大的尺度和宽敞的公共空间。绿色医院建筑的内部景观环境设计要注重空间形态的公共化。随着医疗技术的进步，其建筑内部使用功能也日趋复合化。为适应这种变化，医院建筑的空间形态应更充分地表现出公共建筑所特有的美感，中庭和医院内街的形态是医院建筑空间形态公共化的典型方法。不同的手法表达了丰富的空间形式，为服务功能提供了场所，也为使用者提供了熟悉方便的空间环境，为消除心理压力、缓解焦躁情绪起到积极的作用，同时表达了医院建筑不仅为病患服务也为健康人服务的理念。

第五章　绿色建筑节能设计

构建社会主义和谐社会，建设资源节约型社会，实现社会经济的可持续发展，是全社会共同的责任和行动。我国是耗能大国，建筑能源浪费更加突出，据相关部门统计，建筑能耗已占全国总能耗的近30%。能源问题已经成为制约经济和社会发展的重要因素，建筑能耗必将对我国的能源消耗造成长期的巨大的影响。

建筑节能是缓解我国能源紧缺矛盾、改善人民生活工作条件、减轻环境污染、促进经济可持续发展的一项最直接、最廉价的措施，也是深化经济体制改革的一个重要组成部分；对全面建设小康社会，加快推进社会主义现代化建设的根本指针具有极其重要的现实意义和深远的历史意义。在可持续发展战略方针的指导下，我国先后颁布了多项环保法规和节能法，节能成为我国的基本国策，人们越来越意识到能源对人类发展的重要性。

第一节　绿色建筑节能基础知识

随着人民生活水平的提高，建筑能耗将呈现持续迅速增长的趋势，加剧我国能源资源供应与经济社会发展之间的矛盾，最终导致全社会的能源短缺。降低建筑能耗，实施建筑节能，对于促进能源资源节约和合理利用、缓解我国的能源供应与经济社会发展之间的矛盾起着举足轻重的作用，也是保障国家资源安全、保护环境、提高人民群众生活质量、贯彻落实科学发展观的一项重要举措。因此，如何降低建筑能源消耗，提高能源利用效率，实施建筑节能，是我国可持续发展亟待研究解决的重大课题。

我国建筑节能工作的实践充分证明，积极推进绿色建筑和建筑节能设计，有利于保证国民经济持续稳定发展，有利于改善人民生活和工作环境，对于构建社会主义和谐社会起着十分重要的作用。根据我国的基本国情，节约建筑用的能源是贯彻可持续发展战略的一个重要方面，是执行节约能源、保护环境基本国策的重要组成部分。

一、绿色建筑节能概述

随着社会经济和文明的快速发展，人民的生活和精神需求也大幅度提高，期望生活条件得到较大的改善，在这个方面首要的就是对居住条件的改善。但是，近些年来，伴随着社会的进步，生态环境正遭受着严峻的考验。人口剧增、资源匮乏、环境污染、气候变化和生态破坏等问题，严重威胁着人类的生存和发展。在严峻的现实面前，人们逐渐认识到建筑带来的人与自然的矛盾以及建筑活动对环境产生的不良影响。建筑能否重新回归自然，实现建筑与自然的和谐，发展“绿色建筑”也因此应运而生。

绿色建筑是一种新的建筑设计理念，在其正常的生命周期内部，设计合理，施工规范，维护成本低，维护周期短。既可以满足人们最基本的生活需求，为居民创造出健康、舒适、安全、生态的生活工作空间，也可以做到资源的最大化利用，最大限度地节约资源能源，同时大幅度地降低各种消耗，保护生态环境，减少各种建筑施工污染。绿色建筑要求实用性和生态性相结合，促进人与自然的和谐相处，这种建筑设计理念不仅可以很大程度地提高人们的生活质量，又可以促进绿色环保节能的进程，日渐成为我国建筑行业的发展趋势。

（一）绿色建筑的不同理论

众所周知，建筑物在其规划、设计、建造、使用、改建、拆除的整个生命周期内，需要消耗大量的资源和能源，同时还会造成严重的环境污染问题。据统计，建筑物在其建造和使用过程中，大约需消耗全球资源的50%，产生的污染物约占污染物总量的34%。对于全球资源环境方面面临的种种严峻现实，社会和经济包括建筑业可持续发展问题，必然成为全社会关注的焦点。绿色建筑正是遵循保护地球环境、节约有限资源、确保人居环境质量等一些可持续发展的基本原则，由西方发达国家于20世纪70年代率先提出的一种新型建筑理念。从这个意义上讲，绿色建筑也可称为可持续建筑。

关于绿色建筑的定义，由于各国经济发展水平、地理位置、人均资源、科学技术和思想认识等方面的不同，在国际范围内，其概念目前尚无统一而明确的定义。各国的专家学者对于绿色建筑的定义和内涵的理解也不尽相同，存在着一定的差异，对于“绿色建筑”都有各自的理解。

近年来，绿色建筑和生态建筑这两个词语已被广泛应用于建筑领域中，多数人认为这二者之间的差别甚小，但实际上存在一定的差异。绿色建筑与居住者的健康和居住环境紧密相连，其主要考虑建筑所产生的环境因素；而生态建筑则侧重于生态平衡和生态系统的研究，其主要考虑建筑中的生态因素。特别要注意的是，绿色建筑综合了能源学、健康舒适相关的一些生态问题，但这不是简单的加法，因此绿色建筑需要采用一种整体的思维和集成的方法去解决问题，必须全面而综合地进行考虑。

(二) 绿色建筑的基本内涵

根据国内外对绿色建筑的理解，绿色建筑的基本内涵可归纳为：减轻建筑对环境的负荷，即节约能源及资源；提供安全、健康、舒适性良好的生活空间；与自然环境亲和，做到人及建筑与环境的和谐共处、永续发展。概括地说，绿色建筑应具备节约环保、健康舒适、自然和谐三个基本内涵。

(1) 节约环保：绿色建筑的节约环保就是要求人们在建造和使用建筑物的全过程中，最大限度地节约资源、保护环境、维护生态和减少污染，将因人类对建筑物的构建和使用活动所造成的对自然资源与环境的负荷和影响降到最低限度，使之置于生态恢复和再造的能力范围之内。

通常把按照节能设计标准进行设计和建造，使其在使用过程中能够降低能耗的建筑称为节能建筑。节约能源及资源是绿色建筑的重要组成内容，也就是说，绿色建筑要求同时必须是节能建筑，但节能建筑并不能简单地等同于绿色建筑。

(2) 健康舒适：住宅是人类生存、发展和进化的基地，人类一生约有 2/3 的时间在住宅内度过，住宅生活环境品质对人的发展及对城市社会经济的发展产生极大的影响。人们越来越重视住宅的健康要素。绿色建筑有 4 个基本要素，即适用性、安全性、舒适性和健康性。适用性和安全性属于第一层次，随着国民经济的发展和人民生活水平的提高，对住宅建设提出更高层次的要求，即舒适性和健康性。健康是发展生产力的第一要素，保障全体国民应有的健康水平是国家发展的基础。健康性和舒适性是关联的。健康性是以舒适性为基础，是舒适性的发展。提升健康要素，在于推动从健康的角度研究住宅，以适应住宅转向舒适、健康型的发展需要。提升健康要素，也必然会促进其他要素的进步。

(3) 自然和谐：人类发展史实际上是人类与大自然的共同发展关系史。表现在人与自然的关系上，强调“天人和谐”，人是大自然和谐整体的一部分，又是一个能动的主体，人必须改造自然又顺应自然，与自然圆融无间、共生共荣。山川秀美、四时润泽才能物产丰富、人杰地灵。人类与自然的关系越是相互协调，社会发展的速度也就越快。近年来，人类迫切地认识到环境问题的重要性，把环境问题作为可持续发展的关键。环境的恶化将导致人类生存环境的恶化，威胁人类社会的发展，不解决好环境问题，就不可能持续发展，更谈不上国富民强、社会进步。

二、绿色建筑基本要素

绿色建筑指标体系由节地与室外环境、节能与能源利用、节水与水资源利用、节材与材料资源、室内环境质量和运营管理六类指标组成。这六类指标涵盖了绿色建筑的基本要素，包含了建筑物全寿命周期内的规划设计、施工、运营管理及回收各阶段的评定指标的子系统。根据我国具体的情况和绿色建筑的本质内涵，绿色建筑的基本要素具体包括：耐久适用、节约环保、健康舒适、安全可靠、自然和谐、低耗高效、绿色文明等方面。

(一) 耐久适用

耐久性是指在正常运行维护和不需要进行大修的条件下，绿色建筑物的使用寿命满足一定的设计使用年限要求，在使用过程中不发生严重的风化、老化、衰减、失真、腐蚀和锈蚀等。

适用性是指在正常使用的条件下，绿色建筑物的使用功能和工作性能满足于建造时的设计年限的使用要求，在使用过程中不发生影响正常使用的过大变形、过大振幅、过大裂缝、过大衰变、过大失真、过大腐蚀和过大锈蚀等；同时也适合于在一定条件下的改造使用要求。

(二) 节约环保

在数千年发展文明史中，人类最大化地利用地球资源，却常常忽略科学、合理地利用资源。特别是近百年来，工业化快速发展，人类涉足的疆域迅速扩张，上天、入地、下海梦想实现的同时，资源过度消耗和环境遭受破坏。油荒、电荒、气荒、粮荒，世界经济发展陷入资源匮乏的窘境；海洋污染、大气污染、土壤污染、水污染、环境污染，破坏了人类引以为荣的发展成果；极端气候事件不断发生，地质灾害高发频发，威胁着人类的生命财产安全。珍惜地球资源，转变发展方式，已经成为人类面对的共同命题。

(三) 健康舒适

健康舒适建筑的核心是人、环境和建筑物。健康舒适建筑的目标是全面提高人居环境品质，满足居住环境的健康性、自然性、环保性、亲和性和舒适性。保障人民健康，实现人文效益、社会效益和环境效益的统一。健康舒适建筑的目的是一切从居住者出发，满足居住者生理、心理和社会等多层次的需求，使居住者生活在舒适、卫生、安全和文明的居住环境中。

(四) 安全可靠

安全可靠是绿色建筑的另一基本特征，也是人们对作为生活工作活动场所最基本的要求之一。因此，对于建筑物有人也认为：人类建造建筑物的目的就在于寻求生存与发展的"庇护"，这也充分反映了人们对建筑物建造者的人性与爱心和责任感与使命感的内心诉求。

(五) 自然和谐

人类为了更好地生存和发展，总是要不断地否定自然界的自然状态，并改变它；而自然界又竭力地否定人，力求恢复到自然状态。人与自然之间这种否定与反否定、改变与反改变的关系，实际上就是作用与反作用的关系，如果这两种"作用"的关系处理得不好，特别是自然对人的反作用在很大程度上存在自发性，这种自发性极易造成人与自然之间失衡。

(六) 低耗高效

低耗高效是绿色建筑最基本的特征之一，这是体现绿色建筑全方位、全过程的低耗高效概念，是从两个不同的方面来满足两型社会 (资源节约型和环境友好型) 建设的基本要求。资源节约型社会是指全社会都采取有利于资源节约的生产、生活、消费方式，强调节能、节水、节地、节材等，在生产、流通、消费领域采取综合性措施提高资源利用效率，以最小的资源消耗获得最大的经济效益和社会效益，以实现社会的可持续发展，最终实现科学发展。

(七) 绿色文明

绿色文明就是能够持续满足人们幸福感的文明。绿色文明是一种新型的社会文明，是人类可持续发展必然选择的文明形态。也是一种人文精神，体现着时代精神与文化。它既反对人类中心主义，又反对自然中心主义，而是以人类社会与自然界相互作用，保持动态平衡为中心，强调人与自然的整体、和谐的双赢式发展。

第二节 绿色建筑节能设计要求

我国是一个人均资源短缺的国家，每年的新房建设中有 80% 为高耗能建筑，因此，目前我国的建筑能耗已成为国民经济的巨大负担。如何实现资源的可持续利用成为亟须解决的问题。

随着社会的发展，人类面临着人口剧增、资源过度消耗、气候变暖、环境污染和生态被破坏等问题的威胁。在严峻的形势面前，对快速发展的城市建设而言，按照绿色建筑设计的基本要求，实施绿色建筑设计，显得非常重要。

一、绿色建筑设计的功能要求

建筑功能是指建筑物的使用要求，如居住、饮食、娱乐、会议等各种活动对建筑的基本要求，这是决定建筑形式、建筑各房间的大小、相互间联系方式等的基本因素。构成建筑物的基本要素是建筑功能、建筑的物质技术条件和建筑的艺术形象。其中建筑功能是三个要素中最重要的一个，建筑功能是人们建造房屋的具体目的和使用要求的综合体现。

绿色建筑设计实践证明，满足建筑物的使用功能要求，为人们的生产生活提供安全舒适的环境，是绿色建筑设计的首要任务。例如，在设计绿色住宅建筑时，首先要考虑满足居住的基本需要，保证房间的日照和通风，合理安排卧室、起居室、客厅、厨房和卫生间等的布局，同时还要考虑到住宅周边的交通、绿化、活动场地、环境卫生等方面的要求。

二、绿色建筑设计的技术要求

现代建筑业的发展，离不开节能、环保、安全、耐久、外观新颖等方面的设计因素，绿色建筑作为一种崭新的设计思维和模式，应当根据绿色建筑设计的技术要求，提供给使用者有益健康的建筑环境，并最大限度地保护环境，减少建造和使用中各种资源消耗。

绿色建筑设计的基本技术要求，包括正确选用建筑材料，根据建筑物平面布局和空间组合的特点，采用当今先进的技术措施，选取合理的结构和施工方案，使建筑物建造方便、坚固耐用。例如，在设计建造大跨度公共建筑时采用的钢网架结构，在取得较好外观效果的同时，也可获得大型公共建筑所需的建筑空间尺度。

三、绿色建筑设计的经济要求

建筑物从规划设计到使用拆除，均是一个经济和物质生产的过程，需要投入大量的人力、物力和资金。在进行建筑规划、设计和施工过程中，应尽量做到因地制宜、因时制宜，尽量选用本地的建筑材料和资源，做到节省劳动力、建筑材料和建设资金。设计和施工需要制订详细的计划和核算造价，追求经济效益。建筑物建造所要求的功能、措施要符合国家现行标准，使其具有良好的经济效益。

建筑设计的经济合理性是建筑设计中应遵循的一项基本原则，也是在建筑设计中要同时达到的目标之一。由于可用资源的有限性，要求建设投资的合理分配和高效性。这就要求建筑设计工作者要根据社会生产力的发展水平、国家的经济发展状况、人民生活的现状和建筑功能的要求等因素，确定建筑的合理投入和建造所要达到的建设标准，力求在建筑设计中做到以最小的资金投入去获得最大的使用效益。

四、绿色建筑设计的美观要求

建筑是人类创造的最值得自豪的文明成果之一，在一切与人类物质生活有直接关系的产品中，建筑是最早进入艺术行列的一种。人类自从开始按照生活的使用要求建造房屋以来，就对建筑产生了审美的观念。每一种建筑风格的形式，都是人类为表达某种特定的生存理念及满足精神慰藉和审美诉求而创造出来的。建筑审美是人类社会最早出现的艺术门类之一，建筑中的美学问题也是人们最早讨论的美学课题之一。

建筑被称为“凝固的音符”，充满创意灵感的建筑设计作品，是一座城市的文化象征，是人类物质文明和精神文明的双重体现，在满足建筑基本使用功能的同时，还需要考虑满足人们的审美需求。绿色建筑设计则要求设计者努力创造出实用与美观相结合的产品，使建筑不仅符合最基本的使用功能的要求，而且应尽可能具有雕塑美、结构美、装饰美、诗意美。

五、绿色建筑设计的环境要求

自20世纪80年代以来，伴随着国际建筑设计的潮流，人居环境建筑科学应运而生，并逐渐发展成为一门综合性的学科群。人居环境与社会以及社会群中的每一个个体息息相关，人作为人居环境中的主题，所以在建筑设计的过程中，应该从“以人为本”的理念为出发点和宗旨，将人的需求放在首位。人居环境的不断发展变化，也要求我们在建筑设计的过程中，除了要尊重和尽可能满足人的需求以外，还要时刻注重与自然、文化、生态相互适应，以达到人与环境的全面融合，让人在舒适的人居环境中快乐工作、感知生活，在人性化的设计中享受健康生活。

建筑是规划设计中的一个重要单元，建筑设计应符合上级规划提出的基本要求。绿色建筑设计不应孤立考虑，应与基地周边的环境相结合，如现有道路的走向、周边建筑形状和特色、拟建建筑的形态和特色等，使得新建的绿色建筑与周边环境协调一致，构成具有良好环境景观空间效应的室外环境。

第三节　绿色建筑节能设计标准

自改革开放以来，我国政府对发展绿色建筑给予高度重视，近年来陆续制定并提出了若干发展绿色建筑的重大决策，在“十一五”规划纲要中提出“万元 GDP 能耗降低 20% 和主要污染物排放减少 10%”的奋斗目标，在“十二五”规划纲要中提出了“建设资源节约型、环境友好型社会”的宏伟规划。树立全面、协调、可持续的科学发展观，在建筑领域里将传统高消耗型发展模式转向高效生态型发展模式，即坚定不移地走建筑绿色之路，是我国乃至世界建筑的必然发展趋势。

中国绿色建筑发展的具体目标是大力推动新建住宅和公共建筑严格实施节能 50% 设计标准，直辖市及有条件地区实施节能 65% 标准。绿色建筑推进现阶段以加大新建建筑节能为主要突破口，同时推进既有建筑改造。近年来，我国一直都在促进绿色建筑的推广。从立法方面，全国人民代表大会及其常务委员会制定了《中华人民共和国城乡规划法》《中华人民共和国能源法》《中华人民共和国节约能源法》《中华人民共和国可再生能源法》等 15 项与绿色建筑内容相关的行政法规；发布了《关于加快发展循环经济的若干意见》《关于做好建设资源节约型社会近期工作的通知》《关于发展节能省地型住宅和公共建筑的通知》等法规性文件。

为尽快推进绿色建筑广泛发展，我国学习有关国家的经验和做法，已经制定出一些经济激励政策，主要有以下几方面：首先，住房和城乡建设部设立了全国绿色建筑创新奖。绿色建筑奖创新分为工程类项目奖和技术与产品类项目奖。工程类项目奖包括绿色建筑创新综合奖项目、智能建筑创新专项奖项目和节能建筑创新专项奖项目；技术与产品类项目奖是指应用于绿色建筑工程中具有重大创新、效果突出的新技术、新产品、新工艺。目前，已经成功评审并发布了两届绿色建筑创新奖。

其次，建立了推进可再生能源在建筑中规模化应用的经济激励政策。财政部设立了可再生能源专项资金，专项资金里有一部分是鼓励可再生能源在建筑中的规模化应用，财政部和建设部颁布了《可再生能源在建筑中应用的指导意见》《可再生能源在建筑中规模化应用的实施方案》以及《可再生能源在建筑中规模化应用的资金管理办法》。

最后，住房和城乡建设部会同财政部出台了以鼓励建立大型公共建筑和政府办公建筑节能体系的资金管理办法，办法里明确了鼓励高耗能政府办公建筑和大型公共建筑进行节能改造的国家贴息政策。此外，我国政府正在加快研究确定发展绿色建筑的战略目标、发展规划、技术经济政策；研究国家推进实施的鼓励和扶持政策；研究利用市场机制和国家特殊的财政鼓励政策相结合的推广政策；综合运用财政、税收、投资、信贷、价格、收费、土地等经济手段，逐步构建推进绿色建筑的产业结构。

建筑本身就是能源消耗大户，同时对环境也有重大影响。据有关统计，全球有50%的能源用于建筑，同时人类从自然界中所获得的50%以上的物质原料也是用来建造各类建筑及其附属设施。节约能源是当今世界的一种重要社会意识，是指尽可能减少能源的消耗、增加能源的利用率的一系列行为。

随着全球环境问题的日益严峻和人们对其关注日益加深，人们逐步意识到人类文明的高速发展不能以牺牲环境为代价，也认识到保护地球环境、节约资源的重要性，而建筑业作为耗用自然资源最多的产业必须走可持续发展之路。在我国，随着国民经济的快速发展，公共建筑高能耗的问题日益突出，尤其是大型公共建筑更是能耗大户，其节能力度直接影响我国建筑节能整体目标的实现。

一、绿色公共建筑节能设计有关规范

当前，我国能源资源供应与经济社会发展的矛盾十分突出，建筑能耗已占全国能源消耗近30%。建筑节能对于促进能源资源节约和合理利用，缓解我国能源资源供应与经济社会发展的矛盾，加快发展循环经济，实现经济社会的可持续发展，有着举足轻重的作用，也是保障国家能源安全、保护环境、提高人民群众生活质量、贯彻落实科学发展观的一项重要举措。建筑节能标准作为建筑节能的技术依据和准则，是实现建筑节能的技术基础和全面推行建筑节能的有效途径。

公共建筑量大面广，占建筑耗能比例高，公共建筑节能推行的力度和深度，在很大程度上决定着建筑节能整体目标的实现。推行公共建筑节能，关键是要加强公共建筑节能标准的宣传贯彻、实施和监督，确保公共建筑节能标准中的各项要求落到实处。各级建设行政主管部门要切实把实施及监督工作作为贯彻落实党和国家方针政策和法律法规、落实科学发展观、加强依法行政的一项重要工作，抓紧抓好并抓出成效。《公共建筑节能设计标准》中的规定，不仅政策性、技术性、经济性强，而且涉及面广、推行难度较大。各级建设行政主管部门要加强领导，落实责任，强化监督，依法行政，从国家战略的高度出发，确保《公共建筑节能设计标准》的有关规定落到实处。

二、绿色住宅建筑设计有关规范

我国已初步建立了国家和地方绿色建筑标准体系。已发布与绿色建筑有关的《民用建筑热工设计规范》(GB 50176—2016)；《严寒和寒冷地区居住建筑节能设计标准》(JGJ 26—2018)；《夏热冬冷地区居住建筑节能设计标准》(JGJ 134—2010)；《建筑节能工程施工质量验收规范》(GB 50411—2019) 等数十项技术标准与技术规范。

在制度建设方面，建立了绿色建筑评价标识制度。为规范绿色建筑评价工作，引导绿色建筑健康发展，建设部发布了《绿色建筑评价标识管理办法》及《绿色建筑评价技术细则》，启动了我国绿色建筑评价工作，结束了我国依赖国外标准进行绿色建筑评价的历史；建立了建筑门窗节能性能标识制度，为保证建筑门窗产品的节能性能，规范市场秩序，促进建筑节能技术进步，提高建筑物的能源利用效率，推进建筑门窗节能性能标识试点工作，建设部制定了《建筑门窗节能性能标识试点工作管理办法》；研究建立建筑能效测评与标识制度。住房和城乡建设部制定了《建筑能效测评与标识技术导则》《建筑能效测评与标识管理办法》，建筑能效标识，是按照建筑节能有关标准和技术要求，对建筑物用能系统效率和能源消耗量以信息标识的形式进行明示的活动。

在监督检查方面，2006 年 11 月 28 日至 12 月 16 日，住房和城乡建设部组织开展了全国建筑节能和城镇供热体制改革专项检查考核。内容包括全国 30 个省、自治区 (除西藏外)、直辖市，5 个计划单列市，26 个省会 (自治区首府) 城市，26 个地级城市建设主管部门贯彻落实国家建筑节能和城镇供热体制改革相关政策法规、技术标准及结合本地实际推进建筑节能工作的情况，以及抽查的 610 个工程项目执行节能强制性标准的情况。2007 年底，再次开展建设领域节能减排专项监督检查。节能减排专项监督检查主要包括建筑节能专项检查、供热体制改革专项检查、城市污水处理厂专项检查和生活垃圾处理设施运行管理专项检查。

在绿色建筑的科技创新方面，也取得了一系列成绩。我国是世界上较大的建筑材料和建筑设备的出口国，玻璃、门窗、空调制冷设备、保温和装修材料中的许多产品都在国际市场份额中占据领先位置。通过发展绿色建筑，可以培育出一批与节能、节水、节材相关的新技术、新产品，一些关键产品通过技术创新可以较大幅度地提高新技术、新产品的附加值，实现我国建设行业关联产业出口产品由劳动力成本优势向高新技术优势的转型。

工程实践充分证明，绿色住宅建筑设计是一门涉及面非常广泛的学科，其脱胎于普通的住宅建筑设计，又融入了绿色生态的理念，在绿色建筑具体规划和设计中，可以参考传统建筑的相关规范，但不能笼统地照搬应用，必须经过绿色理念的筛检，挑选与绿色建筑有关的标准和条例，充分利用相关规范中的已有成果，有效地指导绿色建筑的设计和评价。

第六章　建筑节能设计原理研究

第一节　建筑热工设计对建筑节能的要求

为了顺利、正确地进行建筑节能工程设计，熟练掌握建筑热工节能设计方面的要求是非常有必要的。建筑热工节能设计要求主要包括建筑热工设计分区及设计要求、冬季保温设计要求、夏季保温设计要求和空调建筑热工设计要求。

一、建筑热工设计分区及设计要求

我国地域辽阔，各地区气候差别很大，太阳辐射量也不同，所以在建筑节能设计时，必须根据各气候区域的特点进行有针对性的设计。

国标《民用建筑热工设计规范》(GB 50176—1993) 把我国划分为 5 个气候分区，即严寒地区、寒冷地区、夏热冬冷地区、夏热冬暖地区和温和地区。国标《公共建筑节能设计标准》(GB 50189—2015) 第 4.2.1 条在上述五个分区的基础上，根据公共建筑节能的设计特点做了适当的调整，即把严寒地区细分为严寒地区 A 区与严寒地区 B 区，而温和地区不强制执行节能设计标准。

地区气候特征与人们的气候适应性是节能住宅热工设计首先必须研究和考虑的问题，建筑热工设计应与地区气候相适应，建筑热工设计分区及设计要求应符合表 6–1 中的相关规定。

表 6–1　建筑热工设计分区及设计要求

分区名称	分区指标		设计要求
	主要指标	辅助指标	
严寒地区	最冷月平均温度 < –10℃	日平均温度 ≤ 5℃的天数大于等于 145d	必须充分满足冬季保温要求，一般可不考虑夏季防热
夏热冬冷地区	最冷月平均温度为 –10 ~ 0℃，最热月平均温度为 25 ~ 30℃	日平均温度 < 5℃的天数为 0 ~ 90d，日平均温度 ≤ 25℃的天数为 40 ~ 110d	必须满足夏季防热要求，适当兼顾冬季保温

续表

分区名称	分区指标		设计要求
	主要指标	辅助指标	
夏热冬暖地区	最冷月平均温度>10℃，最热月平均温度为25～29℃	日平均温度≤25℃的天数为100～200d	必须充分满足夏季防热要求，一般可不考虑冬季保温
温和地区	最冷月平均温度为0～13℃，最热月平均温度为18～25℃	日平均温度≤5℃的天数为0～90d	部分地区应考虑冬季保温，一般可不考虑夏季防热

二、建筑物热工设计的基本要求

根据国家标准《民用建筑热工设计规范》(GB 50176—2016）中的规定，建筑热工设计应符合表6–2中的基本要求。

表6–2　建筑物热工设计的基本要求

类别	设计的基本要求
冬季保温设计要求	①建筑物宜设在避风和向阳的地段。 ②建筑物的体形设计宜减少外表面积，其平、立面的凹凸面不宜过多。 ③居住建筑在严寒地区不应设开敞式楼梯间和开敞式外廊，在寒冷地区不宜设开敞式楼梯间和开敞式外廊。公共建筑在严寒地区入口处应设门斗或热风幕等避风设施，在寒冷地区出入口处宜设门斗或热风幕等避风设施。 ④建筑物外部窗户面积不宜过大，应减少窗户缝隙长度，并应采取密闭措施。 ⑤外墙、屋顶，以及直接接触室外空气的楼板和非采暖楼梯间的隔墙等围护结构，应进行保温验算，其传热阻应大于或等于建筑物所在地区要求的最小传热阻。 ⑥当有散热器、管道、壁龛等嵌入外墙时，该处外墙的传热阻应大于或等于建筑物所在地区要求的最小传热阻。 ⑦围护结构中的热桥部位应进行保温验算，并采取保温措施。 ⑧严寒地区居住建筑的底层地面，在其周边一定范围内应采取保温措施。 ⑨围护结构的构造设计应考虑防潮要求

续表

类别	设计的基本要求
夏季防热设计要求	①建筑物的夏季防热应采取自然通风、窗户遮阳、围护结构隔热和环境绿化等综合措施。 ②建筑物的总体布置，单位的平、剖面设计，以及门窗的设置应有利于自然通风，并尽量避免主要房间受到东、西向日晒。 ③建筑物的向阳面，特别是东、西向窗户，应采取有效的遮阳措施。在建筑设计中，建筑物的向阳面宜结合外廊、阳台、挑檐等处理方法达到遮阳目的。 ④屋顶和东、西向外墙的内表面温度应满足隔热设计标准的要求。 ⑤为防止潮霉季节湿空气在地面冷凝泛潮，居室、托幼园等场所的地面下部宜采取保温措施或架空做法，地面的面层宜采用微孔吸湿材料
空调建筑热工设计要求	①空调建筑或空调房间应尽量避免东、西朝向和东、西向窗户。 ②空调房间应集中布置，上下对齐，温湿度要求相近的空调房间宜相邻布置。 ③空调房间应避免布置在有两面相邻外墙的转角处和有伸缩缝处。 ④空调房间应避免布置在顶层，当必须布置在顶层时，屋顶应有良好的隔热措施。 ⑤在满足使用要求的前提下，空调房间的净高尺寸宜适当减小。 ⑥空调建筑的外表面积宜减少，外表面宜采用浅色饰面。 ⑦建筑物外部窗户采用单层窗时，窗墙面积比不宜超过0.30；当采用双层窗或双层玻璃时，窗墙面积比不宜超过0.40。 ⑧向阳面，特别是东、西向窗户，应采取热反射玻璃、反射阳光涂膜、各种固定式和活动式遮阳等有效的遮阳措施。 ⑨建筑物外部窗户的气密性等级不应低于现行国家标准《建筑外门窗气密、水密、抗风压性能分级及检测方法》(GB/T 7106—2008)规定的Ⅲ级水平。 ⑩建筑物外部窗户的部分窗扇应能开启。当有频繁开启的外门时，应设置门斗或空气幕等防渗透措施。 ⑪围护结构的传热系数应符合现行国家标准《公共建筑节能设计标准》(GB 50189)规定的要求。 ⑫间歇使用的空调建筑，其外围护结构内侧和内围护结构宜采用轻质材料，连续使用的空调建筑，其外围护结构内侧和内围护结构宜采用重质材料。 ⑬围护结构的构造设计应考虑防潮要求

三、不同热工分区建筑节能设计原理

在计算建筑单体节能设计时，通常需要按照初步设计阶段所提出的节能需求进行有关的热工计算，然后再与相关标准中的指标进行比较。若各项指标均满足标准中的相关规定，则表示该建筑在热工方面能达到节能建筑的要求。

不同热工分区的建筑应遵循各分区建筑的相关标准。本节以《严寒和寒冷地区居住建筑节能设计标准》(JGJ 26—2018)、《夏热冬冷地区居住建筑节能设计标准》(JGJ 134—2010)和《夏热冬暖地区居住建筑节能设计标准》(JGJ 75—2012)为主，分别介绍各分区建筑的节能设计原理。

(一) 严寒与寒冷地区节能设计原理

我国的东北、华北和西北地区的大部分城市属于严寒地区或寒冷地区。这些地区一年近一半时间处于低温状态，建筑采暖消耗大量能量，设计时必须对建筑物的耗热量指标进行控制。严寒与寒冷地区可以通过以下几种技术途径达到建筑节能的目的。

1. 平面布置

建筑群的总体布置，以及单体建筑的平面、立面设计和门窗设置，都应考虑冬季利用日照并避开主导风向。建筑物宜朝向南北或朝向接近南北。建筑物不宜设有三面外墙的房间，一个房间不宜在不同方向的墙面上设置两个或更多的窗。

2. 体形系数

严寒和寒冷地区居住建筑的体形系数不应大于表 6–3 所规定的限值。当体形系数大于表 6–3 中的限值时，必须按照《严寒和寒冷地区居住建筑节能设计标准》(JGJ 26–2018) 中的要求进行围护结构热工性能的权衡判断。

表 6–3　严寒和寒冷地区居住建筑的体形系数限值

分区	建筑层数			
	≤ 3 层	4 ~ 8 层	9 ~ 13 层	＞ 14 层
严寒地区建筑的体形系数限值	0.50	0.30	0.28	0.25
寒冷地区建筑的体形系数限值	0.52	0.33	0.30	0.26

3. 窗墙面积比

严寒和寒冷地区居住建筑的窗墙面积比不应大于表 6–4 规定的限值。当窗墙面积比大于表 6–4 规定的限值时，必须参照《严寒和寒冷地区居住建筑节能设计标准》(JGJ 26—2018) 中的要求进行围护结构热工性能的权衡判断。在进行权衡判断时，各朝向的窗墙面积比最大也只能比表 6–4 中的对应值大 0.1。

表 6–4　严寒和寒冷地区居住建筑的窗墙面积比限值

朝向	窗墙面积比	
	严寒地区	寒冷地区
北	0.25	0.30
东、西	0.30	0.35
南	0.45	0.50

注：①敞开式阳台的阳台门上部透明部分应计入窗户面积，下部不透明部分不

应计入窗户面积。

②表中的窗墙面积比应按开间计算。表中的“北”代表从北偏东小于60° 至北偏西小于60° 的范围，“东、西”代表从东或西偏北小于等于30° 至偏南小于60° 的范围，“南”代表从南偏东小于等于30° 至偏西小于等于30° 的范围。

4. 楼梯间外墙及门窗设置

楼梯间及外走廊与室外连接的开口处应设置窗或门，该窗和门应能密闭。严寒（A）区和严寒（B）区的楼梯间宜采暖，设置采暖的楼梯间的外墙和外窗应采取保温措施。

5. 传热系数、保温材料层的热阻及遮阳系数限值

根据建筑物所处城市的气候分区区属不同，建筑围护结构的传热系数，以及周边地面和地下室外墙的保温材料层热阻应符合《严寒和寒冷地区居住建筑节能设计标准》（JGJ 26—2018）中第4.2.2条的相关规定。其中，寒冷（B）区外窗综合遮阳系数不应大于表6–5中的限值。当建筑围护结构的热工性能参数不满足该标准中第4.2.2条的相关规定时，必须按该标准中第4.3节的要求进行围护结构热工性能的权衡判断。

表6–5　寒冷（B）区外窗综合遮阳系数限值

围护结构部位 ≤3层建筑		遮阳系数SC（东、西向/南、北向）		
		4～8层的建筑	>9层建筑	
外窗	窗墙面积比≤0.20	/	J	/
	0.20 <窗墙面积比≤0.30	/	/	/
	0.30 <窗墙面积比≤0.40	0.45/—	0.45/—	0.45/—
	0.40 <窗墙面积比≤0.50	0.35/—	0.35/—	0.35/—

6. 窗的遮阳系数

窗的综合遮阳系数应按下式计算。

$$SC = SC_C \times SD = SC_B \times (1 - \frac{F_K}{F_C}) \times SD \tag{6–1}$$

式中 SC：窗的综合遮阳系数；SC_C：窗本身的遮阳系数；SC_B：玻璃的遮阳系数；F_K：窗框的面积；F_C：窗的面积，F_K/F_C为窗框面积比，PVC塑钢窗或木窗窗框比可取0.30，铝合金窗窗框比可取0.20，其他框材的窗按相近原则取值；SD：外遮阳的遮阳系数，应按标准《严寒和寒冷地区居住建筑节能设计标准》（JGJ 26—2018）中的规定计算。

7. 外窗遮阳要求

寒冷（B）区建筑的南向外窗（包括阳台的透明部分）宜设置水平遮阳或活动遮阳，东、西向的外窗宜设置活动遮阳。外遮阳的遮阳系数应按《严寒和寒冷地区居住建筑节能设计标准》（JGJ 26—2018）中附录D确定。对于展开或关闭后可以全部遮蔽窗户的活动式外遮阳，应认定满足《严寒和寒冷地区居住建筑节能设计标准》（JGJ 26—2018）对外窗遮阳系数的要求。

8. 居住建筑不能设置凸窗

严寒地区除南向外，其他朝向的墙体上不应设置凸窗，寒冷地区北向的卧室、起居室不得设置凸窗。当设置凸窗时，凸窗凸出（从外墙面至凸窗外表面）不应大于400mm，凸窗的传热系数限值应比普通窗降低5%，其不透明的顶部、底部、侧面的传热系数应小于或等于外墙的传热系数。当计算窗墙面积比时，凸窗的窗面积和凸窗所占的墙面积应按窗洞口面积计算。

9. 外窗及敞开式阳台门应具有良好的密闭性能

严寒地区外窗及敞开式阳台门的气密性等级，以及不应低于《建筑外门窗气密、水密、抗风压性能检测方法 》（GB/T 7106–2019）中规定的6级。寒冷地区1～6层的外窗及敞开式阳台门的气密性等级不应低于《建筑外门窗气密、水密、抗风压性能检测方法》（GB/T 7106—2019）中规定的4级，7层及7层以上的不应低于6级。

10. 封闭式阳台

封闭式阳台的保温应符合下列规定。

（1）阳台和直接连通的房间之间应设置隔墙和门、窗。

（2）当阳台和直接连通的房间之间不设置隔墙和门、窗时，应将阳台作为所连通房间的一部分。阳台与室外空气接触的墙板、顶板、地板的传热系数必须符合相关规定，阳台和直接连通房间隔墙的窗墙面积比不应超过表6–4中的限值。

（3）当阳台和直接连通的房间之间设置隔墙和门、窗时，如果所设隔墙、门、窗的传热系数不大于设定的限值，窗墙面积比不超过表6–4中的限值，则可不对阳台外表面做特殊热工要求。

（4）当阳台和直接连通的房间之间设置隔墙和门、窗，如果所设隔墙、门、窗的传热系数大于设定中的限值，阳台与室外空气接触的墙板、顶板、地板的传热系数不应大于设定限值的120%，严寒地区阳台窗的传热系数不应大于2.5[W/（m^2·K）]，寒冷地区阳台窗的传热系数不应大于3.1[W/（m^2·K）]，阳台外表面的窗墙面积比不应大于60%，阳台和直接连通房间隔墙的窗墙面积比不应超过表6–4中的限值。当阳台的面宽小于直接连通房间的开间宽度时，可按房间的开间计算隔墙的窗墙面积比。

11. 采暖供热

位于严寒和寒冷地区的居住建筑，应设置采暖设施；位于寒冷区的居住建筑，还宜设置或预留空调设施的位置。除当地电力充足和供电政策支持或者建筑所在地无法利用其他形式的能源外，严寒和寒冷地区的居住建筑内不应设计采用直接电热采暖。

（二）夏热冬冷地区节能设计原理

夏热冬冷地区大体上是长江中下游地区，如成都、武汉、南京、上海、重庆等。根据这些地区的气候特征，建筑物的围护结构热工性能首先要保证夏季隔热、冬季保温的要求。夏热冬冷地区的建筑在进行建筑节能设计时应满足以下条件。

1. 平面布置

建筑群的总体布置，以及单体建筑的平面、立面设计和门窗设置应有利于自然通风。建筑物的朝向宜采用南北向或接近南北向。

2. 体形系数

夏热冬冷地区居住建筑的体形系数不应大于表6-6中的限值。当体形系数大于表6-6中的限值时，必须按照《夏热冬冷地区居住建筑节能设计标准》(JGJ134—2010) 的要求进行建筑围护结构热工性能的综合判断。

表6-6　夏热冬冷地区居住建筑的体形系数限值

建筑层数	≤3层	4~11层	≥12层
建筑的体形系数	0.55	0.40	0.35

3. 传热系数和热惰性指标

建筑围护结构各部分的传热系数和热惰性指标不应大于表6-7中的限值。当设计建筑的围护结构中的屋面、外墙、外窗、架空或外挑楼板不符合表6-7中的规定时，必须按照《夏热冬冷地区居住建筑节能设计标准》(JGJ 134—2010) 的规定进行建筑围护结构热工性能的综合判断。

表 6–7　建筑围护结构各部分的传热系数和热惰性指标的限值

<table>
<tr><th colspan="2" rowspan="2">围护结构部位</th><th colspan="2">传热系数 K[W/（m²·K）]</th></tr>
<tr><th>热惰性指标 2.5</th><th>热惰性指标 2.5</th></tr>
<tr><td rowspan="5">体形系数≤ 0.40</td><td>屋面</td><td>0.8</td><td>1.0</td></tr>
<tr><td>外墙</td><td>1.0</td><td>1.5</td></tr>
<tr><td>底面接触室外空气的架空或外挑楼板</td><td colspan="2">1.5</td></tr>
<tr><td>分户墙、楼板、楼梯间隔墙、外走廊隔墙</td><td colspan="2">2.0</td></tr>
<tr><td>户门</td><td colspan="2">3.0(通往封闭空间)，2.0(通往非封闭空间或户外)</td></tr>
<tr><td></td><td>外窗（含阳台门透明部分）</td><td colspan="2">应符合表 6–8 和表 6–9 中的规定</td></tr>
<tr><td rowspan="6">体形系数＞ 0.40</td><td>屋面</td><td>0.5</td><td>0.6</td></tr>
<tr><td>外墙</td><td>0.8</td><td>1.0</td></tr>
<tr><td>底面接触室外空气的架空或外挑楼板</td><td colspan="2">1.0</td></tr>
<tr><td>分户墙、楼板、楼梯间隔墙、外走廊隔墙</td><td colspan="2">2.0</td></tr>
<tr><td>户门</td><td colspan="2">3.0(通往封闭空间)，2.0(通往非封闭空间或户外)</td></tr>
<tr><td>外窗（含阳台门透明部分）</td><td colspan="2">应符合表 6–8 和表 6–9 中的规定</td></tr>
</table>

4. 窗墙面积比

不同朝向外窗（包括阳台门的透明部分）的窗墙面积比不应大于表 6–8 中的限值。不同朝向、不同窗墙面积比的外窗传热系数不应大于表 6–9 中的限值；综合遮阳系数应符合表 6–9 中的规定。当外窗为凸窗时，凸窗的传热系数限值应比表 6–9 中规定的限值小 10%；计算窗墙面积比时，凸窗的面积应按洞口面积计算。当设计建筑的窗墙面积比或传热系数、遮阳系数不符合表 6–8 和表 6–9 中的限值时，必须按照《夏热冬冷地区居住建筑节能设计标准》(JGJ 134–2010）的规定进行建筑围护结构热工性能的综合判断。

表 6–8　不同朝向外窗的窗墙面积比限值

朝向	窗墙面积比
北	0.40
东、西	0.35
南	0.45
每套房间允许一个房间（不分朝向）	0.60

表 6-9　不同朝向、不同窗墙面积比的外窗传热系数和综合遮阳系数限值

建筑	窗墙面积比	传热系数 K[W/(m²·K)]	外窗综合遮阳系数 SCW（东、西向 / 南向）
体形系数≤0.40	窗墙面积比≤＜0.20	4.7	/
	0.20＜窗墙面积比≤0.30	4.0	/
	0.30＜窗墙面积比≤0.40	3.2	夏季≤0.40/ 夏季≤0.45
	0.40＜窗墙面积比≤0.45	2.8	夏季≤0.35/ 夏季≤0.40
	0.45＜窗墙面积比≤0.60	2.5	东、西、南向设置外遮阳 夏季≤0.25，冬季≥0.60
体形系数＞0.40	窗墙面积比≤0.20	4.0	/
	0.20＜窗墙面积比≤0.30	3.2	/
	0.30＜窗墙面积比≤0.40	2.8	夏季≤0.40/ 夏季≤0.45
	0.40＜窗墙面积比≤0.45	2.5	夏季≤0.35/ 夏季≤0.40
	0.45＜窗墙面积比≤0.60	2.3	东、西、南向设置外遮阳夏季≤0.25，冬季≥0.60

注：①表中的“东、西”代表从东或西偏北30°（含30°）至偏南60°（含60°）的范围；“南”代表从南偏东30°至偏西30°的范围。

②楼梯间、外走廊的窗不按本表规定执行。

5. 围护结构热工性能参数

围护结构热工性能参数计算应符合下列规定。

（1）建筑物面积和体积应按《夏热冬冷地区居住建筑节能设计标准》（JGJ 134—2010）中附录 A 的相关规定计算确定，即：

①建筑面积应按各层外墙外包线围成面积的总和计算。

②建筑体积应按建筑物外表面和底层地面围成的体积计算。

③建筑物外表面积应按墙面面积、屋顶面积和下表面直接接触室外空气的楼板面积的总和计算。

（2）外墙的传热系数应考虑结构性冷桥的影响，取平均传热系数，其计算方法应符合《夏热冬冷地区居住建筑节能设计标准》（JGJ 134—2010）中的规定。

（3）当屋顶和外墙的传热系数满足表 6-7 中的限值要求，但热惰性指标 D≤2.0 时，应按照《民用建筑热工设计规范》（GB 50176—2016）来验算屋顶和东、西向外墙的隔热设计要求。

（4）当砖、混凝土等重质材料构成的墙、屋面的面密度 ρ≤200kg/m² 时，可不

计算热惰性指标，直接认定外墙、屋面的热惰性指标满足要求。

(5) 楼板的传热系数可按装修后的情况计算。

(6) 窗墙面积比应按建筑开间（轴距离）计算。

(7) 窗的综合遮阳系数应按下式计算。

$$SC = SC_C \times SD = SC_B \times (1 - \frac{F_K}{F_C}) \times SD \qquad (6\text{-}2)$$

式中SC：窗的综合遮阳系数；SC_C：窗本身的遮阳系数；SC_B：玻璃的遮阳系数；F_K：窗框的面积；F_C：窗的面积，F_K/F_C为窗框面积比，PVC塑钢窗或木窗窗框比可取0.30，铝合金窗窗框比可取0.20，其他框材的窗按相近原则取值；SD：外遮阳的遮阳系数，应按《夏热冬冷地区居住建筑节能设计标准》（JGJ 134—2010）中附录C的规定计算。

(6) 外窗遮阳要求：东偏北30°至东偏南60°、西偏北30°至西偏南60°范围内的外窗应设置挡板式遮阳或可以遮住窗户正面的活动外遮阳，南向的外窗宜设置水平遮阳或可以遮住窗户正面的活动外遮阳。各朝向的窗户，当设置了可以完全遮住正面的活动外遮阳时，应认定满足表6–9中对外窗遮阳的要求。

(7) 窗的开启面积：外窗可开启面积（含阳台门面积）不应小于外窗所在房间地面面积的5%。多层住宅外窗宜采用平开窗。

(8) 外窗的气密性等级：建筑物1～6层的外窗及敞开式阳台门的气密性等级，不应低于国家标准《建筑外门窗气密、水密、抗风压性能检测方法》(GB/T 7106—2019) 中规定的4级；7层及7层以上的外窗及敞开式阳台门的气密性等级不应低于6级。

(9) 外凸窗：当外窗采用凸窗时，应符合下列规定。

①窗的传热系数限值应比表6–9中的相应值小10%。

②计算窗墙面积比时，凸窗的面积按窗洞口面积计算。

③对凸窗不透明的上顶板、下底板和侧板，应进行保温处理，且板的传热系数不应低于外墙的传热系数的限值要求。

(10) 隔热措施。围护结构的外表面宜采用浅色饰面材料。平屋顶宜采取绿化、涂刷隔热涂料等隔热措施。

(三) 夏热冬暖地区节能设计原理

我国夏热冬暖地区大体上是指华南地区，如福州、广州、南宁、台北等。夏热冬暖地区可分为南区和北区。北区内的建筑，其节能设计应主要考虑夏季空调，兼顾冬季采暖。南区内的建筑，其节能设计应考虑夏季空调，可不考虑冬季采暖。

夏季空调室内设计计算指标：居住空间室内设计计算温度为26℃，计算换气次数1.0次/h。

北区冬季采暖室内设计计算指标：居住空间室内设计计算温度为16℃，计算换气次数1.0次/h。

在夏热冬暖地区，由于冬季暖和，夏季太阳辐射强烈，平均气温偏高，因此，在当地建筑物设计中，屋顶和外墙的隔热，以及外窗的遮阳主要是防止大量的太阳辐射热进入室内，而房间的自然通风则可有效地带走室内热量，使人的舒适感倍增。由此可见，隔热、遮阳和通风设计对夏热冬暖地区的建筑节能非常重要。

为了达到上述目的，夏热冬暖地区的建筑节能设计可从建筑物总体的防热和围护结构的隔热入手，具体来说应满足以下条件。

(1) 平面布置：居住区的总体规划和居住建筑的平面、立面设计应有利于自然通风。居住建筑的朝向宜采用南北向或接近南北向。

(2) 体形系数：北区内，单元式和通廊式住宅的体形系数不宜超过0.35，塔式住宅的体形系数不宜超过0.40。

(3) 窗墙比：普通窗户的保温隔热性能比外墙差很多，而且夏季白天太阳辐射还可以通过窗户直接进入室内，因此居住建筑的外窗面积不应过大。一般情况下，各朝向的窗墙面积比中，北向不应大于0.45，东、西向不应大于0.30，南向不应大于0.50；居住建筑的天窗面积不应大于屋顶总面积的4%，传热系数不应大于4.0W/（m^2·K），遮阳系数不应大于0.5。试验表明：当天窗面积占整个屋顶面积的4%，天窗传热系数为4.0W/（m^2·K），遮阳系数为0.5时，其能耗只比不开天窗建筑物能耗多1.6%左右，对节能总体效果影响不大，但对开天窗的房间热环境影响较大，因此对天窗的面积和热工性能应予以控制。

(4) 传热系数和热惰性指标：围护结构的传热系数K和热惰性指标D直接影响建筑采暖空调房间冷热负荷的大小，也直接影响建筑能耗。居住建筑屋顶和外墙的传热系数及热惰性指标应符合表6-10中的规定。当设计建筑的屋顶和外墙不符合表6-10中的规定时，其空调采暖年耗电指数（或耗电量）不应超过参照建筑的空调采暖年耗电指标（或耗电量）。

表6-10　屋顶和外墙的传热系数K和热惰性指标D

屋顶	外墙
K ≤ 1.0，D ≥ 2.5	K ≤ 2.0，D ≤ 3.0或K ≤ 1.5，D ≤ 3.0或K ≤ 1.0，D ≥ 2.5
K ≤ 0.5	K ≤ 0.7

注：D < 2.5 的轻质屋顶和外墙，还应满足国家标准《民用建筑热工设计规范》（GB 50176—1993）所规定的隔热要求。

（5）窗墙面积比：居住建筑采用不同平均窗墙面积比时，其外窗的传热系数和综合遮阳系数应符合《夏热冬暖地区居住建筑节能设计标准》（JGJ 75—2012）中的规定。当设计建筑的外窗为符合该标准中的规定时，其空间采暖年耗电指数（或耗电量）不应超过参照建筑的空调采暖年耗电指标（或耗电量）。

（6）遮阳系数：居住建筑的外窗，尤其是东、西朝向的外窗宜采用活动或固定的建筑外遮阳设施。居住建筑外窗（包括阳台门）的可开启面积不应小于外窗所在房间地面面积的 8% 或外窗面积的 45%，外窗的可开启面积过小会严重影响房间的自然通风效果。在保证安全的前提下，采用平开窗比采用推拉窗的通风效果好很多，这是因为推拉窗的最大可开启面积接近 50%，而平开窗可接近 100%。

（7）通风系统：夏热冬暖地区中的湿热地区，由于昼夜温差小，相对湿度较大，因此，可设计连续通风来改善室内环境。而对于干热地区，则考虑用白天关窗、夜间通风的方法来降温。另外，我国南方亚热带地区有季节风，因此在建筑物设计中要充分考虑利用海风、江风的自然通风优越性，并按自然风为主、空调为辅的原则来考虑建筑朝向和布局。在现代技术的发展过程中，自然通风可与太阳能技术、地下蓄冷蓄热、自动控制等技术结合，复合成一个有组织的自然通风系统。

（8）隔热措施：居住建筑的屋顶和外墙宜采用下列节能措施。

①浅色饰面（如浅色粉刷、涂层和面砖等）。

②屋顶内设置贴铝箔的封闭空气间层。

③用含水多孔材料做屋面层。

④屋面蓄水。

⑤屋面遮阳。

⑥屋面设有土或无土种植。

⑦东、西外墙采用花格构件或爬藤植物遮阳。

第二节　建筑物耗热量指标的计算及影响因素

建筑物耗热量指标是指在采暖期室外平均温度条件下，为保持室内计算温度，单位建筑面积在单位时间内消耗的，需由室内采暖设备供给的热量，其单位为 W/m^2，它是用来评价建筑物能耗水平的一个重要指标。

国标《严寒和寒冷地区居住建筑节能设计标准》(JGJ 26—2018) 对不同地区采暖住宅建筑的耗热指标做了相关规定，建筑物是否达到节能标准要求，首先要看耗热量是否达标。

一、建筑物耗热量指标的计算及影响因素

建筑物耗热量指标实际上是一个“功率”，即单位建筑面积在单位时间内消耗的热量，将该指标乘以采暖时间，就可以得到供热系统需要提供的单位建筑面积的热量。

在设计阶段，要控制建筑物耗热量指标，最主要的就是要控制折合到单位面积上单位时间内通过建筑围护结构的传热量。值得注意的是，建筑物耗热量指标与采暖期室外平均温度有关，而与采暖期的天数无关。

(一) 建筑物耗热量指标的计算公式

1. 建筑物耗热量指标应按下式计算。

$$q_H = q_{HT} + q_{INF} - q_{IH} \tag{6-3}$$

式中q_H：建筑物耗热量指标 (W/m^2)；q_{HT}：折合到单位建筑面积上单位时间内通过建筑围护结构的传热量 (W/m^2)；q_{INF}：折合到单位建筑面积上单位时间内建筑物空气渗透耗热量 (W/m^2)；q_{IH}：折合到单位建筑面积上单位时间内建筑物内部得热量 (如炊事、照明、家电和人体散热等)，住宅建筑取 3.8W/m^2。

2. 折合到单位建筑面积上单位时间内通过建筑围护结构的传热量应按下式计算。

$$q_{HT} = q_{Hq} + q_{Hw} + q_{Hd} + q_{Hmc} + q_{Hy} \tag{6-4}$$

式中 q_{Hq}：折合到单位建筑面积上单位时间内通过墙的传热量 (W/m^2)；q_{Hw}：折合到单位建筑面积上单位时间内通过屋面的传热量 (W/m^2)；q_{Hd}：折合到单位建筑面积上单位时间内通过地面的传热量 (W/m^2)；q_{Hmc}：折合到单位建筑面积上单位时间内通过门、窗的传热量 (W/m^2)；q_{Hy}：折合到单位建筑面积上单位时间内非采暖封闭阳台的传热量 (W/m^2)。

3. 折合到单位建筑面积上单位时间内通过外墙的传热量应按下式计算。

$$q_{Hq} = \frac{\sum q_{Hqi}}{A_0} = \frac{\sum \varepsilon_{qi} K_{mqi} F_{qi} (t_n - t_c)}{A_0} \tag{6-5}$$

式中 ε_{qi}：外墙传热系数的修正系数，应根据《严寒和寒冷地区居住建筑节能设

计标准》(JGJ 26—2018) 附录 E 中的表 E.0.2 确定。

K_{mqi}: 外墙平均传热系数 [W/（m² · K）]，应根据标准（JGJ 26—2018）附录 E 计算确定。

F_{qi}: 外墙的面积（m²），可根据标准（JGJ 26—2018）附录 F 的规定计算确定。

t_n: 室内计算温度，取 18℃；当外墙内侧是楼梯间时，则取 12℃。

t_c: 采暖期室外平均温度（℃），应根据标准（JGJ 26—2018）附录 A 中的表 A.0.1–1 确定。

A_0: 建筑面积（m²），可根据本标准附录 F 的规定计算确定。

4. 折合到单位建筑面积上单位时间内通过屋面的传热量应按下式计算。

$$q_{Hw}=\frac{\sum q_{Hwi}}{A_0}=\frac{\sum \varepsilon_{wi}K_{mwi}F_{wi}(t_n-t_c)}{A_0} \tag{6-6}$$

式中 ε_{wi}: 屋面传热系数的修正系数，应根据《严寒和寒冷地区居住建筑节能设计标准》(JGJ 26—2010) 附录 E 中的表 E.0.2 确定;K_{mwi}: 屋面的传热系数 [W/(m² ·K)]; F_{wi}: 屋面的面积（m²），可根据标准（JGJ 26—2018）的规定计算确定。

5. 折合到单位建筑面积上单位时间内通过地面的传热量应按下式计算。

$$q_{Hd}=\frac{\sum q_{Hdi}}{A_0}=\frac{\sum K_{di}F_{di}(t_n-t_c)}{A_0} \tag{6-7}$$

式中 K_{di}: 地面的传热系数 [W/（m² · K）]，应根据《严寒和寒冷地区居住建筑节能设计标准》(JGJ 26—2018）中的规定计算确定；F_{di}: 地面的面积（m²），可根据标准（JGJ 26—2018）的规定计算确定。

6. 折合到单位建筑面积上单位时间内通过外窗（门）的传热量应按下式计算。

$$q_{Hmc}=\frac{\sum q_{Hmci}}{A_0}=\frac{\sum[\ K_{mci}F_{mci}(t_n-t_c)-I_{tyi}C_{mci}F_{mci}}{A_0} \tag{6-8}$$

$$C_{mci}=0.87\times0.70\times SC \tag{6-9}$$

式中K_{mci}: 窗（门）的传热系数 [W/（m² · K）]；F_{mci}: 窗（门）的面积（m²）；I_{tyi}: 窗（门）表面采暖期平均太阳辐射热（W/m²），应根据《严寒和寒冷地区居住建筑节能设计标准》(JGJ 26—2018）中的确定；C_{mci}: 窗（门）的太阳辐射修正系数；SC: 窗的综合遮阳系数，应按标准（JGJ 26—2018）中的规定计算；0.87：3mm 普通玻璃的太阳辐射透过率；0.70: 折减系数。

7. 折合到单位建筑面积上单位时间内通过非采暖封闭阳台的传热量应按下式计算。

$$q_{Hy}=\frac{\sum q_{Hyi}}{A_0}=\frac{\sum[\ K_{qmci}F_{qmci}\xi_i(t_n-t_c)-I_{tyi}C'_{mci}F_{mci}}{A_0} \tag{6-10}$$

$$C'_{mci}=(0.87\times SC_w)\times\left(0.87\times0.70\times SC_N\right) \tag{6-11}$$

式中K_{qmci}：分隔封闭阳台和室内的墙、窗（门）的平均传热系数[W/（m^2·K）]；F_{qmci}：分隔封闭阳台和室内的墙、窗（门）的面积（m^2）；ξ_i：阳台的温差修正系数，应根据《严寒和寒冷地区居住建筑节能设计标准》（JGJ 26—2018）中的规定确定；I_{tyi}：封闭阳台外表面采暖期平均太阳辐射热（W/m^2），应根据标准（JGJ 26—2018）中的规定确定；F_{mci}：分隔封闭阳台和室内的窗（门）的面积（m^2）。C'_{mci}：分隔封闭阳台和室内的窗（门）的太阳辐射修正系数；SC_w，SC_N：分别表示外侧窗和内侧窗的综合遮阳系数，按标准（JGJ 26—2018）中的规定计算。

8. 折合到单位建筑面积上单位时间内建筑物空气换气耗热量应按下式计算。

$$q_{INF}=\frac{(t_n-t_c)(C_p\rho NV)}{A_0} \tag{6-12}$$

式中 q_{INF}：折合到单位建筑面积上单位时间内建筑物空气换气耗热量（W/m^2）；C_p：空气的比热容，取0.28Wh/（kg·K）；ρ：空气的密度（kg/m^3），取采暖期室外平均温度 t_e 下的值；N：换气次数，取0.5h−1；V：换气体积（m^3），可根据标准（JGJ 26—2018）的规定计算确定。

（二）影响建筑物耗热量指标的因素

建筑物耗热量指标的大小与许多因素有关，其主要因素有体形系数、围护结构传热系数、窗墙面积比、换气次数、楼梯间的设计形式、建筑朝向等。

1. 体形系数

试验证明，在建筑物各部分围护结构传热系数和窗墙面积比不变的条件下，建筑物耗热量指标随着体形系数的增加而增大，即不同体形系数的建筑，其耗热量指标是不同的，底层和小单元住宅对节能不利，它们的建筑物耗热量指标相对要大一些。

2. 围护结构的传热系数

在建筑物整体尺寸和窗墙面积比不变的情况下，耗热量指标随着围护结构传热系数的下降而降低。采用保温性能好的墙体、屋顶、门窗等，会取得显著的节能效果。

3. 窗墙面积比

在采用一般的单层和双层窗且不设保温窗帘的情况下，增大窗墙面积比，通常对降低建筑物耗热量指标不利。向阳面窗户，由于有太阳辐射热进入室内，可以适当增大窗墙面积比，而北向窗户应以满足采光要求为度。根据不同朝向，将窗墙面积比控制在合理范围内，则有利于降低建筑物耗热量指标和工程造价。

4. 换气次数

单位时间内换气次数对建筑物耗热量指标有明显的影响。从节能要求出发，换气次数越小越好，但从卫生要求出发，换气次数不宜过小，居室换气次数一般为（0.5～0.8）次/h。门窗的气密性，换气次数由0.8次/h降至0.5次/h，其耗热量指标可降低10%左右。

5. 楼梯间的设计形式

楼梯间是否采暖以及是否设置门窗，对耗热量指标也有影响。我国目前情况下，除严寒地区楼梯间设置采暖外，在一般寒冷地区，住宅中的楼梯间普遍不采暖，有些地区甚至不设门窗，而采用开敞式楼梯间。多层住宅采用开敞式楼梯间比有门窗的楼梯间，其耗热量指标上升10%～20%。

6. 朝向

朝向变化使通过窗户进入室内的太阳辐射热随之发生变化，从而影响建筑物耗热量指标。对于板式住宅来说，朝向变化对耗热量的影响较大。例如，同一幢3个单元4层住宅楼，东西朝向的耗热量指标比南北朝向的要增加5.5%左右。

此外，建筑物耗热量指标还与建筑层数和建筑的避风措施有关。如果层数在10层以上，耗热量指标趋于稳定；如果在建筑物入口处设置门斗或采取其他避风措施，则有利于建筑节能。

二、降低住宅建筑耗热量指标的途径

由建筑物耗热量指标的影响因素可知，降低住宅建筑耗热量指标的途径主要有以下六种。

第一，宜多建多层多单元的板式住宅，尽可能少建低层住宅和点式住宅。朝向宜采用南北向或接近南北向，体形系数宜控制在0.30及0.30以下。

第二，在符合经济原则的条件下，应尽可能采用传热系数较低的外墙、屋顶和楼梯间隔墙，如各种轻质节能而又经济的墙体和屋顶。

第三，窗户面积应予以控制。在未普及保温窗帘的情况下，北向窗户应以满足采光要求为度，北向、东西向和南向的窗墙面积比应分别控制在0.45、0.30和0.5

左右。

第四，寒冷地区应尽可能采用双层窗或双层玻璃，严寒地区应尽可能采用三层窗或三层玻璃，或采用其他具有相当或更优保温性能的新型保温窗户。

第五，提高窗户的气密性，以减少空气渗透耗热量，这一点对于冬季风速较大而又采用单层窗的地区效果尤为显著。

第六，楼梯间设置门窗并采暖，或加强楼梯间隔墙和户门的保温，对降低耗量指标也有一定意义。

三、采暖耗煤量指标的计算

2008年至今，京、津、冀地区雾霾袭扰频繁，尤其是冬天供暖季，应急警报多次拉响，这让煤炭一时成为众矢之的。虽然国家强调，冬季供暖应尽量采用天然气代替原始的煤炭，但是以煤为主的能源结构调整需要相当长的时间。

采暖耗煤量指标是指在采暖期室外平均温度条件下，为保持室内计算温度，单位建筑面积在一个采暖期内消耗的标准煤量，其单位为kg/m^2。

采暖耗煤量指标随着建筑物耗热量指标和采暖期时间的延长而增大，随锅炉运行效率和室外管网输送效率的提高而降低，它是用来评价建筑物和采暖系统组成的能耗水平的一个重要指标。某一建筑物或某一小区是否节能，最终要看采暖耗煤量指标。

采暖耗煤量指标应按下式计算。

$$q_c = \frac{24 \cdot Z \cdot q_H}{H_c \cdot \eta_1 \cdot \eta_2} \tag{6-13}$$

式中q_c：采暖耗煤量指标（kg/m^{2}标准煤）；Z：采暖期天数（d），应根据《严寒和寒冷地区居住建筑节能设计标准》（JGJ 26—2018）选用；q_H：建筑物耗热量指标（W/m^2）；H_c：标准煤热值，取8.14×10^3W·h/kg；η_1：室外管网输送效率，采取节能措施前，取0.85，采取节能措施后，取0.90；η_2：锅炉运行效率，采取节能措施前，取0.55，采取节能措施后，取0.68。

第七章 建筑节能设计要求研究

第一节 住宅建筑能耗分析

建筑节能设计是以满足建筑室内适宜的热环境和提高人民的居住水平，通过建筑规划设计、建筑单体设计及对建筑设备采取综合节能措施，不断提高能源的利用效率，充分利用可再生能源，以使建筑能耗达到最小化所需要采取的科学技术手段。建筑节能是一个系统工程，在设计的全过程中，从选择材料、结构设计、配套设计等各环节都要贯穿节能的观点，这样才能取得真正节能的效果。建筑节能设计是全面建筑节能中一个很重要的环节，有利于从源头上杜绝能源的浪费。

一、建筑体形对能耗的影响

建筑体形的变化直接影响建筑采暖和空调能耗的大小。在夏热冬冷地区白天要防止太阳辐射，夜间希望建筑有利于自然通风和散热。因此，我国南方与北方寒冷地区节能建筑相比，在体形系数上控制得不是十分严格，在建筑形态上非常丰富。但从节能的角度来讲，单位面积对应的外表面积越小，外围护结构的热损失就越小，从降低建筑能耗的角度出发，应当将建筑体形系数控制在一个较低的水平。

(一) 体形系数的含义

建筑物体形系数是指建筑物与室外大气接触的外表面积 F_0 与其所包围的(包括地面)体积 V_0 之比值，即:

$$S = F_0/V_0 \tag{7-1}$$

式中: S——建筑物的体形系数;

F_0——建筑物与室外大气接触的外表面积，m^2;

V_0——建筑物与室外大气接触的外表体积，m^3。

在进行住宅建筑中的体形系数计算时，外表面积 $F_0(m^2)$ 不包括地面和楼梯间墙及分户门的面积。建筑物的体形系数越大，说明单位建筑空间的热量散失面积越大，则建筑物的能耗就越高。

（二）最佳的节能体形

建筑物作为一个整体，其最佳节能体形与室外空气温度、太阳辐射照度、风向、风速、围护结构构造及其热工特性等各方面因素有关。从理论上讲，当建筑物各朝向围护结构的平均有效传热系数不同时，对同样体积的建筑物，其各朝向围护结构的平均有效传热系数与其面积的乘积都相等的体形是最佳节能体形。

（三）体形系数的控制

提出建筑体形系数要求的目的，是使特定体积的建筑物在冬季和夏季冷热作用下，从室外与空气面积因素考虑，使建筑物的外围护部分接受冷热量最少，从而减少冬季的热损失与夏季的冷损失。根据建筑节能检测表明，一般建筑物的体形系数宜控制在0.30以下，如果体形系数大于0.30，则屋顶和外墙应采取保温措施，以便将建筑物耗热量指标控制在国家规定的水平，即总体上实现节能50%或65%的目标。

在一般情况下，建筑物体形系数控制或降低的方法，主要有以下几种。

1. 减少建筑面宽，加大建筑幢深

即加大建筑的基底面积，增加建筑物的长度和进深尺寸。如对于体量1 000～8 000 m^2的建筑，当幢深从8 m增至12 m时，各类型建筑的耗能指标都有大幅度降低，但幢深在14 m以上再继续增加时，其耗热指标却降低很少。在建筑面积较小（约2 000 m^2以下）和层数较多（6层以上）时，耗能指标还可能回升。将幢深从8 m增至12 m时，可使建筑耗热指标降低11%～33%。总建筑面积越大，层数越多，耗热指标降低越大，其中尤以幢深从8 m增至12 m时，热耗指标降低比例最大。因此，对于体量1 000～8 000 m^2的南向住宅建筑，进深设计为12～14 m，对建筑节能是比较适宜的。

测试结果表明，严寒、寒冷和部分夏热冬冷地区，建筑物的耗能量指标随着建筑体形系数的增加近似直线上升。因此，低层和少单元住宅建筑节能不利，即体量较小的建筑物不利于节能。对于高层建筑，在建筑面积相近的条件下，高层板式的住宅耗能量指标要比高层板式住宅高10%～14%。

2. 增加建筑层数，加大建筑体量

低层建筑对节能是非常不利的，尤其是体积较小的低层建筑物，其外围护结构的热损失要占建筑物总热损失的绝大部分。合理增加建筑物的层数，可以加大建筑体量，降低建筑热耗指标。增加建筑层数对减少建筑能耗有利，然而层数增加到8

层以上后，层数的增加对于建筑节能效果并不十分明显。

在一般情况下，当建筑面积在2 000 m^2以下时，层数以3～5层为宜，层数过多则底面积太小，对减少热耗不利；当建筑面积在3 000～5 000 m^2时，层数以5～6层为宜；当建筑面积在5 000～8 000 m^2以下时，层数以6～8层为宜。6层以上建筑耗热指标还会继续降低，但降低的幅度不大。

3. 简化建筑体形，布置尽量简单

严寒地区节能型住宅的平面形式，应追求平整、简洁，不宜变化过多，一般可布置成直线形、折线型和曲线形。在建筑节能规划设计中，对住宅形式的选择不宜大规模采用单元式住宅错位拼接，不宜采用点式住宅或点式住宅拼接。这是因为错位拼接和点式住宅都会形成较长的外墙临空长度，这样很不利于建筑节能。

（四）建筑形态与气流

对于寒冷地区，节能建筑的形态不仅要求体形系数小，而且需要冬季太阳辐射得热多，还需要对避免寒风的侵袭有利。

风吹向建筑物，使风的风向和风速均发生相应的改变，从而形成特有的风环境。单体建筑物的三维尺寸对其周围的风环境带来较大的影响。从建筑节能的角度考虑，应当创造有利的建筑形态，以便减少风速和风压，减少建筑耗能热损失。测试结果表明，建筑物越长、越高，其进深越小，建筑物的背风面产生的涡流区越大，形成的流场越紊乱，对减少风速和风压越有利。

二、建筑朝向对能耗的影响

建筑朝向是指建筑物的主立面（或正面）的方位角，也就是建筑物主立面墙面的法线与正南方向间的夹角。为便于布置和方便出行，一般由建筑与周围道路之间的关系确定。建筑朝向对建筑节能具有很大的影响，古今中外都非常重视对建筑朝向的选择。

建筑朝向选择的原则是使建筑物冬季能获得尽可能多的日照，主要房间应避开冬季主导风向，同时也考虑到夏季防止太阳辐射与暴风雨的袭击。如处于南北朝向的长条形建筑物，由于太阳高度角和方位角的变化规律，冬季获得的太阳辐射热比较多，而且在建筑面积相同的情况下，主朝向的面积越大，这种倾向就越明显。如此布置，建筑物在夏季可以减少太阳辐射热，主要房间可避免受东西方向的日晒，是最有利的建筑朝向。

从建筑节能的角度考虑，如果总平面布置允许自由选择建筑物的形状和朝向，则应首选长条形建筑体形，并且宜采用南北或接近南北朝向布置。然而，在建筑的实际规划设计中，影响建筑体形和建筑朝向的因素很多，要想达到既夏季防热又冬季保温的理想朝向是非常困难的。因此，“最佳朝向”的概念是一个具有地区条件限制的提法，它是在只考虑地理和气候条件下对建筑朝向的研究结论。在具体使用时，则还需根据地段环境的具体条件加以修正。

(一) 建筑朝向墙面及室内获得的日照时间和日照面积

无论是在温带地区还是寒带地区，必要的日照条件是住宅建筑中不可缺少的，但是对不同地理环境和气候条件下的住宅，在日照时数和阳光照入室内深度上是不尽相同的。建筑物墙面上的日照时间，决定墙面接受太阳辐射热量的多少。由于冬季和夏季太阳方位角的变化幅度较大，各个朝向墙面所获得的日照时间相差很大。因此，应对不同朝向墙面在不同季节的日照时数进行统计，求出日照时数日平均值，作为综合分析朝向时的依据。另外，还需对最冷月和最热月的日出、日落时间进行记录。在炎热地区，住宅的多数居室应避开最不利的日照方位，即下午气温最高时的几个方位。住宅室内的日照情况同墙面上的日照情况大体相似。对不同朝向和不同季节（如冬至日和夏至日）的室内日照面积及日照时数进行统计和比较，选择最冷月有较长的日照时间和较大的日照面积，而在最热月有较少的日照时间和较小的日照面积。

(二) 朝向对建筑日照及接收太阳辐射量的影响

无论是我国的温带还是寒带，必要的日照条件是居室建筑不可缺少的。但在不同地理环境和气候条件下，住宅的日照时数、日照面积和阳光入室深度是不尽相同的。由于冬季和夏季太阳方位角变化幅度较大，各个朝向墙面所获得的日照时间相差很大。因此，要对不同朝向墙面在不同季节的日照时数进行统计，求出日照时数的平均值，作为综合分析朝向的依据。分析室内日照条件和建筑朝向的关系，应选择在最冷月有较长的日照时间和较大的日照面积，而在最热月有较少的日照时间和较小日照面积的朝向。

(三) 各种朝向居室内可能获得的紫外线量

太阳在辐射过程中，太阳光线中的成分是随着太阳高度角而发生变化的，其中紫外线与太阳高度角成正比，一般正午前后紫外线最多，日出和日落时段最少。

冬季以南向、东南和西南居室接收的紫外线较多，而东西向较少，大约是南向的50%，东北和西北向最少，大约是南向的30%。所以，在选择建筑朝向时，还要考虑到室内所获得的紫外线量，这是基于室内卫生和有利于人体健康的考虑。另外，还应当考虑主导风向对建筑物冬季热损耗和夏季自然通风的影响。

(四) 主导风向与建筑朝向的关系

主导风向直接影响冬季住宅室内的热损耗及夏季居室内的自然通风。因此，从冬季的保暖和夏季降温角度考虑，在选择住宅建筑朝向时，当地的主导风向因素不容忽视。另外，从住宅群的气流流场可知，当建筑的长轴垂直主导风向时，由于各幢住宅之间产生涡流，从而会影响自然通风的效果。因此，应尽量避免建筑物长轴垂直于夏季主导风向，即应使风向的入射角为零度，从而减少前排房屋对后排房屋通风的不利影响。

在实际运用中，当根据日照和太阳辐射已将建筑的基本朝向范围确定后，再进一步核对季节主导风向时，出现主导风向与日照朝向形成夹角的情况。从单幢住宅的通风条件来看，房屋与主导风向垂直效果最好，但是，从整个建筑群来看，这种情况并不完全有利，人们往往希望建筑形成一定的角度，以便各排房屋都能获得比较满意的通风条件。

第二节　建筑室外计算参数

在采暖热负荷计算中，如何确定室外计算温度等参数是一个相当重要的问题。单纯从技术观点来看，使采暖系统的最大出力恰好等于当地出现最冷天气时所需要的热负荷，是最理想的，但这往往同采暖系统的经济性相违背。

历年气象统计资料充分证明，最冷的天气并不是每年都会出现，即使出现也是没有一定规律的。如果采暖设备是根据历年最不利条件选择的，即把室外计算温度定得过低，那么，在采暖运行期的绝大多数时间里，就会显得设备供热能过多，从而会造成浪费；反之，如果把室外计算温度定得过高，则在较长的时间里不能保证必要的室内温度，达不到采暖的目的，室内的热舒适度不符合设计的要求。因此，正确地确定和合理地采用室外计算参数是一个技术与经济统一的问题。

一、围护结构冬季室外计算温度的确定

冬季通风室外计算温度是指按累年最冷月平均温度确定的用于冬季通风设计的室外空气计算参数。“累年最冷月”，系指累年月平均气温最低的月份。

冬季空气调节室外计算温度是指以日平均温度为基础，按历年平均不保证

1 d，通过统计气象资料确定的用于冬季空气调节设计的室外空气计算参数。

冬季空气调节室外计算相对湿度可以采用累年最冷月平均相对湿度。

冬季室外平均风速可以采用累年最冷 3 个月各月平均风速的平均值。冬季室外最多风向的平均风向，可以采用累年最冷 3 个月的最多风向（静风除外）的各月平均风速的平均值。

冬季最多风向及其频率可以采用累年最冷 3 个月的最多风向及其平均频率。

冬季室外大气压力可以采用累年最冷 3 个月各月平均大气压力的平均值。

二、围护结构夏季室外计算温度的确定

夏季通风室外计算温度可以采用历年最热月 14 时的月平均温度的平均值。

夏季通风室外计算相对湿度可以采用历年最热月 14 时的月平均相对湿度的平均值。

夏季空气调节室外计算干球温度可以采用历年平均不保证 50 h 的干球温度。

夏季空气调节室外计算湿球温度可以采用历年平均不保证 50 h 的湿球温度。

夏季空气调节室外计算日平均温度可以采用历年平均不保证 5 天的日平均温度。

夏季空气调节室外计算逐时温度可按式（7-2）确定：

$$t_{sh}=t_{WP}+\beta\Delta t_r \tag{7-2}$$

式中：t_{sh}——夏季空气调节室外计算逐时温度，℃；

t_{WP}——夏季空气调节室外计算日平均温度，℃；

β——室外温度逐时变化系数；

Δt_r——夏季室外计算平均日较差，℃，应按式（7-3）计算：

$$\Delta t_r=t_{wg}-t_{WP}/0.52 \tag{7-3}$$

式中，t_{Wg}——夏季空气调节室外计算干球温度，℃；

其他符号含义同式（7-2）。

夏季室外平均风速应采用累年最热 3 个月各月平均风速的平均值。

夏季最多风向及其频率应采用累年最热 3 个月的最多风向及其平均频率。

夏季室外大气压力应采用累年最热 3 个月各月平均大气压力的平均值。

第三节 室内热环境设计指标

室内热环境是指影响人体冷热感觉的环境因素。这些因素主要包括室内空气温度、空气湿度、气流速度以及人体与周围环境之间的辐射换热。适宜的室内热环境是指室内空气温度、湿度气流速度以及环境热辐射适当，使人体易于保持热平衡，从而感到舒适的室内环境条件。

居住建筑的建筑热工和暖通空调设计必须采取节能措施，在保证室内热环境的前提下，将采暖和空调能耗控制在规定的范围内。

一、居住建筑室内环境设计要求

(1) 在设计采暖时，冬季室内计算温度根据建筑物的用途，民用建筑的主要房间，温度宜采用 16～24 ℃。

(2) 设置采暖的建筑物，冬季活动区的平均风速，民用建筑及工业企业辅助建筑，不宜大于 0.3 m/s。

(3) 空气调节室内计算参数，应符合下列规定。

①舒适性空气调节室内计算参数，应符合表 7-1 的规定。

表 7-1 舒适性空气调节室内计算参数

计算参数	冬季	夏季
温度 /℃	18 ~ 24	22 ~ 28
风速 / (m/s)	≤ 0.2	≤ 0.3
相对湿度 /%	30 ~ 60	40 ~ 65

②工艺性空气调节室内温度基数及其允许波动范围，应根据工艺需要及卫生要求确定。活动区的风速：冬季不宜大于 0.3 m/s，夏季宜采用 0.2～0.5 m/s；当室内的温度高于 30 ℃时，风速可大于 0.5 m/s。

(4) 采暖与空气调节室内的热舒适性，应符合《热环境的人类工效学通过计算 PMV 和 PPD 指数与局部热舒适准则对热舒适进行分析测定与解释》(B/T 18049—2017) 的要求，采用预计的平均热感觉指数 (PMV) 和预计不满意者的百分数 (PPD) 评价，其数值宜为：–1 ≤ PMV ≤ +1；PPD ≤ 27%。

(5) 当工艺无特殊要求时，生产厂房夏季工作地点的温度，应根据夏季通风室外计算温度及其与工作地点的允许温差，不得超过表 7-2 中的规定。

表 7-2　夏季工作地点温度　　　　（单位：℃）

夏季通风室外计算温度	≤ 22	23	24	25	26	27	28	29 ~ 32	≥ 33
允许温差	10	9	8	7	6	5	4	3	2
工作地点温度	≤ 30	32						32 ~ 35	35

（6）在特殊高温作业区的附近，应当设置工人休息室。夏季工人休息室的温度，宜采用 26～30 ℃。

（7）建筑物室内的空气应符合国家现行标准《室内空气质量标准》（GB/T 18883—2002）中有关空气质量、污染物浓度控制等方面的要求。

（8）建筑物室内人员所需要最小新风量应符合下列规定：民用建筑人员所需最小新风量，按现行有关卫生标准确定；工业建筑应保证每人不小于 30 m^3/h 的新风量。

二、严寒和寒冷地区室内热环境计算参数

根据《严寒和寒冷地区居住建筑节能设计标准》（JGJ 26—2018）中的规定，严寒和寒冷地区室内热环境计算参数应符合下列规定。

（1）依据不同的采暖度日数（HDD18）和空调度日数（CDD26）范围，将严寒和寒冷地区进一步划分为表 7-3 所示的 5 个子气候区。

表 7-3　严寒和寒冷地区居住建筑节能设计气候子区

气候子区	冬季	分区依据
严寒地区（Ⅰ区）	严寒（A）区	6000 ≤ HDD18
	严寒（B）区	5000 ≤ HDD18 < 6000
	严寒（C）区	3800 ≤ HDD18 < 6000
寒冷地区（Ⅱ区）	寒冷（A）区	2000 ≤ HDD18 < 3800，CDD ≤ 90
	寒冷（B）区	2000 ≤ HDD18 < 3800，CDD > 90

（2）室内热环境计算参数的选取应符合下列规定：冬季采暖室内计算温度应取 18 ℃；冬季采暖计算换气次数应取 0.5 次 /h。以上规定的温度和换气次数只是一个设计计算值，主要是用来计算采暖能耗，并不等于实际的室温和实际换气次数。

三、夏热冬冷地区室内热环境设计指标

根据《夏热冬冷地区居住建筑节能设计标准》（JGJ 134—2010）中的规定，夏热冬冷地区室内热环境计算参数应符合下列规定：

（1）冬季采暖室内热环境设计计算指标应符合下列规定：卧室、起居室内设计温度应取 18 ℃；换气次数应取 1.0 次 /h。

（2）夏季空调室内热环境设计计算指标应符合下列规定：卧室、起居室内设计温度应取 26 ℃；换气次数应取 1.0 次 /h。

四、夏热冬暖地区室内热环境和建筑节能设计指标

根据《夏热冬暖地区居住建筑节能设计标准》（JGJ 75—2012）中的规定，夏热冬暖地区室内热环境和建筑节能设计指标应符合下列规定。

（1）夏热冬暖地区可以划分为南、北两个区。北区内建筑节能设计应主要考虑夏季空调，兼顾冬季采暖；南区内建筑节能设计应考虑夏季空调，可不考虑冬季采暖（可参照我国夏热冬暖地区分区图）。

（2）夏季空调室内设计计算指标应按下列规定进行取值：居住空间室内设计计算温度 26 ℃；换气次数应取 1.0 次 /h。

（3）北区冬季采暖室内设计计算指标应按下列规定进行取值：居住空间室内设计计算温度 16 ℃；换气次数应取 1.0 次 /h。

（4）居住建筑通过采用合理节能建筑设计，增强建筑围护结构隔热、保温性能和提高空调、采暖设备能效比的节能措施，在保证相同的室内热环境的前提下，与未采取节能措施前相比，全年空调和采暖总能耗应减小 50%。

五、建筑物耗热量指标与采暖设计热负荷指标

在进行建筑节能设计时，建筑物耗热量指标是一个非常重要的衡量节能效果的指标。采暖设计热负荷指标在采暖设计中简称为采暖设计指标，它是在采暖室外计算温度条件下，为保持室内计算温度，单位建筑面积在单位时间内需由锅炉房或其他供热设施供给的热量，其单位是 W/m^2。采暖设计热负荷指标是冬季最不利气候条件下，确定采暖设备容量的一个重要指标，是对建筑采暖确保供热质量的指标。

根据以上所述可知，建筑物耗热量指标是建筑物在一个采暖季节中耗热强度的平均值，而采暖设计热负荷指标是建筑物在一个采暖季节中耗热强度的最大极限设计值。由于采暖期室外平均温度比采暖室外计算温度高，因此，建筑物耗热量指标在数值上比采暖设计热负荷指标要小。

第四节　建筑和建筑热工节能设计

建筑工程节能实践证明，制定并实施建筑和建筑热工节能设计标准，有利于改善建筑的热环境，提高暖通空调系统的能源利用效率，从根本上扭转建筑用能严重浪费的状况，为实现国家节约能源和保护环境的战略，贯彻有关政策和法规做出贡献。

一、建筑物热工设计要求

建筑物热工设计的具体要求，除应符合现行的《严寒和寒冷地区民用建筑节能设计标准》(JGJ 26—2018)、《夏热冬冷地区居住建筑节能设计标准》(JGJ 134—2010)和《公共建筑节能设计标准》(GB 50189—2015）等外，分别还应符合下列具体的要求。

(一) 冬季保温设计要求

(1) 由于冬季气候寒冷，建筑物宜设在避风和朝阳的地段。

(2) 建筑物的体形设计宜减少外表面积，其平面和立面的凹凸面不宜过多。

(3) 居住建筑，在严寒地区不应设开敞式楼梯间和开敞式外廊；在寒冷地区也不宜设开敞式楼梯间和开敞式外廊。公共建筑，在严寒地区和寒冷地区出入口处均应设门斗或热风幕等避风设施。

(4) 建筑物外部窗户面积不宜过大，应减少窗户的缝隙长度，并采取密闭措施。

(5) 外墙、屋顶、直接接触室外空气和不采暖楼梯间的隔墙等围护结构，应进行保温验算，其传热阻应大于或等于建筑物所在地区要求的最小传热阻。

(6) 当有散热器、管道、壁龛等嵌入外墙时，该处外墙的传热阻应大于或等于建筑物所在地区要求的最小传热阻。

(7) 围护结构中的热桥部位应当进行保温验算，并要采取必要的保温措施。

(8) 严寒地区居住建筑的底层地面，在其周边一定范围内应采取保温措施。

(9) 围护结构的构造设计应考虑防潮要求。

(二) 夏季防热设计要求

(1) 建筑物的夏季防热应采取自然通风、窗户遮阳、围护结构隔热和环境绿化等综合性措施。

(2) 建筑物的总体布置，单位的平面、剖面设计和门窗的设置，应有利于自然通风，并尽量避免主要房间受东、西向的日晒。

(3) 建筑物的向阳面，特别是东、西向的窗户，应采取有效的遮阳措施。在建筑设计中，宜结合外廊、阳台、挑檐等处理方法达到遮阳的目的。

(4) 屋顶和东、西向外墙的内表面温度，应满足隔热设计标准的要求。

(5) 为防止潮霉季节湿空气在地面冷凝泛潮，居室、托幼园所等场所的地面下部宜采取保温措施或架空做法，地面面层宜采用微孔吸湿材料。

(三) 空调建筑热工设计要求

(1) 空调建筑或空调房间应尽量避免东、西朝向和东、西向窗户。

(2) 空调房间应集中布置、上下对齐。温度和湿度要求相近的空调房间宜相邻布置。

(3) 空调房间应避免布置在两面相邻外墙的转角处和有伸缩缝处。

(4) 空调房间应避免布置在顶层，当必须布置在顶层时，屋顶应有良好的隔热措施。

(5) 在满足使用要求的前提下，空调房间的净高宜降低。

(6) 空调建筑的外表面积宜减少，外表面宜采用浅色的饰面。

(7) 建筑物外部窗户当采用单层窗时，窗墙面积比不宜超过0.30；当采用双层窗或单框双层玻璃窗时，窗墙面积比不宜超过0.40。

(8) 向阳面，特别是东、西向窗户，应采取热反射玻璃、反射阳光涂膜、各种固定式和活动式遮阳等有效的遮阳措施。

(9) 建筑物外部窗户的气密性等级不应低于现行国家标准规定的Ⅰ级水平。

(10) 建筑物外部窗户的部分窗扇应能开启。当有频繁开启的外门时，应设置门斗或空气幕等防渗透措施。

(11) 围护结构的传热系数应符合现行国家标准《民用建筑供暖通风与空气调节设计规范》(GB 50736—2012) 中规定的要求。

(12) 间歇使用的空调建筑，其外围护结构内侧和内围护结构宜采用轻质材料。连续使用的空调建筑，其外围护结构内侧和内围护结构宜采用重质材料，围护结构的构造设计应考虑防潮要求。

二、不同热工分区建筑节能设计原理

我国房屋建筑按其用途不同主要划分为民用建筑和工业建筑。民用建筑又分为居住建筑和公共建筑。居住建筑主要是指供人们日常居住生活使用的建筑物，主要包括住宅、别墅、宿舍、公寓；公共建筑包含办公建筑、商业建筑、旅游建筑、科教文卫建筑、通信建筑以及交通运输类建筑等，公共建筑和居住建筑都属于民用建筑。

在公共建筑中，尤其是办公建筑、大中型商场以及高档旅馆、饭店等建筑，不仅在建筑的标准、功能及设置全年空调采暖系统等方面有许多共性，而且其采暖空调的能耗特别高，采暖空调的节能潜力也最大。居住建筑的能耗消耗量，根据其所在地区的气候条件、围护结构及设备系统情况的不同，具有很大的差别，但绝大部分用于采暖空调的需要，小部分用于照明。

（一）严寒与寒冷地区建筑节能设计原理

严寒与寒冷地区建筑的采暖能耗占全国建筑总能耗的比例很大，同样严寒与寒冷地区采暖节能潜力均为我国各类建筑能耗中最大的，是我国目前建筑节能设计中的重点。

在以上地区可以实现采暖节能的技术途径主要有以下方面。

（1）改进建筑物围护结构的保温性能，进一步降低采暖的需热量。工程实践证明，围护结构全面按国家标准改造后，可以使采暖需热量由目前的 90 kW·h/（m^2·a）降低到 60 kW·h/（m^2·a）。

（2）推广各类专门的通风换气窗和智能呼吸窗。通风换气窗是一种集现代声学、电子、通风科技、建筑美学与节能门窗完美结合的智能产品，可以实现可控自动通风换气，避免了开窗换气而造成过大的热损失，智能呼吸窗可对室内空气中的烟雾、酒味、二氧化碳、氢气、甲醛、臭氧等污浊空气超标自动识别，24 小时不开窗户智能通风换气，可保持室内新鲜空气，提高空气品质，是人们追求的健康空间生活、绿色科技专利产品。

（3）改善采暖的末端调节性能，避免出现室温过热。有些集中供热系统由于末端没有有效的调节手段，加上某些原因造成室温偏热时，只能被动地听任室温升高或开窗降温；由于部分热源调节不良，不能根据外温变化而改变供热量，导致外温偏暖时过量供热。实行供热改革，通过热计量和改善末端调节性能来实现调节，就是为了使实际供热量接近采暖需热量，降低过量供热率，从而实现 20% 以上的节能效果。

（4）推行地板采暖等低温采暖方式，从而降低供热热源温度，提高热源的利用效率。低温采暖方式即低温热水地板（俗称地热地板）辐射采暖，是通过埋藏在地板下面的加热管道，以温度不高于 60 ℃的热水为热媒，在加热管内循环流动加热地板，通过地面以辐射和对流的传热方式向室内供热的供暖方式。低温采暖方式具有舒适、节能、节省室内空间、使用寿命长等优点。

(5) 积极挖掘利用目前的集中供热网，发展以热电联产为主的高效节能热源；大幅度提高热电联产热源在供热热源中的比例。据有关专家估算，如果把热电联产热源所占比例从目前的30%提高到50%以上，则可以使我国北方采暖能耗再下降7%。

(二) 夏热冬冷地区建筑节能设计原理

我国的夏热冬冷地区面积最大，主要包括长江流域的大部分地区，如重庆、上海等15个省、市、自治区，也是我国经济和生活水平高速发展的地区。在以前这些地区基本上都属于非采暖地区，建筑物设计不考虑采暖的要求，也很少考虑夏季空调降温。传统的建筑围护结构是采用240 mm的普通黏土砖、简单架空屋面和单层玻璃的钢窗，围护结构的热工性能较差。

在这样的气候条件和建筑围护结构热工性能下，住宅室内的热环境自然相当恶劣，对人身的健康影响很大。随着经济的发展、生活水平的提高，采暖和空调以不可阻挡之势进入长江流域的寻常百姓家，迅速在中等收入以上家庭中普及。长江中下游城镇除用蜂窝煤炉取暖外，电暖器或煤气红外辐射炉的使用也越来越广泛，而在上海、南京、武汉、重庆等大城市，热泵型冷暖两用空调器正逐渐成为主要的家庭取暖设施。与此同时，住宅用于采暖空调能耗的比例不断上升。

根据我国夏热冬冷地区的气候特征，该地区住宅的围护结构热工性能，在首先保证夏季隔热的前提下，并要兼顾冬季防寒，这是与其他地区最大的区别。

夏热冬冷地区与严寒及寒冷地区相比，体形系数对夏热冬冷地区住宅建筑全年能耗的影响程度要小。另外，由于体形系数不仅是影响围护结构的传热损失，而且与建筑造型、平面布局、功能划分、采光通风等多方面有关。因此，该地区建筑节能设计不要过于追求较小的体形系数，而是应当和住宅采光、日照等要求有机地结合起来。如夏热冬冷地区的西部全年阴天天数较多，建筑设计应充分考虑利用天然采光以降低人工照明的能耗，而不是简单地考虑降低采暖空调的能耗。

夏热冬冷的部分地区室外风小、阴天多，因此需要从提高住宅日照、促进自然通风的角度综合确定窗墙比。由于在夏热冬冷地区在任何季节人们都有开窗通风的习惯，目的是通过自然通风改善室内空气品质，同时当夏季在连续高温的阴雨降温过程，或降雨后连续晴天高温升温过程的夜间，室外气候比较凉爽，开窗加强房间通风能带走室内余热并积蓄冷量，可以减少空调运行时的能耗。

针对以上情况，在进行住宅设计时应有意识地考虑加强自然通风设计，即适当加大外墙上的开窗面积，同时注意组织室内的通风，否则南北窗面积相差太大，或缺少通畅的风道，使自然通风无法实现。此外，南窗面积大有利于冬季日照，可以通过窗口直接获得太阳辐射热。因此，在提高窗户热工性能的基础上，应适当提高窗墙的面积比。

对于夏热冬冷气候条件下的不同地区，由于当地不同季节的室外平均风速不同，所以在进行窗墙比优化设计时要注意进行灵活调整。例如，对于长江流域的上海、南京、武汉等地，冬季室外平均风速一般都大于2.5 m/s，因此这些地区北向的窗墙比一般不超过0.25；而西部的重庆、成都等地区，冬夏两季室外平均风速一般都在1.5 m/s左右，且冬季的气温比上海、南京、武汉等地偏高3～7 ℃，因此这些地区北向的窗墙比一般不要超过0.30，并注意与南向窗墙比匹配。

对于夏热冬冷地区，由于夏季太阳辐射比较强，持续时间比较长，因此要特别强调外窗遮阳、外墙和屋顶隔热的设计。在技术经济可能的条件下，可通过优化屋顶和东、西墙的保温隔热设计，尽可能降低这些部位的内表面温度。例如，采取技术措施使外墙的内表面最高温度控制在32 ℃以下，只要住宅能保持一定的自然通风，即可让人觉得比较舒适。此外，还要利用外遮阳等方式避免或减少主要功能房间的东晒或西晒情况。

（三）夏热冬暖地区建筑节能设计原理

我国的夏热冬暖地区主要是指广东、广西、福建和海南省。在夏热冬暖地区，由于冬季气候温暖，夏季太阳辐射强烈，平均气温偏高，因此住宅设计应以改善夏季室内热环境、减少空调能耗为主。在进行夏热冬暖地区住宅设计中，屋顶、外墙的隔热和外窗的遮阳是重点，主要用于防止大量的太阳辐射得热进入室内，而房间的自然通风则可有效带走室内的热量，并对人体舒适感起到重要的调节作用。

从以上所述可知，夏热冬暖地区住宅的隔热、遮阳和通风设计是建筑节能成功的关键。例如，我国广州地区的传统建筑一般没有采取机械降温手段，比较重视通风和遮阳，室内的层高比较高，外墙采用370 mm厚的黏土砖墙，屋面采用一定形式的隔热，起到了较好的节能效果。

据有关统计结果表明，我国广州地区每百户居民中拥有空调数量为127.6台，每户拥有1台空调器的占37%，每户拥有2台的占47%，每户拥有3台以上的占13%，空调器已成为居民住宅降温的主要手段，空调的使用已经由原来的每户一台向每室一台的方向转变。由此可见，夏热冬暖地区的空调能耗已经成为住宅能耗的大户。受电源紧张、网络受限、负荷剧增等因素影响，2011年广州电网电力供应形势非常紧张，广州供电局表示新增负荷约100×10^4 kW，同比增长9.5%～11.3%。此外，由于这些地区的经济水平相对比较发达，未来空调装机容量还会继续增加，可能会对国家电力供求及能源安全性存在威胁。针对以上严峻形势，必须依托集成化的技术体系，通过改善设计实现住宅节能，改善室内热环境，并减少空调装机容量及运行能耗。

在进行住宅节能设计中，首先应考虑的因素是如何有效防止夏季的太阳辐射。外围护结构的隔热设计主要在于控制内表面温度，防止对人体和室内过量的辐射传热，因此要同时从降低传热系数、增大热惰性指标、保证热稳定性等方面出发，合理选择结构的材料和构造形式，达到设计要求的隔热保温标准。

目前，夏热冬暖地区居住建筑屋顶和外墙采用重质材料较多，如以钢筋混凝土板为主要结构层的架空通风屋面，在混凝土板上再铺设保温隔热板的屋面，黏土实心砖墙和黏土空心砖墙等。但是，随着新型建筑材料的发展，轻质高效保温隔热材料也成为屋顶和墙体用的主体节能材料。

材料试验证明，传热系数为 3.0 W/（m^2·K）的传统架空通风屋顶，在夏季炎热的气候条件下，屋顶内外表面最高温度差值一般仅为 5 ℃左右，居住者有明显烘烤感和不舒适感。如果使用挤塑泡沫板铺设的重质屋顶，传热系数为 1.13 W/（m^2·K），屋顶内外表面最高温度差值可达到 15 ℃左右，居住者没有烘烤感，而感觉到比较舒适。

建筑节能试验还表明，在围护结构的外表面若采用浅色粉刷或光滑的饰面材料，可以减少外墙表面对太阳辐射热的吸收，也是建筑节能的一项有效技术措施。为了屋顶隔热和美化的双重目的，设计中应考虑通风屋顶、蓄水屋顶、植被屋顶、带阁楼层坡屋顶及遮阳屋顶等多种多样的结构形式。

窗口遮阳对于改善夏热冬暖地区住宅的热环境和建筑节能同样非常重要。窗口遮阳的主要作用在于阻挡直射阳光进入室内，防止室内产生局部过热。遮阳设施的形式和构造的选择，要充分考虑房屋不同朝向对遮挡阳光的实际需要和特点，综合平衡夏季遮阳和冬季争取阳光入内，确定设计有效的遮阳方式。例如，根据建筑所在经纬度的不同，南向可考虑采用水平固定外遮阳，东西朝向可考虑采用带一定倾角的垂直外遮阳。同时也考虑利用绿化和结合建筑构件的处理来解决，如利用阳台、挑檐、凹廊等。此外，建筑的总体布置还应避免主要的使用房间受东、西向日晒。

在夏热冬暖地区合理组织住宅的自然通风，对建筑节能和改善室内热环境同样很重要。对于夏热冬暖地区中的湿热地区，由于昼夜温差比较小，相对湿度比较高，因此，可设计连续通风，以改善室内闷热的环境。而对于夏热冬暖地区中的干热地区，则考虑白天关闭门窗，夜间通风降温的方法。

另外，我国南方亚热带地区有季候风，因此在住宅设计中要充分考虑利用海风、江风的自然通风优越性，并以自然通风为主、空调为辅的原则来考虑建筑的朝向和布局。为此，要合理地选择建筑间距、朝向、房间开口的位置及其面积。此外，还应控制房间的进深以保证自然通风的有效性。同时，在设计中还要防止片面追求增加自然通风的效果，盲目开大窗而不注重遮阳设施的设计的做法，这样很容易把大量的太阳辐射得热带入室内，反而使室内温度过高。

夏热冬暖地区节能设计，在考虑以上各个影响因素的同时，不要忽视注意利用夜间长波辐射进行冷却，这对于干热地区尤其有效。在相对湿度较低的地区，也可以利用蒸发冷却来提高室内热环境的舒适程度。

（四）采暖居住建筑节能的基本原理

采暖居住建筑物在冬季为了获得适于居住生活的室内温度，必须具有持续稳定的得热途径。建筑物总的热量中采暖供热设备供热是主体，一般占90%以上，其次为太阳辐射得热和建筑物内部得热（如照明、炊事、家电和人体散热等）。这些热量的一部分会通过围护结构的传热和门窗缝隙的空气对流向室外散失。当建筑物的总得热和总失热达到平衡时，室温便可得以稳定维持。所以，采暖居住建筑节能的基本原理是：最大限度地争取得热，最低限度地控制散热。

根据严寒地区和寒冷地区的气候特征，住宅建筑节能设计中首先要保证围护结构热工性能满足冬季保温要求，并要兼顾夏季隔热。通过降低建筑形体系数、采取合理的窗墙比、提高外墙及屋顶和外窗的保温性能，以及尽可能地利用太阳得热等，可以有效地降低建筑采暖的能耗。根据我国严寒地区和寒冷地区冬季保温的经验，具体的保温措施介绍如下。

（1）建筑群的规划设计，单体建筑的平面、立面设计和门窗的设置等，应保证在冬季有效地利用日照并避开主导风向。

（2）尽量减小建筑物的体形系数，建筑的平面和立面不宜出现过多的凹凸面。

（3）建筑的北侧宜布置次要房间，北向窗户的面积应尽量小，同时适当控制东、西朝向的窗墙比和单窗的尺寸。

（4）加强围护结构的保温能力，以减少传热耗热量；提高门窗的气密性，以减少空气渗透的耗热量。

（5）改善采暖供热系统的设计和运行管理，提高锅炉的运行效率，加强供热管道的保温，加强热网供热的调控能力。

对于寒冷地区的住宅建筑，还应当注意通过优化设计来改善夏季室内的热环境，以减少空调的使用时间。而通过模拟计算和实际测试表明，对于严寒地区和寒冷地区气候下的多数地区，完全可以通过合理的建筑节能设计，实现夏季不用空调或很少用空调，以达到舒适的室内环境要求。

第五节　建筑围护结构保温设计

我国北方地区冬季室外的温度很低，建筑围护结构的保暖设计是建筑节能设计中的重要环节，尤其是严寒地区，围护结构的保温性能如何直接关系到建筑的质量、能耗和安全。冬季除通过窗户进入室内的太阳辐射外，基本上是以通过外围护结构向室外传递热量为主的热过程。因此，在进行围护结构保温设计时，应根据当地的气候特点，同时考虑冬、夏两季不同方向的热量传递以及在通风条件下建筑热湿过程的双向性。

一、保温的要求

建筑外围护结构的基本功能是在室内空间与室外空间之间建立屏障，分隔出一个适合居住者生存活动的室内空间，保证在室外环境恶劣时，室内空间仍能为居住者提供庇护。外门窗是穿越这一屏障联系室内外空间的通道。从建筑节能角度来看，外围护结构上的门窗的基本功能则是为了在室外环境良好时，亲近自然，改善室内环境。保温的目的是加强外围护结构基本功能，提高建筑抵御室外恶劣环境（气候）的能力，削弱室内外的热联系，减少外围护结构的冷热耗量。要求保温墙体在室外天气条件良好时散发室内热量是与围护结构的基本功能相冲突的，是不合理的。

墙体保温的程度和采用的技术不同，节能和经济效果差异很大，其优劣存在争议。实际上并不存在绝对的“谁优于谁”，这仍然是气候、社会经济和整体上谁更协调的问题。应针对具体项目，分析其合理性。分户墙和楼板保温的合理性，取决于社会生活状态和建筑的使用情况。当楼上、楼下住户同时在家的可能性小时，楼板传热造成使用户在采暖时的能耗增大约为100%。在此种情况下，楼板保温隔热是必要的。

二、墙体保温措施

墙体保温隔热技术一般分为自保温和复合保温两大类。后一类墙体是由绝热材料与墙体本体复合构成。绝热材料主要是聚苯乙烯泡沫塑料、岩棉、玻璃棉、矿棉、膨胀珍珠岩、加气混凝土等。与单一材料节能墙体相比，复合节能墙体采用了高效绝热材料，具有更好的热工性能，但其施工难度大，质量风险增加，造价也要高得多。

(一) 墙体内保温

在这类墙体中，绝热材料复合在外墙内侧。构造层包括：墙体结构层、空气层、绝热材料层和覆面保护层等。

内保温节能墙体设计中不仅要注意采取措施(如设置空气层、隔气层)，避免冬季由于室内水蒸气向外渗透，在墙体内产生结露而降低保温层的热工性能，根据当地气候条件和室内温度分析冷热桥是否有结露的可能及结露的位置；还要注意采取措施消除这些保温层覆盖不到的部分产生“冷桥”而在室内侧产生结露现象，一般出现在内外墙、外墙和楼板相交的节点，以及外窗梁、过梁、窗台板等处。内保温节能墙体施工方便，室内连续作业面不大，多为干作业施工，有利于提高施工效率、减轻劳动强度，同时保温层的施工可不受室外气候的影响。但施工中应注意避免保温材料受潮，同时要待外墙结构层达到正常干燥时再安装保温层，还应保证结构层内侧吊挂件预留位置的准确和牢固。由于绝热层置于内侧，夏季晚间外墙内表面温度随空气温度的下降而迅速下降，可减少烘烤感。但要注意，由于室外热空气中水分向墙体迁移，在空气层与结构层之间凝结。由于这种节能墙体的绝热层设在内侧，会占据一定的使用面积，若用于旧房节能改造，在施工时会影响室内住户的正常生活。当不能统一进行外墙保温改造时，愿意改造的住户可以结合家装，用内保温提高自家外墙的热工性能。不同材料的内保温，施工技术要求和质量要点是不相同的，应严格遵守其相关的技术标准。

(二) 墙体外保温

在这类墙体中，绝热材料复合在建筑物外墙的外侧，并覆以保护层。外墙外保温应用有利于消除冷热桥，采用高效保温材料后，热桥的问题趋于严重。在寒冷的冬天，热桥不仅会造成额外的热损失，还可能使外墙内表面潮湿、结露，甚至发霉和淌水。外保温容易消除结构热桥。在夏季，外保温层能减少太阳辐射热进入墙体和室外高温高湿空气对墙体的综合影响，使墙体内温度降低、梯度减小，有利于稳定室内气温，能够保护内部的砖墙或混凝土墙。室外气候不断变化引起墙体内部较大的温度变化发生在外保温层内，使内部的主体墙冬季温度提高，湿度降低，温度变化较为平缓，热应力减少，因而主体墙产生裂缝、变形、被损的危险大为减轻，寿命得以大大延长。墙体外保温施工难度大，质量风险多。当空气温度及墙面温度低于 5 ℃或高于 30 ℃时，黏结保温层及抹灰面装修层的施工质量难以保证。快进入冬季时在潮湿的新建墙体上做保温层，由于墙体正在逐渐干燥，其中的水分要通过保温层向外逸出，其内部有结露的危险。雨天施工时易被雨水冲刷。固定保温层的基底应坚实、清洁。如旧墙表面有抹灰层，应与主墙体牢固结合，无松散、空鼓表面。施工前，对于墙面上的污物、松软抹灰层及油漆等均应彻底铲除干净。保温板的黏结，宜从外墙底部边角处开始，依次黏结，相邻板材互相靠紧、对齐。上下板材之间要错缝排列，墙角处板材之间要咬口错位。黏结时轻轻按揉拍压保温板，做到位置横平竖直。

三、屋面保温技术

一般保温屋面实体材料层保温屋面一般分为平屋顶和坡屋顶两种形式。由于平屋顶构造形式简单，所以它是最为常用的一种屋面形式。设计上应遵照以下设计原则：选用导热性小、蓄热性大的材料，提高材料层的热绝缘性；不宜选用容重过大的材料，防止屋面荷载过大。应根据建筑物的使用要求、屋面的结构形式、环境气候条件、防水处理方法和施工条件等因素，经技术经济比较确定。屋面的保温材料的确定，应根据节能建筑的热工要求确定保温层厚度，同时还要注意材料层的排列，排列次序不同也影响屋面热工性能，应根据建筑的功能和地区气候条件进行热工设计。屋面保温材料不宜选用吸水率较大的材料，以防止屋面湿作业时，保温层大量吸水，降低热工性能。如果选用了吸水率较高的热绝缘材料，屋面上应设置排气孔以排除保温材料层内不易排出的水分。设计人员可根据建筑热工设计计算确定其他节能屋面的传热系数 K 值、热阻 R 值和热惰性指标 D 值等，使屋面的建筑热工要求满足节能标准的要求。

对于倒置式屋面，即将传统屋面构造中保温层与防水层“颠倒”，将保温层设在防水层上面。由于倒置式屋面为外隔热保温形式，外隔热保温材料层的热阻作用对室外综合温度波首先进行了衰减，使其后产生在屋面重实材料上的内部温度分布低于传统保温屋顶内部温度分布，屋面储热量始终低于传统屋面保温方式，向室内散热量也较小。因此，这是一种隔热保温效果更好的节能屋面构造形式。

第六节　建筑围护结构隔热设计

绿色建筑是指在建筑的全寿命周期内，最大限度地节约资源（节能、节地、节水、节材）、保护环境和减少污染，为人们提供健康、适用和高效的使用空间，与自然和谐共生的建筑。绿色建筑应满足所有控制项的要求，并按满足一般项数和优选项数的程度，划分为三个等级。对于住宅建筑，外围护结构节能率是建筑节能与能源利用评价指标中最重要的一项。外围护结构节能主要包括冬季的采暖负荷率和夏季的空调负荷率，而空调能耗又是外围护结构节能率中最重要的一项。因此，隔热性能良好的外围护结构，在炎热的夏季能明显减低室内空调能耗，提高人的热舒适性，达到建筑节能的目的，是绿色建筑最集中的体现。在外围护结构节能率大于等于65%的前提下，进行围栏结构隔热设计计算，北京市住宅建筑设计研究院对本项目夏季外围护结构中屋顶和外墙的内表面温度进行验算，并采取措施使其不超过规定的标准，提高外围护结构的隔热性能，以满足绿色建筑评价中节能和能源利用的要求，达到真正节能和舒适的目的。隔热措施外围护结构隔热的侧重次序为屋顶、西墙、东墙、南墙和北墙。

一、屋顶隔热

屋顶隔热的主要措施有：对屋顶外表面做浅色处理。增加屋顶的热阻与热惰性如用实体隔热材料层和带封闭空气间层进行屋顶隔热，增加屋顶的热阻与热惰性，减少屋顶传热和温度波动的振幅。使用通风屋顶，利用屋顶内部通风及时带走白天屋顶传入的热量，有利于隔热，夜间屋顶内部通风也可对屋顶起散热降温作用。阁楼尾顶也属于通风屋顶。通风屋顶的设计要注意利用朝向形成空气流动的动力，间层高度以2～600 px为好，间层内表面不宜过分粗糙，以降低空气流动阻力，并组织好气流的进、出路线。使用蓄水屋顶利用水的热容量大，且水在蒸发时需要吸收大量的汽化热，从而大量减少传入室内的热量，降低屋顶表面温度，达到隔热的目的。水深宜为15～500 px，水面宜有浮生植物或白色漂浮物。使用植被屋顶植物可遮挡强烈的阳光，减少屋顶对太阳辐射的吸收，植物的光合作用将转化热能为生物能；植物叶面的蒸腾作用可增加蒸发散热量；种植植物的基质材料（如土壤）还可增加屋顶的热阻与热惰性。

二、外墙隔热

外墙隔热的主要措施有：对外墙表面做浅色处理，如浅色粉刷、涂层和面砖等，减少对太阳辐射的吸收；使用混凝土或砖等重质材料做墙体；复合堵体的内侧宜采用厚度为250 px的混凝土或砖等重质材料；使用多排孔（双排或三排）的空心砌块墙体或轻骨料混凝土空心砌块做墙体；使用带铝箔的封闭空气间层。使用单面铝箔空气间层时，铝箔应该设在高温一侧；墙体可做垂直绿化处理，遮挡阳光。

三、门窗、幕墙、采光顶隔热措施

对遮阳要求高的门窗、玻璃幕墙、采光顶隔热可采用着色玻璃、遮阳型单片

Low–E 玻璃、着色中空玻璃、热反射中空玻璃、遮阳型 Low–E 中空玻璃等遮阳型的玻璃系统；向阳面的窗、玻璃门、玻璃幕墙、采光顶可设置固定遮阳或活动遮阳；对于非透光的建筑幕墙，应在幕墙面板的背后设置保温材料，保温材料层的热阻应满足墙体的保温要求。

四、围护结构其他隔热措施

(一) 技术方面的隔热措施

从技术层面来看，通过合理的设计，采取以下措施，可有效地提高建筑物的隔热性能，降低能耗。

应尽量减小建筑物的体形系数，体形系数是建筑物的表面积和体积之比。它的大小实际上反映了建筑物表面积的大小。通过对两栋体形系数分别为 0.349 和 0.293 的同类型建筑的能耗量进行计算分析可知：体形系数大的建筑物能耗量高达 13.8%～15.5%。以上对比结果表明，体形系数越大，表明同等体积的房间表面积越大，那么建筑物能量损失的途径就越多；同时体形系数越小，意味着建筑物外墙、外窗的面积较小，造价相对较低。因此，建筑设计应尽量减小建筑物的体形系数。

外门窗负担了建筑物主要的采光、通风的功能，选择适当的窗墙面积比、采用传热系数小的窗户、解决好东西向外窗的外遮阳问题，是提高外窗保温隔热性能的重要途径。由于窗户的传热系数为 2.5～4.7 W/（m^2·K)，成倍大于外墙的传热系数 1.0～1.5 W/（m^2·K)，从建筑节能这个层面考虑，合适的窗墙面积比应该以满足室内采光需要 (住宅设计规范所要求的窗地面积比值) 为限。在经济条件许可的情况下，应采用中空玻璃塑料窗或采用断热桥的铝合金中空窗。对体形系数超标较多的别墅建筑，必须采用低传热系数的窗户。

另外，节能建筑不宜设置凸窗和转角窗。一是增大了建筑物的表面积，即增大了建筑物的体形系数 (因凸窗和转角窗凸出外墙面的空气空间已与室内空气连通，通过空气对流传热使二者融为一体，故凸出空间已成为室内的一部分)，从而增大了建筑能耗；二是增大了窗墙面积比，即增大了建筑能耗；三是夏季暑天因日照时间较长，阳光可以从多方向进入室内，不但增大空调能耗，还会降低室内舒适度；四是窗顶板和窗台板直接与室外空气接触，等同于外墙，但要达到外墙的保温隔热性能很难实施；五是增大了工程造价。凸窗和转角窗只在冬季因日照时间短，能使室内获得较多的阳光。但是在武汉，冬季日照非常少，但夜间的采暖能耗会增大，还是得不偿失。

尽量减小屋面和外墙的传热系数，增强屋面和外墙的保温隔热性能。标准所规定的围护结构传热系数的限值，只是建筑节能现阶段的目标值。随着经济的发展和社会的进步，建筑节能设计标准将分阶段进行修改，围护结构传热系数的限值也会逐步要求降低。由于建筑的设计使用周期为 50 年，几十年后再来对既有建筑进行节能改造是很困难的，特别是高层建筑。因此，对标准较高的住宅，特别是高层住宅，其围护结构的传热系数宜适当低于标准所规定的限值，即贯彻建筑节能的超前性原则。

对于外墙，采取合理的外保温体系既可有效地提高保温隔热性能，同时还可以解决外墙常见的开裂、渗水等现象。通过对武汉大量各类型建筑的计算分析，在目前大多数的建筑中都要采取外保温才能达到节能标准的要求。

另外，利用攀藤植被或落叶乔木对外墙予以遮阳（仅适用于低层或多层建筑），用绿化屋面对屋面实施遮阳；通过采用浅色饰面面层材料反射阳光，也可在一定程度上增强外墙和屋面夏季隔热的能力。

（二）管理方面的隔热措施

从管理层面，加强对各种保温隔热材料的质量管理是实施建筑节能、提高建筑保温隔热性能的有力保证。

建立对工程项目上采用的隔热材料的抽检制度，保证使用材料的质量。目前在质检体系中，居住建筑项目中采用材料的保温隔热相关指标不属于强制性检测的范围，这样就为各种劣质保温材料提供了可乘之机。对于建筑物的室内外温差不像设备、管道的温差大，即便采用不合格的保温材料也不会出大的质量事故，所以许多建设单位、施工单位不太重视材料的质量，只求价格低。因此，必须把材料的保温隔热性能指标重点控制，才能切实提高建筑物的保温隔热性能，实实在在地节约能源和节省费用。

对建筑物围护结构各部分采用各种类型的保温体系和选择门窗物品必须按照保障整体节能保温效果的思路，合理选择经济性好、方便施工、质量控制容易的方式和材料。这些必须通过适当的政策引导，并配合一定的行政手段（如施工图审查等）、技术手段（如节能性能评估等）来保证实施。

目前在建筑设计中有片面追求开大窗或盲目选择高档隔热玻璃等趋势，这些并不一定适合本地的气候特点，应针对武汉市夏季湿热无风、冬季湿冷、日照少的特点，综合各方面因素，通过科学的节能设计方案比较、评估，建造美观、实用、经济、环保的新一代舒适型建筑。实施建筑节能，提高建筑围护结构的隔热性能必须依靠社会各方面的共同努力，选用合格的高效节能保温隔热材料，采用安全可靠的施工技术，在建设单位和业主的共同努力下，走可持续发展道路，才能真正让建筑节能走进千家万户。

第七节　采暖建筑围护结构防潮设计

一、建筑围护结构的潮湿现象

(一) 建筑潮湿环境

建筑环境的潮湿是指两方面：一是建筑空间空气的潮湿，二是建筑实体本身的潮湿。潮和湿的含义基本相同。潮的范围较广，如潮气；而湿是指局部，如湿地面。空气的潮湿状况用“含湿量”与“潮湿程度”来描述，建筑实体的潮湿状况可用“呼吸作用”描述。

“含湿量”也叫“绝对湿度”，“潮湿程度”也叫“相对湿度”或“饱和度”。含湿量与空气温度基本无关；而相对湿度与空气温度关系很大，空气温度越高，容纳水蒸气的能力越大，饱和度越低(离饱和状态越远)。所以，含湿量与潮湿程度不是正比关系。在我国大部分地区雨水和地下水都比较丰富，冬季常处于低温高湿、夏季处于高温高湿，相对湿度经常保持在80%以上，这就很容易导致建筑物围护结构的受潮。

(二) 材料吸湿与放湿

当湿空气和建筑构件表面相接时，水蒸气被构件所吸收，反过来也从构件中向外蒸发。这种现象叫作水蒸气的“呼吸作用”。

“呼吸作用”是“对水蒸气的呼吸作用”的简称。建筑实体含建筑结构、建筑构件。构成它们的材料是一个重要而又容易被现代人忽略的性能，那就是对水蒸气的呼吸作用。“吸”就是当潮湿空气中的水蒸气在材料表面凝结(或称“结露”)时，可以把凝结水吸进材料内部，保持材料表面干燥；当材料外部潮湿空气被干燥空气替换后，材料内部的凝结水又转变为水蒸气会发出去，又保持材料内部的干燥。如果建筑结构和构件的呼吸作用差，又遇到空气的凝结温度(或称为“露点温度”)高于材料表面温度时，材料表面就充满凝结水，室内到处湿漉漉、水汪汪的。这种现象被称之为“返潮”。返潮现象并不是只发生在空气湿度最高的初春，在其他季节也会发生。

建筑物的蒸汽“呼吸作用”也可被看作传湿过程的第一步。与墙体等构件两边相接触的空气一旦有压差，便产生蒸汽渗透。湿流在墙体中移动的速度很慢，很长时间才能达到平衡。湿流在向另一侧移动前先积蓄在材料中，也可以说和吸湿现象相同。

建筑物室内的“呼吸作用”很重要，能调节房间温度，使之不引起剧烈变动，这正是住户所希望的。梅雨季节尽量让建筑物吸湿，使房间内湿度下降，当冬季室内空气干燥时，又通过呼吸放湿使空气湿度保持稳定。这样的环境自然很理想。做饭时会产生很多水蒸气，容易增大房间内的湿度，让建筑物吸收一些水蒸气，可避免湿度急剧增大，有利于防止结露。有很多材料的吸水性很强，就是产生结露，其水分也能扩散到材料内部中去，能延缓表面出现水珠的时间。有少量结露就扩散开来，在干燥和结露交替过程中气候已转暖，一般来说，不会出现水珠。应该说很多新型内装修材料缺乏呼吸作用，用在房间中时，不能维持温度的稳定，也不能延缓结露的出现。

(三) 围护结构的外表面冷凝

围护结构的外表面由于冷凝产生的问题较室内更明显，由于较少涉及安全问题，很久以来都不被重视。围护结构的外表面由于冷凝一般出现在空气相对湿度较大的季节。在采暖地区，由于外保温系统的存在，相比于传统的砌体墙，面层材料的蓄热性能很低，由于外保温系统中保温层的存在，导致面层温度更低，特别是在空气透彻的夜晚和天亮时湿度较大的时候，由于宇宙辐射降温导致面层的温度较低，当空气相对湿度较大时，或者清晨太阳辐射导致空气升温，而此时在没有太阳照射的墙面的温度低于环境温度，水分在外表面冷凝，墙面吸水后破坏或微生物滋生，影响美观，在一些开缝的外挂围护系统中，当进入空腔的潮湿空气遇到较冷的表面时，如龙骨、支座、面板内表面，可能在材料表面产生冷凝，较冷的表面可能出现在采暖季，如空腔表面温度较低，在较冷的材料表面产生冷凝或凝华；由于夜间宇宙辐射降温后，大气温度较低，当早晨温度升高时，如果空气相对湿度增加，空气中的湿度在气流的带动下进入空腔中，空腔周围的材料温度还保持在较低时，冷凝可能会在这些表面产生，这种状况容易发生在春秋季湿度较大的清晨。

二、围护结构防潮的重要性

墙体内的湿积累会引起建筑材料保温性能下降、强度降低、发霉。而季节性的冻融过程将直接制约着湿、热迁移的规律，给工程建设造成影响，特别是冻胀现象会出现破坏性的挤压应力，将影响建筑物的工程耐久性。湿气在建筑围护结构内的迁移和积累为霉菌的生长提供了条件。发霉是建筑物面临的一个严重问题，其直接影响到室内空气质量并对健康构成危害。因此，采取有效措施防止围护结构受潮、搞好围护结构防潮设计是一项不可忽视的重要技术性工作。外侧有卷材或其他密闭防水层的平屋顶结构，以及保温层外侧有密实保护层的多层墙体结构，当内侧结构层为加气混凝土和砖等多孔材料时，应进行内部冷凝受潮验算。在采暖期间，围护结构中保温材料因内部冷凝受潮而增加的重量湿度允许增量。

对于外墙外表面较高的相对湿度滋生微生物导致的外观问题，可以从材料的吸水率、温度和含湿量等角度降低表面相对湿度，一般可以从材料性能的角度进行改进：降低面层材料的吸水率。如增加饰面层材料的憎水性，避免表面水分均匀附着在外墙表面。提高面层材料的温度，从而降低材料表面的相对湿度。在白天，可以通过增加外墙的颜色深度，吸收天空的辐射提高外墙的温度；在夜间，可以通过降低材料的长波辐射率，避免在夜间向宇宙辐射热量导致温度过低，或提高蓄热性能，延缓温度过快降低。采用外保温的墙体，可在系统内部设置隔汽层，降低到达面层的水蒸气，将表层材料的相对湿度降低，对局部热桥部位进行改善，如锚栓、金属连接件等。在外墙涂料中添加杀菌剂，但是由于雨水和UV的作用，杀菌剂在外墙的有效性很难持续。从材料角度控制：需要考虑材料完全吸水，吸水干燥，反复吸水干燥后的性能，如强度；为了避免材料层吸水和存水，可降低面层材料的吸水率；如增加饰面层材料的憎水性，避免表面水分均匀附着在外墙表面。

三、围护结构的防潮措施

无论是对于北方还是南方，建筑构造设计都应防止水蒸气渗透进入围护结构内部，围护结构内部不应产生冷凝。即建筑设计时，应充分考虑建筑运行时的各种工况，采取有效措施确保建筑外围护结构内表面温度不低于室内空气露点温度。围护结构的防潮技术措施主要有以下几点。

(1) 采用松散多孔保温材料的多层复合围护结构，应在水蒸气分压高的一侧设置隔汽层；对于有采暖、空调功能的建筑，应按采暖建筑围护结构设置隔汽层。

(2) 外侧有密实保护层或防水层的多层复合围护结构，经内部冷凝受潮验算需设置隔汽层时，应严格控制保温层的施工湿度。对于卷材防水屋面或松散多孔保温材料的金属夹芯围护结构，应有与室外空气相通的排湿措施。

(3) 外侧有卷材或其他密闭防水层，内侧为钢筋混凝土屋面板的屋面结构，经内部冷凝受潮验算不需设隔汽层时，应确保屋面板及其接缝的密实性，并达到所需的蒸汽渗透阻。

室内地面和地下室外墙防潮可采用下列措施：建筑室内一层地表面高于室外地坪0.6 m以上；采用架空通风地板时，通风口应设置活动的遮挡板，使其在冬季能方便关闭，遮挡板的热阻应满足冬季保温的要求；地面和地下室外墙可设置保温层；地面面层材料可采用蓄热系数小的材料，减少表面温度与空气温度的差值；地面面层可采用带有微孔的面层材料；面层宜采用导热系数小的材料，使地表温度易于紧随空气温度变化；面层材料宜有较强的吸湿、解湿特性，具有对表面水分湿调节作用。

严寒地区、寒冷地区非透光建筑幕墙面板背后的保温材料应采取隔汽措施，隔汽层应布置在保温材料的高温侧（室内侧），隔汽密封空间的周边密封应严密。夏热冬冷地区、温和地区的建筑幕墙宜设置隔汽层。

在建筑围护结构的低温侧设置空气间层，保温材料层与空气层的界面宜采取防水、透气的挡风防潮措施，防止水蒸气在围护结构内部凝结。对于北方地区来说，防潮的关键在于如何预防冬季结露问题，保温材料不做隔汽处理，会导致保温材料在冬季变得潮湿，大大降低保温效果；对于南方地区来说，夏季潮湿多雨的季节，同样会影响建筑物的舒适性及耐久性。因此，无论是对于北方还是南方，建筑围护结构防潮措施都至关重要，不可轻视。

第八章　建筑物的雷电防护

第一节　建筑物的直击雷防护

建筑物的直击雷防护由接闪器、引下线和接地装置构成。

一、接闪器的选择和布置

建筑物的直击雷防护可采用独立避雷针、架空避雷线或架空避雷网，以及直接装设在建筑物上的避雷针、避雷带或避雷网。避雷针（线）保护范围的确定采用滚球法，滚球半径按建筑物的防雷类别选取。被保护建筑物及各种突出屋面的物体，如风帽、放散管、排风管、烟囱等均应处在接闪器的保护范围内。

（一）第一类防雷建筑物的接闪器选择和布置

第一类防雷建筑物的接闪器要采用独立避雷针或架空避雷线（网），其滚球半径取30m，架空避雷网的网格尺寸不应大于5m×5m或6m×4m。

当建筑物太高或因其他原因难以装设独立避雷针、架空避雷线、避雷网时，可将避雷针、避雷带或网格不大于5m×5m或6m×4m的避雷网，或由其混合组成的接闪器直接装在建筑物上，接闪器应按规定沿屋角、屋脊、屋檐和檐角等易受雷击的部位敷设。在屋脊有避雷带的情况下，当屋檐处于屋脊避雷带的保护范围时，屋檐上可不设避雷带。

（二）第二类防雷建筑物的接闪器选择和布置

第二类防雷建筑物的接闪器宜采用装设在建筑物上的避雷带（网）或避雷针，或由其混合组成的接闪器，其滚球半径取45m。接闪器应按屋角、屋脊、屋檐和檐角等易受雷击的部位敷设，并应在整个屋面组成不大于10m×10m或12m×8m的网格。在屋脊有避雷带的情况下，当屋檐处于屋脊避雷带的保护范围内时，屋檐上可不设避雷带。所有避雷针应采用避雷带相互连接。

(三) 第三类防雷建筑物的接闪器选择和布置

第三类防雷建筑物宜采用的接闪器品种及其布置和第二类基本相同，有所不同的是，其滚球半径放宽到60m。避雷网的网格放宽到20m×20m或24m×16m。

(四) 建筑物顶部排放爆炸危险气体、蒸汽或粉尘的管口的保护

建筑物顶部排放爆炸危险气体、蒸汽或粉尘的放散管、呼吸阀、排风管等的管口附近的空间应处于接闪器的保护范围内。

当排放爆炸危险气体、蒸汽或粉尘的放散管、呼吸阀、排风管等的排放物长期点火燃烧或一排放就点火燃烧，达不到爆炸浓度时，以及发生事故时排放物才达到爆炸浓度的通风管、安全阀，接闪器的保护范围可仅保护到管帽，无管帽时可仅保护到管口。

二、防雷引下线和接地装置

引下线是连接防雷接闪装置和接地装置的导线，其作用是将雷电流引入接地装置。引下线可以由多根并联构成，可以专门设置，也可以利用杆塔或建筑物的钢筋。

(一) 独立避雷针或架空避雷线(网)

建筑物直击雷防护所用的独立避雷针的杆塔、架空避雷线的端部和架空避雷网的各支柱处应至少设一根引下线。如有金属制成或有焊接、绑扎连接钢筋网的杆塔、支柱，宜利用其作为引下线。

独立避雷针、架空避雷线或架空避雷网应有独立的接地装置，每一引下线的冲击接地电阻不宜大于10Ω。在土壤电阻率高的地区，允许适当增大冲击接地电阻。

(二) 接闪器直接装在建筑物顶部

当建筑物用直接装在其顶部的接闪器保护时，其引下线一般不应少于两根，并应沿建筑物四周均匀或对称布置。对第一类防雷建筑物，其间距不应大于12m；对第二类防雷建筑物，其间距不应大于18m；对第三类防雷建筑物，其间距不应大于25m。当仅利用建筑物四周的钢柱或柱子钢筋作为引下线时，可按跨度设引下线，但引下线的平均间距不应大于上面所规定的12m、18m和25m。

对第一类和第二类防雷建筑物，每根引下线的冲击接地电阻不应大于10Ω；对第三类防雷建筑物，每根引下线的冲击接地电阻不应大于30Ω。

防直击雷接地宜和防雷电感应、电气设备、信息系统等接地共用同一接地装置，

并宜与埋地金属管道相连。

三、防侧击措施

当建筑物的高度超过滚球半径的高度时，建筑物高于滚球半径以上的侧面不在保护范围之内，高避雷针的顶点以下、高建筑物的侧面均有遭到雷击的记载，因此对建筑物应采取措施预防雷电侧击。

考虑到侧击具有小的引雷半径，其相应的雷电流较小，高层建筑物的建筑结构通常能耐受这类小电流的侧击，因此对高层建筑物上部侧面雷击的保护一般不需另设专门的接闪器，而利用建筑物本身的钢构架、钢筋体及其他金属物。对于钢筋混凝土结构、钢结构的建筑物应将滚球半径以上的外墙上的栏杆、门窗等较大的金属物与防雷装置连接。

对于高于30m（滚球半径）的第一类防雷建筑物，则除上述措施外，还需从30m起每隔不大于6m沿建筑物四周设水平避雷带并与引下线相连。

四、防反击措施

当直接雷防护装置受到雷击时，在接闪器、引下线和接地极上都会产生很高的电位。如果建筑物内的电气设备、电线和其他金属管线与这些装置的距离不够，它们之间就会产生放电，即发生反击。其结果可能使电器设备绝缘损坏，金属管道烧穿，从而引起火灾、爆炸和电击事故。

防止反击的措施有两种。一种是将建筑物内的金属管道系统，在其主干道处与靠近的防雷装置的接闪器、引下线相连接，有条件时，再将建筑物每层的钢筋与所有的防雷引下线连接。另一种是将建筑物的金属物体（含钢筋）与防雷装置的接闪器、引下线分隔开，并且保持一定的距离。

第二节 建筑物的雷电侵入波防护

雷直击进入建筑物的各类线路（电源线、通信线、信号线），或雷击线路附近因静电感应出现在线路上的过电压会以流动波的形式沿线路传入建筑物内，危及建筑物内设备和人身的安全。

雷击建筑物避雷针所引起的引下线和接地体电位的升高，会使高电位沿着与引下线或接地线相连的金属管道（水管、气管），或电缆外皮等以流动波过电压的形式传入屋内。高电位反击到附近处于低电位的金属管道或电缆外皮后，也会形成沿金属管道或电缆外皮传播的过电压流动波。

一、从电源线进入的侵入波的防护

为减弱沿电源线进入建筑物的侵入波过电压的危害，应从配电变压器开始，在进户线以及各级低压配电系统中配置相应的过电压限制装置。常用的是避雷器和浪涌保护器。

(一) 配电变压器的防雷保护

配电变压器高压侧的额定电压一般为10kV，无中性点引出。低压侧为三相四线制，其额定电压为220V/380V。由于和配电变压器相连线路的冲击绝缘水平很低（木杆线路除外），线路遭受直击雷或感应雷所产生的过电压往往会由三相导线同时传入变压器，危及变压器的绝缘，特别是高压绕组中性点附近的绝缘。为了限制由高压线路传入变压器的雷电过电压，配电变压器的高压侧必须装设避雷器。

为避免压降和避雷器的残压叠加在一起作用到变压器上，阀式避雷器的接地端应直接接在配电变压器的外壳上，这样作用在变压器3～10kV侧主绝缘上就只有10kV避雷器的残压了。但此时接地电阻上的压降会使变压器铁壳的电位大为抬高，可能发生由铁壳向220V/380V低压侧的反击，故必须将低压侧的中性点也连在变压器的铁壳上，使低压侧电位抬高。这样，铁壳与低压侧之间就不会发生反击。但应注意，低压侧中性点的高电位可以经低压供电线路传向各类用电设备。这一问题要在后续防护中加以解决。

为了限制由低压侧传入配电变压器的雷电过电压，配电变压器低压侧的相线和零线间也要加装避雷器。

综上所述，配电变压器的防雷接线必须采取四点（高压侧阀式避雷器的接地端、低压侧阀式避雷器的接地端、低压绕组的中性点以及变压器的外壳）联合接地的方式。注意高压避雷器和低压避雷器的接地端到铁壳间的连线应尽量短，因为雷电流在连线上的压降会叠加到避雷器的残压上，加大了对变压器绝缘的威胁。

应该指出，在运行中有时会出现雷电过电压由低压侧传入，低压侧避雷器动作，变压器低压侧绝缘未损坏而高压侧绝缘损坏的现象；也会出现雷电过电压由高压侧传入，高压侧避雷器动作，但变压器高压侧绝缘仍然损坏的现象。前者是由正变换过电压造成的，而后者是由反变换过电压造成的。

正变换过电压造成变压器高压侧绝缘损坏的原因是：配电变压器低压侧的过电压会通过变压器高、低压绕组间的电磁耦合按变压器的变比变换到高压侧形成高压侧的过电压。由于配电变压器高压侧的绝缘裕度远较低压侧低，而且低压侧受雷击时三相对地电位会同时升高，使正变换过电压具有零序性质，不能为高压侧避雷器所保护。正变换过电压将使变压器高压绕组的中性点附近出现过电压，主要危及中性点附近的主绝缘，也可能使纵绝缘击穿。

反变换过电压形成的机理是：配电变压器高压侧受雷击造成高压侧避雷器动作后，流经避雷器的雷电流 I 在接地电阻上产生的压降将作用在配电变压器低压侧的中性点上。由于低压侧出线此时相当于经导线的波阻抗接地，而低压绕组的阻抗远大于波阻抗，IR 的绝大部分将加在低压绕组上，引起三相低压绕组上电压的同时升高。低压绕组上的电压升高再通过高、低压绕组间的电磁耦合按比例反变换回高压侧，就形成了高压侧的过电压。反变换过电压也具有零序的特性，主要危及的仍然是变压器高压绕组中性点附近的主绝缘，也可能使纵绝缘击穿。

正变换过电压和反变换过电压均可用接在配电变压器低压侧相线和零线间的低压避雷器来限制。但低压侧避雷器的残压应按绝缘裕度低的变压器高压侧的绝缘水平选择。

综上所述，即使配电变压器的低压线路不可能遭受直接雷击（例如，电缆出线），配电变压器的低压侧仍宜装设一组阀式避雷器。

（二）电源线的引入方式

当雷击低压架空线路时，雷击所形成的高电压将会沿低压架空线传向用户。特别是木杆或木横担的低压线路，由于其对地冲击绝缘水平高达 2500kV 或 5000kV，所以雷击时会有 2500kV 或 5000kV 的高电压的流动波传到用户去，造成大面积的雷害事故。

为保护建筑物内的低压电器设备，低压架空电源线在进入建筑物前应转换成埋地的金属铠装电缆或穿入埋地的金属管中，埋地的长度应在 15m 以上，并在其两端设置低压避雷器或浪涌保护器，利用土壤的散流作用，使沿架空线来的高电压经大地逐渐衰减。这一措施显然也解决了前述雷击配电变压器高压侧线路引起变压器铁壳电位升高后经低压供电线路传向用户的问题。但应注意到，在土壤中，电阻率极高，15m 的埋地金属管将不能起到有效的散流作用，在防雷设计中仍应按架空线来考虑。当配电变压器设在建筑物内时，进入建筑物的高压电源线也应采用埋地的高压电缆，其埋地长度不应小于 200m。

当建筑物比较重要或建筑物内有绝缘水平很低的微电子设备时，由配电变压器进入建筑物内部的低压线应全线采用金属外皮的电缆或全部穿管埋地，不允许有架空部分。

电缆的金属外皮或钢管在进入建筑物处应与建筑物的防雷接地相连，以达到避免反击和实现进一步分流的作用。架空和直埋地的其他金属管道在进出建筑物时也应就近与建筑物的防雷接地相连。如不能相连，则应独自接地，其冲击接地电阻，对第二类防雷建筑物来说，不应大于10Ω；对第三类防雷建筑物来说，不应大于20Ω。进出第一类防雷建筑物的架空和直埋地的其他金属管道，在距建筑物100m的范围内，应每隔25m左右接地一次，其冲击接地电阻不应大于20Ω。

为防止雷击低压架空线时在建筑物内发生由低压线向人身放电，对一般性的民用建筑物来说，应将接户线的绝缘子铁脚接地，其接地电阻一般不应大于30Ω。这样，雷电过电压波袭向建筑物时就会在该绝缘子处放电，从而使过电压受到限制。特别是对于人员密集的公共场所，如剧院和教室等的接户线，以及对于由木杆或木横担引下的接户线，更必须将其绝缘子铁脚可靠接地。但应该指出，采用进线电杆绝缘子铁脚接地的措施后，进入建筑物内的雷电冲击过电压将由220V线路绝缘子的冲击绝缘水平决定，其值仍可达数千甚至数万伏，还有可能危及和架空线相连的低压电气设备。

对二类防雷建筑物来说，应将入户处的三基电杆绝缘子的铁脚接地。靠近建筑物的电杆，其冲击接地电阻不应大于10Ω，其余两基不应大于20Ω。

二、从通信线进入的侵入波的防护

为降低雷击通信线路的概率，通信线路进站前应采用直接埋地式电缆。但应注意，电缆的低电阻率将为选择性雷击提供有利条件，使埋有电缆处大地的落雷概率上升。雷电可击穿电缆上方的土壤直击到电缆上，也可在击中电缆附近的物体后经土壤反击到电缆上。另外，雷击通信电缆附近的物体还会在通信电缆上形成感应过电压。

为减少地下电缆遭受直接雷击和电磁感应的危险，可在地下电缆上方约30cm处敷设两条与电缆平行的接地金属导体作为屏蔽体，例如，截面不小于50mm^{2}的镀锌钢线，其作用原理和架空输电线上方的避雷线相似。

为进一步降低感应过电压的危害，通信电缆宜采用屏蔽电缆，屏蔽层的两端应接地，并在电缆芯线和屏蔽层间加装金属氧化物压敏电阻（当电缆和用户或分局的低频通信系统连接时）或气体放电管（当电缆和包括微波站在内的高频通信系统连接时）。当电缆有多余芯线时，应将多余芯线与屏蔽层相连以加强屏蔽效果。如果所用通信电缆为无屏蔽层的橡皮或全塑电缆时，或只有薄金属箔无法焊接时，应将电缆穿入埋地铁管中，并将备用芯线两端接地来实现屏蔽。

为增加通信的安全性，通信线路进入建筑物后也宜采用多级保护。

对于信号系统的保护要根据电子设备的敏感度来确定。不同的使用条件对保护装置所用的器件有不同的要求，在选用时应注意线路的工作频率、传输介质、传输速率、工作电压、接口形式、阻抗特性等参数，选用电压驻波比和插入损耗小的适配的产品，以确保系统的正常工作。

三、从天馈线进入的侵入波的防护

天馈线连接的是装在发射塔上的发射天线和处于机房内的发射机，由于天馈线不能埋地，雷击发射塔时会有近百万伏的高电压和数十千安的雷电流沿天馈线进入机房。

常用的防护天馈线侵入波的方法是在发射天线处或天馈线进入机房处安装天线保护装置，并将沿塔敷设的同轴天馈线金属外皮的上端及下端分别就近与铁塔相连，在机房入口处与接地体再连接一次，对雷电流进行分流。对雷电波的频谱分析表明，雷电波的绝大部分能量分布在几十千赫以下，而天线的发射频率通常为数十兆赫，微波通信的频率则可达数千兆赫。因此，可以利用由高通滤波器和低通滤波器组合的电路将雷电波通道和通信电磁波通道分开。在雷电波作用下高通滤波器开路，低通滤波器导通将雷电过电压短接，使进入发射机的横向过电压（或差模过电压）得到限制。在天线的工作频率下，高通滤波器导通，低通滤波器开路，保证了天线的正常发射。

当发射频率较高（波长短）且为单一频率时，低通滤波器可以简化为一根长度为四分之一的波长的导线。这一导线对高频发射信号来说相当于开路，而对雷电波来说相当于短接。

但应该指出，这种天线保护装置只能限制出现在信号线间的横向过电压（或差模过电压），不能限制雷击时由于地电位升高和接地引下线压降而造成的纵向过电压（或共模过电压）。常用的防止纵向过电压危害的措施是“水涨船高”法，即将发射机外壳与电缆外皮相连，使发射机外壳的电位升高。但此时应该注意加强发射机供电电源的防护，避免因电源处于低电位而引起电源的损坏；同时应加强发射机所处层面的均压措施，避免在发射机和其他设备间形成电位差。

将微波塔上同轴天馈线金属外皮的上端及下端分别就近与铁塔相连，在机房入口处与接地体再连接一次等分流和均压措施并不能使纵向过电压得到实质性的降低。降低纵向过电压的有效措施是在微波塔顶部装设半导体消雷装置或限流避雷针，靠半导体消雷装置或限流避雷针的限流作用，大幅度降低雷击微波塔时经发射塔入地的雷电流以及发射塔电位的升高，从而可使天馈线的纵向过电压得到大幅度降低。

第三节　建筑物的雷电电磁脉冲防护

一、雷电电磁脉冲防护概述

雷电电磁脉冲是指作为干扰源的雷电流及雷电电磁场产生的电磁场效应。

雷击建筑物的直击雷防护装置或建筑物附近时，在引下线或雷电放电通道周围会形成很强的电场和磁场。一般电场的穿透力很小，对有一定屏蔽能力的物体内部的电气设备的工作影响不大。但变化的磁场所具有的穿透能力很强，可以穿过常规建筑物的外墙进入建筑物内部，在电气设备及其连接导线上感生电压。随着电子技术的发展，微电子设备的使用越来越普遍，其工作电压不断降低，对电磁感应越来越敏感，因此必须对进入建筑物的雷电电磁脉冲采取必要的防护措施。

屏蔽是减少电磁脉冲干扰的基本措施，屏蔽可区分为外部屏蔽和内部屏蔽。钢筋混凝土建筑物的外墙浇灌或预制大模板等均可作为外屏蔽的一部分，将金属外护墙和铝合金门窗、玻璃幕墙支架、金属板门窗和金属纱网、建筑物的梁、板、柱及基础内的钢筋连接在一起构成统一的导电系统，在某种程度上，可起到类似法拉第笼的作用。对于信息设备较多的建筑物，除了外部屏蔽措施外，还应增设内部屏蔽，即根据防雷分区和信息设备的抗干扰要求，采用局部屏蔽。如在信息设备机房内设置钢板屏蔽、铜丝网屏蔽笼等屏蔽装置，将重要的信息系统放置在内，或直接在信息设备外加装金属屏蔽外壳，达到局部屏蔽的效果。内部屏蔽也包括对建筑物内线路的屏蔽。

此外，建筑物内线路的合理敷设、安装信号防雷装置以及采用各种等电位连接措施也是必不可少的。

二、线路的屏蔽

为了减少电磁脉冲干扰，信号传输线应采用屏蔽电缆。屏蔽电缆对外来电磁场的屏蔽主要是利用外皮上的感应电流产生二次磁场来抵消干扰源一次磁场的作用。因此，屏蔽电缆的外皮应当两端接地。显然，屏蔽回路的纵向阻抗及接地电阻越小，回路内的感应电流越大，屏蔽效果就越明显。当信号电缆有多根芯线时，将芯线中的空线对两端接地，也可以增强其屏蔽效果。

为避免外皮通过电流对信号的干扰，同轴电缆的屏蔽层只允许一端接地，此时为了减少电磁脉冲干扰，应采用双屏蔽电缆，将外层屏蔽的两端接地。

屏蔽电流穿过防雷界面时，其屏蔽外层应在界面处与该防雷区的共用接地系统相连；屏蔽电缆接到设备时，其屏蔽外层应和设备的金属外壳相连。敷设在机房内各设备间的屏蔽电缆，其屏蔽外层应各自和设备的外壳相连。

显然，屏蔽电缆的敷设应尽可能远离作为雷电干扰源的引下线或用作引下线的柱子。在建筑物顶部装设具有限流作用的半导体消雷器或限流避雷针，可以大幅度降低雷击建筑物时流经建筑物钢筋以及引下线的雷电流，有效地降低空间电磁场的值，从而大大减轻对空间电磁场防护的压力。

第九章　建筑外部防雷设计

第一节　民用建筑物外部防雷装置设计

一、民用建筑物雷电防护方案的设计与协商

(一) 防雷建筑物场地勘察

在设计防雷装置的施工图之前，设计人员应了解被保护建筑物的建造地点、建筑使用功能、建筑初步设计、结构设计，建筑物供电方式，并对建筑物周围环境、当地气象条件、地形地貌和土壤等情况进行场地勘察。

① 地理位置周围环境，如当地气象条件，年雷暴次数、计算机网络机房建筑物的结构构造情况。

② 仔细勘察计算机网络布线情况，如有卫星线路、微波线路传输媒介，应具体测量馈线引下线与避雷引下线间的距离，查看室内网络布线是否符合规定、由室外进入室内的线缆的情况、综合布线系统与干扰源的距离。

③ 不同型号设备接口是不同的。应了解各设备在整个网络系统中的用途，仔细记录各台电子设备在整个网络系统的作用。

④ 网络拓扑结构与网络类型。不同的网络传输媒介不同，依据网络标准计算避雷器的插入损耗与网络最大传输距离的关系。

⑤ 详细记录网络远程通信方法与方式，因为不同通信方式采用的设备有很大的差别，且工作电压、频率差别较大，我们在设计时必须考虑到箱位电压的问题，同时考虑采用哪一级保护措施等问题。

⑥ 供电系统线制与额定电压情况，采用频率 50Hz、电压 220/380V TN-S 系统或 TN-C-S 系统。了解额定电压下计算机系统总容量（总功率）或者是额定电压下的总电流。外部设备中磁盘机具有较大的启动电流，须特别注意。

⑦ 建筑物接地情况的了解。计算机机房接地应有直流工作地、交流工作地、安全保护地、屏蔽接地、防雷保护地，在勘察时应注意各个地连接方式，地网分布情况。

（二）协商

与建筑设计人员需要协商的主要内容如表 9–1 所示。

表 9–1 与建筑设计人员需要协商的主要内容

序号	协商主题	问题细节
1	防雷装置所有导体的布置	屋面造型的考虑，柱距及立面装饰
2	防雷装置各部件所用材料	引导雷电流金属材料的截面尺寸
3	所有金属管道、雨水管道、栏杆及类似物件的细节	管道、栏杆与防雷系统的最近连接
4	建筑物内或其附近可能需与防雷装置相连接的安装设备	报警系统、保安系统、内部电信系统、信号及数据处理系统、无线电及电视电路的等电位端设置方式
5	要求与防雷装置保持安全距离的任何埋地导电设施	影响接地网络布置的可能
6	可用于接地网络的大概范围	包括公用接地和单独接地等
7	建筑物防雷装置各种主要紧固件的加工，职责划分	如那些影响主屋面织物防水性的紧固件
8	必须与防雷装置相连接的建筑物中各种导电材料	支柱、钢筋以及进出建筑物的各种金属设施
9	防雷装置的视觉效果	明装防雷装置对建筑观感的影响
10	防雷装置对建筑物结构的影响	暗装防雷装置对建筑物结构布局的影响
11	与钢筋连接的位置	外来导电部件（管道、电缆屏蔽层等）的穿入处与钢筋的连接位置

与公用设施部门协商的主要内容如表 9–2 所示。

表 9–2 与公用设施部门协商的主要内容

序号	协商主题	问题细节
与消防及安全部门的协商		
1	消防、防盗报警及消防系统各部件的位置	明确需要进行防雷，等电位连接的措施
2	管道的走向、材料及密封	考虑进行跨接的方式
3	建筑物有可燃性屋面的情况下，应就防护方法达成一致	对可燃性屋面的安全保护间距的确定
与电子系统及室外天线安装人员协商		
4	与电子系统及室外天线安装人员协商	评估雷击风险和防雷措施的确定
5	天线电缆及内部网络的布线走向及通用设备的安装	选择各种导线的线间距离，做好屏蔽措施

续表

序号	协商主题	问题细节
6	浪涌保护器的安装	评价环路磁场强度、感应能量
与施工人员及安装人员的协商		
7	由施工人员提供防雷装置主要紧固件的形式、位置及数量	确定连接方式，选择防雷装置的零部件，计算工程消耗材料的数量
8	由防雷装置设计人员提供而需由施工人员安装的紧固件	也可由防雷装置承包商或防雷装置供应商提供
9	要放置于建筑物底下的防雷装置导体的位置	总等电位位置、连接方式、引线数量及走向
10	在施工阶段是否要用到防雷装置的部件	在施工中，用于塔吊、井字架及其他的永久性接地网
11	钢框架结构建筑物与防雷装置间连接的固定方式	钢框架支柱数量和位置以及接地装置
12	金属覆盖层是否适合做防雷装置的部件	在金属覆盖层适于做防雷装置部件的地方，确保覆盖物各部分电气贯通的方法以及它们与防雷装置其余部分相连接的方法
13	从地上及地下进入建筑物的各种设施的性质和位置	传输系统、电视和无线电天线及其金属支架、金属烟道、擦窗用传动装置
14	防雷接地装置与电力及通信设施连接的相互协调	确定避雷器件的型号、数量及安装方法
15	旗杆，屋面机房、水箱及其他凸出装置的位置及数量	如电梯电动机房，通风、采暖及空调机房等
16	屋顶及墙壁拟采用的建筑方法	确定固定防雷装置导体的方法，尤其是为了防止建筑物漏水
17	预留穿过建筑物的一些孔洞	以使防雷装置引下线能自由穿行
18	在建筑物钢框架、钢筋及其他金属部件上预留连接接头	在构筑物中将要使用的材料，特别是任何连续的金属预留接头和连接的方式
19	竣工后将无法接近的防雷装置各部件的检查频度	如密封在混凝土中钢筋的隐蔽验收等
20	考虑到出现的腐蚀问题，最适合用作导体的金属材料	尤其是在不同种类金属接触点处的腐蚀问题
21	断接卡的易接近性	为了防止机械损坏或防盗而提供非金属护罩加以防护；降低旗杆或其他活动物体的高度；用于定期检查烟囱等设施的附属装置
22	编制综合了以上细节并表示出所有导体及主要部件位置的图纸	绘制施工图草图和会商纪要
23	与钢筋连接点的位置	绘制施工图

在完成防雷方案初步设计后，防雷装置设计人员应与建筑物的设计与施工中所涉及的各方（包括建筑物业主）进行相关的技术协商。

防雷装置的设计人员应会同建筑师、施工承包商、防雷装置安装人员（或防雷装置供货商）、历史顾问（涉及需要保护的重要建筑物或文化传统的建筑物等历史问题时）、设备供应商及业主或其代表共同确定防雷装置的整个安装过程中各自的职责范围。明确防雷装置的设计与施工管理中所涉及的各方职责是特别重要的。比如，在屋面安装防雷装置部件或在建筑物基础下面做接地体连接而刺穿建筑物的防水层，这样的情况就是需明确各方职责的一个例子。

另外，还应准备一张包含上述细节并能表示出所有导体和主要元（部）件位置的会商草图，并将会商的结论以一个共同签署文件的形式由职责各方共同实现。

二、建筑物外部防雷装置的设计

在大多数情况下，外部防雷装置可附着于被保护建筑物上。

当雷电流流入与防雷装置相连的内部导电部件，可能引起建筑物的损坏（有火灾及爆炸危险环境的情况）时，应采用独立防雷装置。

当雷击点或雷电流经过导体上的热效应可能损坏建筑物或被保护空间内的存放物时，防雷装置导体与可燃材料的间距，至少应为0.1m。比如，有可燃性覆盖层的建筑物和有可燃性墙体的建筑物。

外部防雷装置导体的布置对防雷装置的设计具有同样重要的意义，其布置取决于被保护建筑物的形状、所需的保护级别及所采用的几何设计方法。接闪器设计确定了建筑物的被保护空间，通常还决定了引下线、接地装置、内部防雷装置的设计。

（一）接闪器设计

防雷装置的设计通常采用滚球法（适合形状复杂的建筑物）和网格法（适合平面的保护）。

1. 滚球法

采用滚球法确定建筑物的各个部分及区域的被保护空间。应用滚球法时，如果半径为h的球在所有可能的方向，沿地面围绕建筑物及其顶端滚动时，被保护空间没有一点与该球相接触，则接闪系统的布置是适当的。因此，滚球将只能触及地面或接闪器或者同时接触地面及接闪器。

在建筑物的图纸上采用滚球法设计时，应从各个不同方向来考察建筑物，以保证没有任何一部分的建筑物凸出部位不被保护，这样的部分在只考察正视图、侧视图及俯视图时很可能被忽略，必须根据建筑物的形体考察剖视图。

防雷装置导体所构成的保护空间是滚球与防雷装置导体相接触，并滚过建筑物时不被滚球所充填的那部分空间。

2. 网格法

对平坦面的保护，如果满足以下条件就考虑采用网格法保护整个平面：

(1) 在易被雷电闪击的部位设置接闪导体；

(2) 在建筑物外侧面高度超过相关滚球半径的地方架设接闪装置；

(3) 接闪网络的网格尺寸不大于规定的数值；

(4) 接闪网络的构成，应使雷电流总能有至少两条不同的至接地装置的金属导电通路，且无金属设施凸出于接闪器所保护的空间之外；

(5) 按尽可能短及直接的原则布置接闪器导体。

3. 接闪装置类型的选择

对独立的防雷装置及用于小型的简单建筑物或大型建筑物的一小部分的防雷装置，以采用避雷针组成的接闪装置为好。为了避免增加遭直接雷击的次数，非独立避雷针的高度应小于3m。避雷针不适合用于高度大于所选防雷装置的保护级别对应的滚球半径的建筑物。对长、比大于4的窄长条形建筑物，可能采用由避雷带构成的接闪装置更好，避雷网格导体构成的接闪装置是通用的接闪装置。

4. 直接装设在屋面的避雷针、避雷带或避雷网

(1) 避雷针一般用镀锌圆钢或焊接钢管制成，圆钢截面不得小于100mm^2，钢管厚度不得小于3mm，其直径不应小于下列数值。

针长1m以下时：圆钢12mm；钢管20mm。

针长1～2m时：圆钢16mm；钢管25mm。

烟囱顶上的针：圆钢20mm。

避雷针体要求镀锌；地脚螺栓要求安装双螺母；钢管壁厚不小于3mm。

(2) 明装避雷网和避雷带一般用镀锌圆钢或镀锌扁钢制成，其尺寸不应小于下列数值：圆钢直径8mm；扁钢截面48mm^2，扁钢厚度4mm。

(3) 明装避雷带距屋顶面或女儿墙面的高度为10～20cm，其支点间距不应大于1.5m，在建筑物的沉降缝处应多留出10～20cm。当有超出屋面的通气管道、铁烟囱等均应与屋顶避雷网连接起来。

(4) 除存有易燃、易爆的物品外，建筑物的金属屋面可用作接闪装置。

(5) 利用建筑物钢筋混凝土屋面板作为避雷网时，钢筋混凝土板内的钢筋直径应不小于3mm，并须连接良好。当屋面装有金属旗杆或其他金属柱时，均应与避雷带（网）连接起来。

(6) 接闪器未镀锌的部分应镀锌或涂漆，在腐蚀较强的场所，还应适当加大截

面或采取其他防腐措施。

(7) 避雷针的顶端可做成尖形、圆形或扁形，没有必要做成三叉或四叉。

(8) 砖木结构房屋，可把避雷针敷设于山墙顶部或屋脊上，用抱箍或采用对锁螺栓固定于梁上，固定部位的长度约为针高的1/3。避雷针插在砖墙内的部分约为针高的1/3，采用混凝土结构时，避雷针插入混凝土墙的部分约为针高的1/4～1/5。

(9) 利用木杆做接闪器的支持物时，针尖的高度须超出木杆30cm，也可利用大树作为支持物，但针尖应高出树顶。

(二) 引下线的设计

在选择引下线的数量及位置时，应考虑这样的事实，即如果雷电流在若干条引下线中分流，则旁侧闪击的风险及建筑物内电磁干扰的风险也减小。因此，引下线应尽可能沿建筑物周边均匀设置并具对称的几何结构。不仅增加引下线数量可改善雷电流的分流状况，而且多个等电位互联导电环路也能改善分流状况。为了省掉与内部防雷装置的等电位连接，引下线的位置最好尽可能远离内部电路及金属部件。

引下线的设计应注意的是：引下线必须尽可能短（使其寄生电感尽可能小）；引下线及等电位互联环路的几何结构对安全距离值有影响（分流系数的影响）；对悬臂式建筑物，也应就对人的旁侧闪络风险来估算安全距离。

(1) 独立防雷装置引下线的数目。如果接闪装置由分离的杆塔上的避雷针组成，每杆塔至少需要一根引下线。杆塔由金属或互联的钢筋构成时，无须另外安装引下线；如果接闪装置由架空避雷线构成，每根避雷线的每一端至少需安装一根引下线；如果接闪装置构成架空网，每一支撑结构至少需要一根引下线。

(2) 非独立防雷装置引下线数目。如果接闪装置由单根避雷针组成，至少需要一根引下线。如果接闪装置由多个分立的避雷针组成，每根避雷针至少需一根引下线；如果接闪装置由多根（或一根）避雷线组成，避雷线的每一端至少需一根引下线；如果接闪装置由避雷网格导体组成，至少需两根引下线，引下线沿被保护建筑物的周边布设。

(3) 引下线一般采用圆钢或扁钢制成，其截面不应小于48mm^2；在易遭受腐蚀的部位，其截面应适当加大。为避免很快腐蚀，最好不要采用绞线作为引下线。其尺寸不应小于下列数值：圆钢直径8mm；扁钢截面48mm^2，扁钢厚度4mm。

(4) 建筑物的金属构件，如消防梯、烟囱的铁扒梯等可作为引下线，但所有金属部件之间均应连成电气通路。

(5) 明装引下线沿建筑物外墙面敷设，从接闪器到接地体，引下线的敷设路径应尽可能短而直。根据建筑物的具体情况，不可能直线引下时，也可以弯曲，但应注意弯曲开口处的距离不得等于或小于弯曲部分线段实际长度的0.1倍。

(6) 一般情况下，引下线不得少于两根，其间距不大于30m。而当技术上处理有困难时，允许放宽到40m，最好是沿建（构）筑物周边均匀引下。但对于周长和高度均不超过40m的建（构）筑物，可只设一根引下线。

(7) 引下线的固定支点间距不应大于2m，敷设引下线时应保持一定的松紧度。

(8) 引下线应躲开建筑物的出入口和行人较易接触的地点，以避开接触电压的危险。

(9) 在易受机械损伤的地方，地上约1.7m至地下0.3m的一段引下线应加保护措施。为了减少接触电压的危险，也可用竹筒将引下线包起来或用绝缘材料包缠起来。

(10) 采用多根明装引下线时，为了便于测量接地电阻以及检验引下线和接地线的连接状况，宜在每条引下线距地面0.3～1.8m处设置断接卡子。引下线不可利用的路径为第一层上部采用悬壁结构的建筑物，下行接地导线须不跟随该建筑的外部轮廓。因为这样做会给站立在凸出物下的人员造成危险。在这样的情况下，下行接地线可被嵌入建筑物中的一个由非金属的不能燃烧的内部通道所提供的空气空间中，并且使其直线下行接地。

(三) 接地装置设计

接地装置应有合适的结构形式，以避免危险的接触电压及跨步电压。为了将雷电流泄入大地而不产生危险的过电压，需合理选择接地装置的形状及尺寸，以使其具有低的接地电阻值。

从防雷观点来看，采用单一的、共用的建筑物接地装置较好，它适合各种不同用途的接地（防雷保护、低压电源系统、电信系统等的接地）。

应当注意的是，当使用不同材料的接地装置相互连接时，可能出现严重的腐蚀问题。

1. 接地体的布置

接地体的类型及其埋深应能使腐蚀、土壤干涸及冻结等的影响减至最低限度，从而使等效接地电阻稳定。

在冻结场合下，垂直接地体最上面1m长的一段，建议不当作有效的接地体。

当土壤电阻率随深度而减小以及在比垂直接地体正常埋深还深的地方出现低电阻率土壤层的特殊情况下，将接地体深埋是可取的。

当利用混凝土中的钢筋作为接地体时，必须特别注意对钢筋的互相连接，防止混凝土机械性崩裂。

在采用预应力混凝土的情况下，应考虑到由于流过雷电流而可能产生不可接受的机械应力的后果。

防雷装置的设计人员及安装人员应选择适当类型的接地体，应将接地体布置于距建筑物的出入口有足够安全距离的地方，并应与土壤中的外来导电部件相距一定安全距离。如果接地装置必须安装在公众易于接近的区域时，应采取防跨步电压的专门措施。为降低雷击时的跨步电压，防直击雷的接地装置应与建筑物的出入口及人行道保持3m以上的距离。当距离小于3m时，可采用“帽檐式”均压带的做法。“帽檐式”均压带与柱内避雷引下线的连接应采用焊接形式，其焊接面应不小于截面的6倍。地下焊接点应做防腐处理。“帽檐式”均压带的长度可依建筑物的出入口宽度而确定。当接地装置的埋设地点距建筑物入口或人行道小于3m时，应在接地装置上面敷设50～80mm厚的沥青层；其宽度应超过接地装置2m。

2. 安装方式和地点的选择

接地电阻值在很大程度上取决于土壤电阻率。为了达到所要求的电阻值，应选择土壤电阻率较低的地方安装接地装置。

为了节约有色金属，降低造价，应尽量利用建筑物中的结构钢筋作为引下线和接地装置，但必须尽可能消除接触电压和跨步电压的危害。利用桩基础、整体“满堂”式基础和地梁基础内钢筋接地方式，可以起到均衡电位的作用。

对于独立式基础，则应根据具体情况区别对待。这种情况取决于柱网间距，当柱网间距在6m以内时，基础底部一般为3～4m的方形或矩形独立基础或承台，两基础之间只有2～3m可以用作接地装置。有时，即使柱网间距较大，如建筑的首层地面中敷设有许多金属管线，仍可利用基础作为接地装置，将金属管线路与基础内钢筋连接成一体，也可起到均压作用。如果柱网间距较大，而首层地面无金属管线路或管线路很少，就应另加接地装置。

做独立接地极时，最好放在人们不常到或较少到的建筑外侧，并应远离由于高温（如烟道等）的影响而使电阻率升高的地方。

接地装置埋设的深度以在0.8～1.0m范围为宜，最少不小于0.8m。埋设接地体时，须将周围填土夯实，不得回填砖石、焦渣、炉灰之类的杂土。周圈式接地装置，可以将接地体埋设在建筑施工基槽的最外边，无须为接地体另挖施工坑，以节约人工和土方量。

一般情况下，接地体均应使用镀锌钢材，使其使用年限延长，但当接地体埋设在可能有化学腐蚀性的土壤中时，应适当加大接地体和连接件的截面，并加厚镀锌层。各焊接点必须刷漳丹油或沥青油，以加强防腐。

3. 接地装置的材料

除利用建筑物的自然接地体外，垂直埋设的接地体，一般采用角钢、圆钢及钢管；水平埋设的接地体及接地导线，一般采用扁钢、圆钢及方钢等。其最小尺寸如下。

A. 垂直接地体：圆钢直径19mm；钢管直径35mm，厚3.5mm；角钢边宽40mm，厚4mm。

B. 水平接地体及接地导线：扁钢厚4mm，截面100mm；方钢10mm × 10mm；圆钢直径12mm。

4. 几种常用接地装置的做法

（1）垂直接地极：垂直接地极系用一根或几根2.5 ~ 5m长的角钢、圆钢或铁管，垂直打入土壤中。为了减小相邻接地体的屏蔽效应，两根垂直接地体相互之间的距离或两条水平接地带相互间的距离一般为5m。

当受地方限制时，可适当减少，但不应小于3m。根据布置方式又可分为环形接地极组和放射形接地极组。

垂直接地极适用于独立避雷针或分组引下线的接地。垂直接地方式比较经济，但跨步电压较其他方式大，采取措施后则可满足要求。

当土壤电阻率较高（在10Ωm以上）时，一般的接地方式已不能满足要求，这时可以用“换土方法”。即将接地极周围换成电阻率较低的土壤，如换成砂质黏土、耕地土壤、黑土、煤粉、木炭粉末等。再有一种做法就是“深层接地极”法，如地表面岩石层并不太厚，下部就是电阻率较低的潮湿土壤；或者，需要在建筑物内外已建成的砖石地面外敷设接地装置，在这种情况下，可先用钻孔机钻孔，再埋深层地极。其具体做法是：用120mm钻机打15m深孔（具体深度视情况而定），再下75mm管子，四周用炭粉浆灌入。

（2）水平接地体：水平接地体有三种形式，即水平短接地体、水平延长接地体和周圈式水平接地体。

水平短接地体可在下列两种情况下使用：一是表层土壤电阻率很低，不用打垂直接地极，故一条或两条水平扁铁就可达到所要求的接地电阻值；二是当土质很差，土壤电阻率很高，如卵石地带或岩石山顶，很难打入垂直接地极，此时，可利用很少浮土或剔凿出一条30 ~ 40cm的岩石槽，铺上水平接地体。其电阻大小是根据水平带的长短和换土的情况而决定的。

水平延长接地体系是指建筑物附近没有良好土壤，又难打入垂直接地极，而不太远的附近有河、湖、池、沼时，可采用延长接地体，将接地体延伸到河、湖、池、沼的水中，以降低接地电阻。但是，延伸距离最好不要超过100m，一般应在50m以内，以利于雷电流的流散。

所谓周圈式水平接地体，是指在建筑物的周围敷设水平接地体。周圈式水平接地体多用于长条形建筑物，它可以起到平衡电位、减少跨步电压的作用。对地下管线较长的厂房，采用这种方法更为有利。如果将其室内管线与周圈式水平接地体连接成一体，则可构成均压网。

5. 电解离子接地系统

建筑物、构筑物、智能大楼、通信机房、计算机网络系统和室内配电等接地，若常规接地不能满足接地要求时，也可采用电解离子接地系统。

6. 接地模块

低电阻接地模块是以非金属材料和电解物质为主体，以金属极芯做成的新型接地体，具有接地电阻低、稳定性好、抗腐蚀、无污染、无毒害、在高土壤电阻率地区接地效果好等特点，能弥补金属接地体的不足。

（四）连接器件

避雷系统的大多数零部件均是按技术指标设计，并符合总设计图要求的。然而，必须连接到不同形状和组成的各种各样的金属零部件的接头，因此不能是标准形式的，由于其在工程中的安装位置不同、用途不同，又有可预见的引导雷电流问题、温升问题、腐蚀问题、被机械力冲击问题，所以在必要时需对所选用的金属连接器件予以特别设计。

1. 连接器件在力学和电学方面的要求

连接器件必须是力学上和电学上均能满足正常使用的，并且能够在工程的使用环境中防腐蚀和防侵蚀的。

建（构）筑物内部的或构成一个建（构）筑物的部分的外部金属，可能必须将全部闪电电流泄放，并且它连到避雷系统上的连接器件必须具有这样的截面积，即这个截面积要不小于主导体所使用的截面积。另外，内部的金属不容易遭受损坏，与其内部的金属连接的连接器，在大多数情况下仅传导总的雷电流的一部分。

2. 提供预置设备的连接

在所有的建筑物中，在每一个楼层上，必须提供预留的机械和设备与避雷系统上的连接，预留的与气体、给排水的金属管道系统或类似的公用服务设施的连接。架空供电线路、电话和其他线路的支承件，在未得到相应专业部门许可的情况下，不得连接到避雷系统上。

3. 接头

焊接的接头代表着电流传导系统中的一个连续点，并且是对变化和故障敏感的一个点。相应地，避雷系统必须用尽可能少的接头。接头须是力学上和电学上有效的，例如，夹紧的、(用螺钉) 拧紧的、螺栓接合的、铆接的或焊接的。用重叠的接头时，对所有类型的导线来说，重叠均须不小于 20mm。接触表面须首先是清洁的并且应是用一种合适的非腐蚀性的化合物处理得抗氧化的，双金属接头须是有效清洁的，对每一类型的材料采用分别的磨料进行清洁。

所有的接头均须是防止环境中元素的腐蚀和侵蚀的，并且须提供足够的接触面积。对螺栓连接扁钢而言，最低要求是两个 M8 螺栓或 1 个 M10 螺栓，而对铆连接头，则最低要求是 4 个直径 5mm 的铆钉。

扁钢连到厚度小于 2mm 的金属板上的螺栓连接，须对不小于 $10cm^2$ 的面积用垫片调节，并且要使用不少于两个的 M8 螺栓。

三、多层建筑 (外部) 防雷设计要点

(1) 当多层住宅处于住宅群的边缘或高于其周围的建筑，而其高度又超过 20m (在雷电活动较弱地区可为 25m，在雷电活动较强地区可为 15m) 时应设避雷装置；根据环境条件或其他因素，必须装设避雷装置，均按三类防雷建筑物的要求装设。

(2) 接闪器宜采用避雷带。屋顶上高于避雷带的透气孔或易遭受雷击的其他凸出物体，需装设避雷针，并与避雷带连接。

(3) 宜利用建筑物钢筋混凝土柱中的纵筋作为引下线，利用钢筋混凝土基础做接地装置。当设置人工接地体时，应避开住宅的出入口。

(4) 未装设防雷装置的住宅，宜利用接户线进户端的零线重复接地，将架空线末端的绝缘子铁脚或其他金属件接地。

四、高层民用建筑防雷设计

(一) 防雷装置

(1) 高度超过 100m 的民用建筑为一级防雷建筑物，19 层及以上的高层住宅或超过 50m 的其他建筑物为二级防雷建筑物，不足 19 层的住宅或低于 50m 的其他建筑物为三级防雷建筑。

(2) 一般采用避雷带做接闪器，屋面任意一点距避雷带的距离应小于 10m。避雷带一般沿女儿墙敷设。电梯间、水箱间沿屋顶四周装设避雷带，凸出屋面的金属透气管应与避雷带连接。

(3) 引下线的间距不应大于 24m (19 层以下住宅可为 30m)。在建筑物的 90° 凸出的转角 (阳角) 处均设引下线。

(4) 可利用混凝土柱或墙板内的钢筋作为引下线。所利用的钢筋一般不少于 4

根直径 8mm 或 3 根直径 10mm 或两根直径 12mm。钢筋连接处宜采用焊接，引下线与外部防雷装置连接时，其引出侧处需焊接。

(5) 接地装置围绕建筑物成闭合的回路，冲击接地电阻宜不大于 5Ω（19层以下的住宅亦可根据引下线位置分别装设接地装置，其冲击接地电阻不应大于 30Ω）。当钢筋混凝土箱形基础无防水保护层时，可作为接地装置，其水泥是以硅酸盐为基料，周围土壤的含水率不低于 4%，且其底部四周的钢筋需与引下线连接。

(6) 接地装置采用人工接地体时，应避开住宅的出入口，当敷设闭合回路通过出入口时，应做安全处理，防止跨步电压，常采用均压带处理。

(7) 二级防雷建筑物自 30m 以上，每隔 2 ~ 3 层沿建筑物四周需设防侧击的避雷带，外墙金属门窗、阳台金属栏杆需与防雷装置连接。防侧击避雷带可利用建筑物的钢筋混凝土圈梁，被利用的钢筋宜采用焊接成闭合回路。金属门窗及阳台金属栏杆如通过建筑物的钢筋与防雷装置有多点接触时，可不再设跨接线。

(8) 垂直敷设的电气线路，在适当的部位装设带电部分与金属外壳的击穿保护装置。

(9) 垂直敷设的主要金属管道及电梯轨道，在其两端与防雷装置连接。

(二) 高层建筑避雷措施

1. 对直击雷的防护

有些高层建筑总建筑面积高达数万平方米、数十万平方米，建筑物的高宽比较大，建筑屋面面积相对较小，加上中间又有凸出的机房或水箱，常常只在屋顶四周及水箱顶部四周明设避雷带，局部增加一些避雷网以满足规范要求。

按照规程要求，接闪器可采用直径不小于 A8mm 的圆钢，或截面不小于 48mm^2、厚度不小于 4mm 的扁钢。在设计中，往往把最低要求看成标准数据。采用最低要求值时，在实际使用中会受到机械强度不够、耐腐蚀不足、刚度不足的影响而有碍观瞻和不能保证防雷及使用安全。因此，不上人屋面的大厦经常采用 25mm 厚壁钢管作为栏杆或用 16mm 圆钢做避雷带，外刷银粉漆；上人屋面的大厦经常采用 32mm 以上的厚壁钢管扶手，外刷银粉漆或用 A63mm，厚 3mm 以上的不锈钢管扶手作为避雷带；上述做法不但美观、实用，避雷效果也很好。

香港高层建筑物，一般在屋面四周及机房、水箱等凸出部位，采用 25mm × 3mm 扁铜带作为避雷带，虽然费用大，但耐久性能好，表现出耐腐蚀、电阻低、维修费用低的特点。

避雷带一般沿女儿墙及电梯机房或水箱顶部的四周敷设，不同平面的避雷带应至少有两处互相连接，连接应采用焊接，搭接长度应为圆钢直径的 6 倍或扁钢宽度的

2倍并且不少于100mm。对于一级防雷高层建筑物，相邻引下线的间隔不大于18m，对于二级防雷高层建筑物，相邻引下线的间隔可放宽至24m，但不少于2根。

有时可在大厦女儿墙的拐角处增设长约1.5m的短避雷针，并且将之与女儿墙上的避雷带相结合组成接闪器。

当屋面面积较大时，或底部裙房较高而且宽时，或由于建筑物的高宽比不大等情况下，都可能出现单靠敷设上述避雷带也无法保护整座建筑物的情况，这时应根据实际情况增设避雷针或避雷网。

屋面上所有的金属管道和金属构件都应与避雷装置相焊接，这一点在设计和施工中常被忽视，应引起足够的关注。

电视天线的防雷处理关系到千家万户的安全问题；采用避雷针保护时，天线应距避雷针不小于5m，防止反击，并且使天线置于避雷针保护区域内，在安排避雷针位置时，应考虑不要影响电视天线的接收效果。如不采用避雷针保护时，应把天线的金属竖杆、金属支架和同轴电缆的金属保护套管等与屋面的避雷带（网）可靠地焊接在一起。由于天线振子中点与横杆直接压接相连，横杆又与竖杆紧紧相接，因此，天线引下线实质上已与天线竖杆有电气连接，如再在同轴电缆芯线与支架间装设压敏电阻保护，实际没有意义。由于避雷针有引雷的作用，在天线竖杆上加装避雷针只能导致更多雷击，还是不装为好。

引下线：在高层建筑中，利用柱或剪力墙中的钢筋作为防雷引下线是我国常用的方法。按照规程要求，作为引下线的一根或多根钢筋，在最不利的情况下其截面不得小于90mm^2(相当于A11mm)，这一要求在高层建筑中是不难达到的。

为了安全起见，应选择A16mm以上的主筋作为引下线，在指定的柱或剪力墙某处的引下点，一般宜采用两根钢筋同时作为引下线。在设计图纸中，用作引下线的结构柱子应做标记，施工时应标明记号，保证每层焊接正确。

如果结构钢筋因钢材品种的含碳量高或含锰量高，经焊接会使钢筋的力学性能受到影响，或钢筋变脆或降低强度时，可改用不小于A16mm的辅筋和构造钢筋或者单独另设钢筋。

对于作为引下线的钢筋连接方法，目前国内有不同的看法。有的认为只要钢筋绑扎连接就已足够，当雷电流下泄时会在强迫击通连接不良处的同时还有焊接作用。在高层建筑中，作为引下线的结构钢筋，一定要坚持通长焊接，双面焊接搭接长度应不小于100mm。

高层建筑由于高度高，一定要注意防备侧击。目前，防止侧击的做法是，在30m以上部位，每隔三层，沿建筑物四周敷设一道避雷带与各根引下线相焊接。避雷带可以安装在外墙抹灰层内，或者直接利用结构钢筋每隔适当的距离与楼板钢筋焊接。因此，这个避雷带实际上就是均压环。建筑物的外墙均压环（或避雷带）可利用结构圈梁中的纵向钢筋（主筋）。

接地装置：按照规程规定，一类防雷建筑物的接地装置的冲击接地电阻不超过5Ω。由于高层建筑占地面积较小，使得高压配电装置及低压系统的重复接地等较难独立设置，因此，常将这些系统合用一个接地装置，并采用均压措施。当雷电流通过接地装置散入大地时，接地装置的电位将抬高，为防止接地装置内侧形成低电位或雷电波侵入，应将引入大厦的所有金属管道均与接地装置相连。当上述接地系统共用一个接地装置时，接地电阻应不大于1Ω。

目前，我国高层建筑的接地装置大多以大厦的深基础作为接地体，以基础作为接地极有以下方面的优点。

（1）接地电阻低：高层建筑广泛使用钢筋混凝土基础，当混凝土凝固后，在混凝土中留下许多微孔隙。借助毛细作用，地下水渗入其中，此时对于硅酸盐混凝土而言，导电能力增强。在混凝土基础的受力构件内，结构主筋纵横交错，经焊接或绑扎后，与具有导电能力的混凝土紧密接触，使整个基础成为具有巨大表面面积的等电位散流面。

深基础作为接地体有着很高的热稳定性和疏散电流的能力，因而使得接地电阻很低。高层建筑基础底标高很深，有的深至地下岩层，常在地下水位以下，使得接地电阻终年稳定，不受季节和气候的影响。

为了避免电解腐蚀，直流系统的接地不得利用大厦的基础。

（2）电位分布均匀，均压效果好：用大厦的桩基及承台钢筋做接地体，使整个建筑物地下形成均压网，从而使地面电位分布均匀。

（3）施工方便：可省去大量的土方开挖工程量，施工时，只要土建密切配合，及时将钢筋焊接起来即可。

（4）维护工程量少：由于避雷装置采用结构钢筋，平时这些钢筋被混凝土保护，不易腐蚀，又不受机械损伤，使得维护工作量减少到最低限度。

（5）用料省：由于采用结构钢筋做避雷装置，可节约大量钢材。

接闪器、引下线及接地装置主要是为防止直击雷而设置。高层建筑的避雷带与柱子主筋相接，柱子主筋作为引下线又与每层楼板和梁的钢筋相连，最下端又与钢筋混凝土基础中的钢筋相连，对采用钢筋混凝土结构的高层建筑来说，平均用钢量为60～100kg/m^2左右。对于全钢结构的高层建筑来说，用钢量就更多。透过建筑的华丽外壳，向大厦内看，在高层建筑里，人们的所有活动均置身于由密密麻麻钢筋编制而成的法拉第笼内，对于防止直击雷来说，上述防雷办法应该说是相当有效和安全可靠的。

2. 内部防雷，防止雷电反击和高电位的引入

(1) 防止雷电反击：大厦内的结构钢筋实际上都已或紧或松地与避雷接地装置连成一体。为了防止雷电反击，还应将建筑物内部的配电金属套管、水管、暖气管、煤气管和金属竖井、桥架等均与防雷接地装置做等电位连接；垂直敷设的电气线路，可以选择在适当的部位装设带电部分与金属支架间的击穿保护装置。各种接地装置(除另有特殊要求外)都宜连接成一体。

根据等电位原理，上述措施可使电位均衡，从而可以避免大厦产生反击的危害。

(2) 防正高电位引入：对于因雷电波入侵造成建筑物内部高电位引入的可能，通常采用以下措施来防止。

尽量采用埋地电缆进户。当实际情况有困难时，架空线路应在离建筑物 50m 以外换成埋地电缆进户，在换线连接处装设避雷器。同时，避雷器、埋地电缆的金属外皮及架空线的绝缘子铁脚均应接地，接地冲击电阻不超过 10Ω。

进入建筑物的架空金属管道，应在入户处与接地装置相连接。

低压直埋电缆线路或进入建筑物的埋地金属管道，均应在进户入口处将电缆的金属外皮、电缆的金属套管和各种金属管道与接地装置相连接。

3. 基础接地极的设计和施工

高层建筑基础桩基，不论挖孔桩还是冲孔桩、钻孔桩，都是将根根钢筋混凝土柱子伸入地中，直达几十米深的岩层，桩基上部浇筑钢筋混凝土的大厦承台与桩基连成一体，承台上面是大厦的剪力墙和柱子。

在高层建筑中，基础接地装置的做法一般是：将桩基的顶部钢筋与承台主筋焊接，承台的主筋又与上面作为引下线的柱 (或剪力墙) 中钢筋焊接。在距室外地坪以上 0.5m 高度的柱子 (或剪力墙) 外表面预埋铁件，柱子 (或剪力墙) 的引下线可通过这些预埋铁件与室外人工接地体相连 (假如基础接地电阻及均压效果均满足要求时，可不做人工接地体)。

当防雷接地装置与其他接地装置合用时，也应当在柱子 (或剪力墙) 外表面预埋铁件，把接地端引出地面。预埋件与柱子钢筋、柱子钢筋与桩基主筋之间的连接均采用焊接形式。

利用基础做接地装置时，为了便于进出管线的接地，应在室外地坪以下 0.7m 处沿建筑四周外缘预埋一些铁件或者用 40mm × 4mm 镀锌扁钢围上一圈，这些铁件和镀锌扁钢与作为引下线的钢筋相焊接。

对于一些防水水泥做成的钢筋混凝土基础，如铝酸盐水泥等，不宜作为接地装置。对于有地下室的建筑物基础，基础如采用防水油毡及沥青包裹或其他绝缘材料包裹时，应通过预埋铁件和引下线跨越绝缘层，将柱内的引下线钢筋、垫层内钢筋

和接地桩相焊接，并利用垫层钢筋和接地桩做接地装置。

在香港地区，高层建筑的防雷接地是与其他接地系统分开敷设的。接地极不利用建筑物基础，而是采用人工接地极，人工接地极一般利用16mm硬铜棒垂直打入地中，水平接地带和接地极间的联系采用25mm×6mm扁铜带，引下线与接地极连接段采用25mm×6mm扁铜带并穿塑料管保护，连接处砌地井保护，井上有盖板，旁边有指示牌指示接地极位置。

第二节　特殊结构建筑的外部防雷

一、移动通信基站防雷过电压保护示例

移动通信基站通常建于高山，属雷击频繁地带，因此移动通信基站的防雷击过电压保护已成为当务之急。应按照国内和国际上关于防雷工程设计的要求为基站建立一个现代的防雷系统工程。

为了使移动通信基站尽可能免遭直接雷击，有效抑制雷电过电压脉冲的侵入，根据基站防雷接地工程的方案和实际工程情况，提供了系统防雷设计方案，具体包括外部防直击雷方案、雷击过电压保护方案、等电位接地措施等。

(一) 移动基站防雷接地设施

移动通信基站通常建于高山及沿海、岛屿等雷击频繁地带，且一般建有通信铁塔高于周围建筑物，更增加了雷击的概率。

① 外部防雷：大部分基站已安装了外部防雷保护，但有的不符合标准和规范的要求，如接闪器保护半径不符合规范要求，有的引下线截面不符合规范、没有做分流，有的已被腐蚀失效。

② 内部防雷：内部防护一般存在着接地系统地网结构不合理、布线不规范、未建立均压等电位系统等问题。

③ 过电压的保护：对于过电压保护来说，基站通信电源最多仅在随机的通信电源中预装了只能抑制8/20μs波形的浪涌冲击电流的C类过电压保护器，存在不能承受10/350μs波形的雷击电流，并且残压过高的问题。天馈系统的屏蔽和布线往往又不符合规范的要求，而中继系统一般在屏蔽和布线、接地上也存在问题。

所以，我们针对内部防雷保护及过电压保护，设计防雷系统。

(二) 设计方案的原则

现代意义上的防雷击过电压，强调全方位防护、综合治理、层层设防，把防雷击过电压看成一个系统工程，主要原理是通过接闪、引下，分流、接地为瞬态过电压的脉冲电流提供一条低阻抗的通道，同时尚需防止瞬态磁场和电场对设备的干扰。

设计原则主要从以下四部分着手：

① 直击雷的防护；避雷针、引下线和接地体；② 屏蔽和接地措施；③ 等电位联结；④ 过电压保护。

其中，借助电位补偿布线和过电压保护器实现雷电电磁脉冲的保护——均压等电位系统，即将外部避雷器、建筑物钢筋结构、内部安装的设备外壳，用于非电路系统的导体部分以及电气和电讯装置等联结起来，建立等电位，是实现内部防雷保护的非常重要的措施。

（三）设计方案

1. 直击雷的防护

根据移动通信基站位置特点，对于移动通信基站的建筑物，宜采用装设在建筑物上的避雷带、网、针或混合组成的接闪器，即沿屋角、房脊、屋檐和檐角等易受雷击的部位敷设，并在整个屋面组成不大于5m × 5m，6m × 4m的网格，所有均压环采用避雷带等电位连接。通信天线防直接雷击保护措施，采用的是常规的独立避雷针。独立针接闪器采用圆钢或焊接钢管组成，其直径不应小于下列数值：针长为1 ~ 2m时，圆钢直径为16mm，钢管直径为25mm。

建筑物的接闪器引下线不应小于两处，并应沿机房四周均匀对称布置，其间距不应小于12m。利用建筑物的钢柱或立柱内钢筋作为引下线时，可按跨度设引下线，但引下线的平均间距不应大于12m。对于高山基站独立避雷针，其引下线圆钢直径大于10mm。防直击雷的接地，设计指标应保证可靠、安全泄流，且阻值≤ 4Ω。另外，对于球形闪电，建议在窗户上安装金属屏蔽网，并使用金属防盗门，来防止球形雷从这样的“洞”钻入室内。

2. 雷电过电压保护方案

雷电过电压保护的基本原理是在瞬态过电压的极短时间内，在被保护区域内的所有导电部件之间建立4个等电位，这种导电部件包括了供电系统的有源线路和信号传输线。也就是说，为了保证移动基站天线免遭雷击，要在极短的时间内，将高达数十千安培的雷电流从电源传输线和信号传输线传导入地。

因此，设计时要估计一个野外移动通信基站可能遭受最大的雷击电流，选择合理的多级保护的过电压保护器，建立一个电位补偿系统，使得被分流、传导的雷电电流以最短的路径通过电位补偿系统入地。

(1) 移动通信基站最大雷击电流的估计：

在实践中采用（10/350μs）的波形作为雷击电流的测试脉冲，在该标准中还规定了雷击电流的三个等级：

第一级：200kA，10/350μs；

第二级：150kA，10/350μs；

第三级：100kA，10/350μs。

虽然只有1%的雷电会达到200kA的雷电流幅值，野外移动通信基站应按第一级考虑。由于基站外部防雷设施的引下线与建筑物自身电感的分流和电磁场自身辐射衰减，有50%的雷电能量会由外部防雷装置引入地，剩余的100kA将会对周围导体形成干扰、感应电压。这些雷击感应电流将会根据电网的类型按照电源传输线的线数平均分布。

(2) 移动通信基站最大冲击电压和残压的估计

在使用波形为1.2/50ps的冲击电压作为雷击过电压的测试脉冲，由于我国电源行业的开关电源及逆变电源主振晶体管的绝缘耐压行业标准为550V_{dc}，一般厂家考虑到中国电网正向10%的波动，那么对于被保护的设备的输入电压的保护，要求过电压保护的末级残压在600V左右。而进口的电源一般可以达到900~1000V。

因此，只有分级保护才能达到这一要求。根据被保护设备的不同的安装位置和耐压程度，一般采用三级保护。

一般采用B类加C类保护的两级保护配置，残压可降为800V_{dc}，采用B加C加D的三级保护，残压可降到600V。目前，市面上也出现一体化的避雷保护装置，更适合于基站的过电压保护。

(3) 电网及接地

我国一些地区的10kV电网采用了经小电阻接地的接地方式，这种网络的接地故障电流（网络后续电流，工频短路电流）不是一二十安的电容电流而是几百上千安的工频大电流。

由于我国10kV配电所没有像国外变电所那样将变电所内的设备外壳的保护接地和220/380V系统N线的系统接地分开设置，上述网络后续电流在变电所接地电阻上的电压将使低压系统对地带1000~2000kV的故障电压，此电压持续时间为10kV接地短路继电器和断路器动作时间之和，为0.5~1s。

(4) 电源保护

第一级采用B类过电压保护器卡雷击电流放电器三只及雷电放电器安装在基站总配电处或者加装在单独的防雷配电柜内，再加一条专用接地电缆（直径16mm^2、长度400mm）直接连接到均压等电位连接体处（总接地体）达到分流的目的，同时由于并联电感小于其中最小的一个电感，也进一步减小了感应过电压。这样可将 100kA，10/350μs 的雷电流大部分泄入大地，并将剩余的能量衰减为 8/20μs 的浪涌冲击电流。

第二级采用 C 类过电压保护器，同样为了防止变电站的工频网络后续电流可能导致的人身安全的问题，使用浪涌电压保护放电器三支，人身安全保护器一支，从与保护地线的连接端子处再连接一条接地电缆到均压等电位连接体处（总接地体）。

第三级，由于仅用两级保护系统残压仅能达到 800V，并不能完全保证 100% 的安全。采用 D 类的过电压保护器，在与前两级保护器的配合下系统残压可达 $600V_{dc}$。

(5) 关于过电压保护器失效保护及失效显示

第一级保护及解耦线圈由于是采用特别金属材料制成的，原则上不会极限损坏，但是，电源第二级及第三级还有信号保护器采用了许多的电子零件，由于众所周知的电子零件寿命的原因，所以存在失效的可能，又由于压敏电阻失效后会引起无法中止的网络后续电流，而热容量达到极限时会发生爆炸，所以压敏电阻保护器必须要有失效断路保护及失效显示。电涌保护器器件表面多有失效显示窗口、状态指示灯、远地监控接口（可以利用其进行声光报警或远地触发）。

(6) 能量的配合

由于基站防雷条件所限，不能做到第一级 B 类保护器与 C 类保护器有 10m 的距离，所以只能使用解耦电感 LT-35。

(7) 网络后续电流及使用空气开关

对于超过雷电放电器自身熄弧能力的网络后续电流的终止，目前最有效的方法是使用熔断器。由于电信系统一般为了维护的方便，愿意使用空气开关，所以在基站防雷工程中，业主要求使用空气开关来做续流保护，结果在投入使用后，多次发生雷击后空气开关跳闸的问题（设备、过电压保护器都没有损坏），经全面研究，发现大多数雷击发生时产生的网络后续电流都远没有达到角形放电间隙滤波器自身的熄弧能力时，空气开关就有动作了。

(8) 屏蔽和接地系统

理想的接地装置（包括从接闪器到接地体的引线）是没有电阻的，当雷击时，不论雷电流有多大，接地装置上的任何一点对大地的电压变化为零，这样对人和设备是绝对安全的，实际上这样的接地体是不存在的。

为了保证移动通信基站稳定可靠的工作，防止寄生电容耦合干扰，保护设备及人身的安全，解决环境电磁干扰及静电危害，都必须有良好的接地系统。

在土壤电阻率较高的环境下，一般的地极埋设难以达到所要求的电阻值，此时应采取多种措施降低接地电阻值。如采用换土、深埋接地体、使用长效降阻剂等办法，来实现降阻和改善电阻率。接地具体措施如下：

① 从变电站送来的供电电缆金属屏蔽层应在电源主配电柜处做屏蔽接地处理；

② 电缆、中继系统电缆必须如前所述屏蔽入户；

③ 光缆如果无金属外护层和金属加固芯，无须增加屏蔽，如有则套金属管入户；

④ 建筑物的主钢筋已形成初级屏蔽，建议在机房的窗户上设置金属屏蔽网，防止雷电电磁脉冲通过玻璃窗这样的“洞”造成干扰；

⑤ 如果经检测，基站的主体钢筋接地电阻值低于1Ω，可利用主钢筋为接地极，同时在机房地板下用扁钢排与建筑物支撑柱内主钢筋连接形成间隔不大于6m的地网，将保护地、信号地、防静电地、工作地实行共同统一接地。

(9) 等电位连接系统

利用基站地板下的等电位连接带，将外露可导电部分以M型进行等电位联结，以达到消除建筑物和建筑物内所有设备之间危险的电位差并减小内部磁场强度。由于基站地板下的等电位连接带与建筑物主钢筋多重连接，从而建立了一个金属的法拉第笼的连接网络。在此网络中提供多条并联通路，因其具有不同的谐振频率，由大量的具有频率相关性阻抗的各条通路组合起来，就可以获得一个在所考虑频谱范围内具有低阻抗的系统。

(10) 为防止计算机及其局域网或广域网遭雷击，不少单位简单地在与外部线路连接的调制解调器上安装避雷器，但由于雷电静电感应、电磁感应主要是通过供电线路、信号线路将瞬态高电位引入对设备造成破坏，因此对计算机信息系统的防雷保护首先是合理地加装电源避雷器，其次是加装信号线路和天馈线避雷器。如果大楼信息系统的设备配置中有计算机中心机房、程控交换机房及机要设备机房，那么在总电源处要加装电源避雷器。按照有关标准要求，必须在0区、1区、2区分别加装避雷器。在各设备前端分别要加装串联型电源避雷器（多级集成型），以最大限度地抑制雷电感应的能量。同时，计算机中心的路由器都有线路出户，这些出户的线路都应视为雷电引入通道，都应考虑加装信号避雷器。对楼内计算机等电子设备进行防护的同时，对建（构）筑物再安装防雷设施就更安全了。

二、共用电视天线及其杆、塔的防雷要点

天线杆、塔及相关建筑物，宜按第二类防雷要求统一设计防雷系统。

天线杆及其塔必须有防雷措施，天线杆顶应安装接闪器。接闪器、天线的零电位点与天线杆、塔在电气上应可靠地连成一体，共用同一接地系统的接地装置。

天线杆、塔的防雷引下线及金属杆、塔的基部，均应与建筑物顶部的避雷网可靠连接，并至少应有两个不同方向的泄流引下线。

独立建筑的天线杆、塔和与其相关的前端设备所在建筑物间，应有避雷带将两

方防雷系统连成一体。从天线杆、塔引向前端的馈线电缆，应穿金属管道或紧贴避雷带布放。金属管道及天线馈线电线的外层导体，应分别与杆、塔金属体（或避雷引下线）及建筑物的避雷系统引下线（或避雷带）间有良好的电气连接。

共用天线电视系统同轴电缆外导体、金属穿管、设备外壳，应相互连接并接地，组成防雷电感应的户内防雷线路系统。

共用天线电视系统中，户外架空线路进户，应有不短于50m的吊挂钢绞线或避雷带保护。

从户外引入建筑物的共用天线电视户外电缆线路，其吊挂钢绞线、保护避雷带、金属外导体、金属穿管等，均应在建筑物引入处就近与建筑防雷引下线（或避雷带）互接，如建筑物无防雷接地系统，应专设接地装置。

向共用天线电视系统设备及其用户设备（如电视机）提供电力的户外线路，自户外引入系统设备和用户设备所在建筑物内时，所采取的防雷电波侵入措施应符合国家现行规定。

同一个共用天线电视系统的户内防雷系统与户外电缆线路以及户外电力线路的防雷装置，均应用同一防雷接地系统的接地装置。如建筑物本身没有避雷系统，尚应与建筑避雷系统合用同一防雷接地装置。

串装在同轴电缆线路上的有源设备，宜通过电缆远供工作电源。如就近从电力网取电，应有防雷保护措施。

户外设备应具有防雨、雪、冰凌的性能；或安装在箱、罩内。

天线杆、塔高于附近建筑物、地形物时，或航空等部门如有要求，应安装塔灯，塔身应涂相应的颜色标志。在城市及机场净空区域内建立高塔，应征得有关部门同意。

三、油库的防雷设计要点

油库是指收发和储存原油、汽油、煤油、柴油、喷气燃料、溶剂油、润滑油及重油等整装、散装油品的独立或企业附属的仓库或设施。

（一）油库的类型

油库可分为以下六类。

（1）地上油库：将储油罐设置于地面上的油库。

（2）半地下油库：将储油罐部分埋入地下，上面覆土的油库。

（3）地下油库：将储油罐全部埋入地下，上面覆土的油库。

（4）山洞油库：将储油罐建筑在人工挖的洞室或天然山洞室内的油库。

(5) 水封石洞油库：利用稳定的地下水位，将油品直接封存于地下水位的岩体里开挖的人工洞室中的油库。

(6) 水下油库：将储油罐建设在水下的油库。

(二) 油库的功能区

为了保证油库的安全和便于技术管理，油库的各项设施组成的功能区主要有以下几个区。

(1) 油罐区：主要由油罐、防火堤、油泵房等组成。

(2) 铁路装卸区：主要由铁路装卸油品设施、输油泵房、灌油间、桶装仓库、桶装站台、零位罐和计量室等组成。

(3) 水运装卸区：主要由码头、输油泵房及计量室等组成。

(4) 小罐区：中转罐、放空罐、黏油罐、煤油罐、工艺汽油罐、溶剂油罐和灌装罐等组成。

(5) 生产作业区：主要由调油间、串桶及预热间、灌油泵房、灌油间 (棚、亭)、汽车装油鹤管、桶装仓库、(棚) 桶装场地及空桶场地等组成。

(6) 辅助生产工作区：主要由修、洗桶间、电石间、氧气储存间、机修间、材料间、给水泵房、水塔、锅炉房、浴室、污水泵房及化验室等组成。

(7) 行政管理区：主要由办公室、传达室、车库、食堂、警卫和消防人员宿舍等组成。

(8) 生活区：主要是指家属宿舍区。

(三) 油库的等级

根据油库储油罐的容量和桶装油品设计存放量之和，即总容量 (Q) 的大小，可以分为以下五个等级：

一级油库：$Q \geqslant 50000\text{m}^3$；

二级油库：$10000\text{m}^3 \leqslant Q < 50000\text{m}^3$；

三级油库：$2500\text{m}^3 \leqslant Q < 10000\text{m}^3$；

四级油库：$500\text{m}^3 \leqslant Q < 2500\text{m}^3$；

五级油库：$Q < 500\text{m}^3$。

(四) 油库场地选择技术

(1) 油库的库址应符合城市规划、环境保护和防火要求。

（2）油库的库址应选在地质条件良好的地方，不得选在有山崩、断层、滑坡、沼泽、流沙及泥石流的地区和地下矿藏开采后有可能塌方的地区。

（3）人工洞油库的库址应选在地质构造简单、岩性均匀，石质坚硬不易风化的地区，且须避开断层和密集的破碎地带。

（4）当油库建在靠近江河、湖泊或水库的流水地段时，库区场地的最低设计标准应高于计算最高洪水位0.5m。

（5）油库的库址应选择在具有满足生产、消防、生活所需的水源和电源及排水条件的地带。

（6）油库应建在城市全年最小频率风向的上风向，且尽量避开雷击区。

（五）油罐类型

油库内储存石油产品的种类很多，按构造材料可分为金属制造和非金属制造两种；以外形来分可分为立式、卧式、圆柱形、球形、椭圆形及浮顶等7种。

（六）油罐的附件

油罐的附件主要由机械呼吸阀、液压透气阀、阻火器、测量孔、人孔、光孔、升降管、进油结合管及阀门、虹吸栓装置，卷扬机、旋梯、泡沫室及泡沫管等组成。但有的油罐可能只部分配有这些配件。

（七）保护目的

（1）油品储罐需考虑防雷接地保护措施，目的是免受由于雷击火花而引起油气爆炸，或由此造成油罐着火。

（2）防止油罐顶盖被雷电击中造成局部破坏，通常雷电流的能量能熔化小于4mm厚的钢板。

因此，防雷接地措施通常按照储存油品的性质和油罐的不同结构形式来考虑。

（八）防雷等级的划分

油品的危险程度按它的闪点来划分，闪点为45℃及以下的属于易燃液体，其蒸汽与空气混合具有爆炸危险。闪点为45℃以上的属于可燃液体，一般情况下无爆炸危险，只有着火危险。凡是可燃气体都有爆炸危险。

（1）石油工业的建筑物防雷等级划分，对可燃气体和闪点为45℃以下易燃液体的开式储罐和建筑物属一级。

（2）对于闪点为45℃以下带有呼吸阀的可燃液体储罐，壁厚小于5mm的密闭金属容器和可燃气体密团储罐属于二级。

(3) 对于闪点大于45℃具有呼吸阀的可燃液体储罐，闪点为45℃以下但壁厚大于5mm的密闭金属容器属于三级，这类储罐无爆炸性危险。

以上接地电阻是考虑避雷针装于罐体上，如果避雷针独立安装，则可降低一级。

四、烟囱的防雷接地

从烟囱或放气管里冒出的热气柱和烟气，其中含有大量导电质点和游离分子的气团，这些气团给雷电放电带来了良好的条件；又由于这种气团的上升，对雷电来说，接闪的高度等于烟囱或放气管的实际高度加上烟气气团上升的高度，这就给雷云创造了放电条件。因此，雷击烟囱或放气管的事故是较易发生的。经验证明，烟囱或放气管的实际高度在15~20m以上时，就应安装防雷装置。

烟囱或放气管通常分为附在建筑物或构筑物上的和独立建造的两种。独立建造的砖烟囱、钢筋混凝土烟囱或金属烟囱的防雷引下线容易处理，可以沿烟囱明装引下线，可以利用钢筋混凝土内部的钢筋做引下线，也可以利用连续的铁爬梯做引下线。金属烟囱可不必做接闪器和引下线，只要将其下部焊接到接地装置上就可以。由于独立烟囱的客观环境有利，不需要特殊处理接触电压和跨步电压，按一般正常做法是可以的。

对于附在金属构架上的放气管和近年来大量采用的金属快装锅炉，其金属烟囱直接坐落于金属锅炉的炉体上或放气管的金属设备上，这就给操作人员带来了不安全因素。如果金属烟囱接闪时，其附近的跨步电压和接触电压可能达到数十千伏以上，因此在这类情况下就应当加以特殊处理。

当厂房内或锅炉房内的地面干燥无水，则可采取绝缘措施，在室内将地面夯实，敷以焦渣和碎石后，上面做一层5~8cm的沥青层。亦可采取降低接地电阻的方式，即可由金属烟囱从室外连接引下线并接到室外环形接地装置上：一是使接地电阻降低在1Ω以下；二是使环形接地装置的网格不大于20m×24m，以便使地电位平衡。如厂房较大应适当增加连接条。

当厂房内或锅炉房内的地面经常有水、潮湿，在室内应采取均压网的方式。网格宽度应在1.5m以内。为节约钢材，根据金属设备的位置，可做1.5m以内的平行线，适当加以纵线，使网格与金属设备和室外接地装置连成一体。

除以上措施外，金属烟囱较高时，为加强烟囱的稳定性，经常要往四周拉线。要注意行人对拉线的接触电压，拉线的保护应按引下线的要求处理。

当钢筋混凝土烟囱或砖烟囱超过40m时，明装引下线不应少于两根。如为单根引下线时，则需加大截面，以防止其腐蚀或机械损伤。由于接闪装置及明装引下线经常遭受烟气的腐蚀，因此，金属部件应镀锌或刷防腐剂。

烟囱的防雷接地，其接地电阻为30Ω。

引下线：圆钢直径为10mm，扁钢为30mm×4mm，在烟囱出口下3m范围内圆钢直径为12mm。当烟囱低于40m时，设一根引下线；当烟囱高于40m时，设两根引下线和两组接地极，可利用铁爬梯作为引下线；当为钢筋混凝土烟囱时，应把两根以上主筋与铁爬梯焊接作为引下线。

五、古建筑和木结构建筑物的防雷设计要点

对古建筑和木结构建筑物的防雷具体做法及注意的一些事项如下。

(1) 接闪装置：首先应根据建筑物的特点选择避雷带或避雷针的安装方式，其中应着重注意引下线弯曲的两点间的垂直长度要大于弯曲部分实际长度的十分之一。

(2) 引下线：引下线少，每根引下线所承担的电流就大，容易产生反击和各种二次事故。因此，两条引下线间的间距应按规范规定，一般不大于20m。如果建筑物长度短，最少不得少于两条。

(3) 接地装置：应根据建筑物的性质和游人情况选择接地装置的方式和位置，必要的地点要做均压措施。房屋宽度窄时采用水平环形接地装置较易拉平电位，采用垂直独立接地装置时，其电位分布曲线很陡，容易产生跨步电压，故其顶端应埋深在1m以下。

(4) 防球雷措施：对重要的古建筑，除防直击雷外，还应考虑防球雷措施。一种可行的方式是安装金属屏蔽网并可靠地接地。如达不到这种要求时，最低限度门窗应安装玻璃，使其不要有孔洞，以防球雷沿孔洞钻进室内。此外，还应注意附近高大树木引来的球雷，因此要考虑高大树木距建筑物的距离。

(5) 雷电的二次灾害：有些古建筑和木结构建筑内部安装了照明、动力、电话、广播等设备。连接这些设备室内和室外的管、线，应注意与建筑防雷系统之间的距离，距离过小时，易产生反击，即引起雷电的二次灾害。尤其室外的各种架空线路容易引入高电位，应加装避雷器。实际状况是，许多建设和施工单位对雷电所产生的危害不够重视，安装架空线路时没有考虑线路与防雷系统的关系，这是很危险的。

六、有爆炸和火灾危险的建（构）筑物的防雷

加油站、液化气站、天然气站、输油管道、储油罐（池）油井、弹药库等易燃易爆场所，如果缺少必要的防雷电设施，将会因雷电灾害造成重大的损失。这类场所除安装防直击雷的设施外，对储气（油）罐（池）及管道、设备等还必须安装防雷电静电感应、防雷电电磁感应的装置。

有爆炸危险的建筑物防雷：对存放有易燃烧、易爆炸物品的建筑；由于电火花可能造成爆炸和燃烧，对于这类建筑的防雷要求应当严格。要考虑直击雷、雷电感应和沿架空线侵入的高电位。除按一般的要求外，避雷针或避雷网的引下线还应加密，每隔 18～24m 应做一根。

防雷系统和内部的金属管线或金属设备的距离不得小于 3m，如不能满足要求时，必须将所有大型金属设备、金属结构及金属管线与防雷系统连成闭合回路，不得有放电间隙。

对所有平行或交叉的金属构架和管道应在最接近处进行电气跨接，一般每隔 20～24m 跨接一次。

采用避雷针保护时，必须高出有爆炸性气体的放气管管顶 3m，其保护范围也要高出管顶 1～2m。

如建筑物附近有高大的树木时，若不在保护范围内，树木应和建筑物保持 3～5m 的净距，以防止接闪时产生反击。

有火灾危险的建筑物防雷：农村的草房、木板房屋、谷物堆场以及储存有易燃烧材料的建筑物，如亚麻、棉花、稻草、干草的仓库等，都属于有火灾危险的房屋。这些房屋最好用独立避雷针保护。如果采用屋顶避雷针或避雷带保护时，在屋脊上的避雷带应支起 0.6m，斜脊屋檐部分连接条应支起 0.4m，所有防雷引下线应支起 0.1～0.15m，防雷装置的金属部件不应穿入屋内或贴近草棚上，以防由于反击而引起火灾。电源进户线及屋内电线都要与防雷系统有足够的绝缘距离，否则应采取相应的保护措施。

第三节 建筑防雷课程设计指导

一、建筑物防雷设计内容

(1) 接闪器设计，其目的是控制落雷点，由雷电理论可知，不让雷云发生闪击是不可能的，防雷的任务是把闪击引导到无害的部位发生，避免发生在危险的部位；

(2) 接闪器实质上是把雷电引了进来，但更重要的是要安全地把它送走，那就是良好的接地网，其中重要的技术是接地网的结构与接地电阻值；

(3) 设计从接闪器到接地网之间良好的雷电通道，让雷电流平安地通过它散入大地；

(4) 做好等电位连接，防止高电压反击；

(5) 防止通过金属线路引入雷电高电压浪涌、防止击坏用电设备和通信器材，更要注意防止发生人身伤亡事故。

建筑物防雷设计就是沿着上面五点思路，对具体建筑物（要求防雷的空间）采取具体措施使其逐点得以实现。

二、建筑物防雷设计步骤

(1) 确定该防雷建筑物所处的地理环境和近十年的气象情况。

(2) 确定接闪器的方式和滚球半径。根据建筑物的组合情况，找出合理的设计思路：避雷针布置的具体方案、避雷带布置的具体方案；避雷针、避雷带布置两种方案比较。

(3) 引下线。

(4) 接地装置。

水平接地体的接地电阻：引下线和接地网是假设建筑物土建主体工程基本完成后重新设计防直击雷系统的，只要我们把上述三个部分按有关规范和规程的规定充分焊接好，是可以达到防直击雷的目的的。

(5) 利用综合大楼的自然基础做接地体，利用立柱主筋做引下线，如果我们在建筑物施工前做好用自然基础做接地体和利用立柱主筋做引下线的设计就方便多了，并且可以节约大量的钢材和资金。

三、防雷设计说明的内容

(一) 防雷类别

依据引用规范进行的防雷分类结果，以及确定分类设计的其他原因和条件。一般可分为：(1) 一类、一级；(2) 二类、二级；(3) 三类、三级。

(二) 接地装置

1. 自然接地体

利用建筑物的基础结构钢筋做防雷接地体（包括桩钢筋、基坑钢筋或桩台分布筋、地梁钢筋、柱钢筋），利用标示的桩内两条以上钢筋和承台钢筋做垂直接地极，利用地梁的两条钢筋（面筋）通长焊接做水平接地极。要求分布筋与分布筋之间、分布筋与柱筋（桩钢筋）焊接导通，把地梁钢筋之间、地梁钢筋与柱钢筋焊接导通，使整个基础钢筋连成一个网格形接地体。

2. 该项目接地体的应用形式

即电气设备接地、保护接地和防雷接地等，是采用全共用接地体形式、部分共用接地体形式还是分设形式，应明确：若防雷接地与保护接地共地，设备接地设独立接地，两地网之间相距应大于20m。

3. 引下线布置

(1) 利用标示的柱内的两条对角主筋做防雷引下线，其上端与接闪装置（避雷针、网、带），下端与接地装置通长焊接连通。柱内引下线钢筋应与地梁内用作水平接地极的主筋、该柱承台底板钢筋及其桩体用作垂直接地体的钢筋焊接连通。中间环节应利用箍筋设置短路环。

(2) 沿建筑外墙暗敷在粉刷层内。

(3) 利用建筑物金属构件，如金属烟囱、消防梯等焊件做防雷引下线。

四、课程设计内容

试利用所学的知识，列举某一特定的建（构）筑物工程，设定该工程的一些特征，要求做出一套完整的建筑物防雷设计方案。

(1) 提示一：防雷工程设计单位应当根据当地雷电活动的规律和地理、地质、土壤、环境等外界条件，结合雷电防护对象的防护范围和目的，严格按照国家规定的防雷设计规范进行设计。

(2) 提示二：防雷工程按其性能，具体分为：

① 直击雷防护工程：由接闪器（包括避雷针、带、线、网）引下线、接地装置以及其接连导体组成；

② 雷电电磁脉冲防护工程：由电磁屏蔽、等电位连接、共用接地网、过电压保护器以及其他接连导体（线）组成，具有防御雷电电磁脉冲（包括雷电感应和雷电波侵入）性能的系统装置。

(3) 提示三：防雷装置是防御直击雷、雷电感应和雷电波侵入的接闪器、引下线，接地装置、过电压保护器以及其他接连导体的总称。

(4) 防雷工程设计内容：

① 设计说明（包括设计依据、防雷分类等）；

② 防雷系统示意图；

③ 拟采用防雷装置的规格及型号；

④ 电气设备及信息系统电涌保护器布置设计图；

⑤ 接地装置，引下线、接闪器、电气设备及信息系统防雷接地设计图；

⑥ 等电位连接预留件、均压环、等电位连接及屏蔽设计图；

⑦ 特殊情况的相关图纸及说明。

(5) 作业要求：

纸张规格：A3；正文字体：长仿宋体（小4号）；正文字数：3000字；CAD图形文件。

建（构）筑物防雷设计方案内容：

防雷设计方案课程设计封面；建（构）筑物的状况，用途及环境；当地的自然条件、土壤的电阻率；防雷设计引用的规范、标准；方案设计计算书；建（构）筑物外部、内部防雷措施；防雷设计方案草图；防雷装置零部件的技术参数；设计、施工说明。

(6) 防雷工程设计方案电子文件。

第四节 低压配电系统的防雷设计

一、不间断电源的雷电防护

不间断电源适合于断电时设备不能停止工作或者需要一个充足的时间来保护重要数据的场合。目前的不间断电源除了具有不间断供电功能外，还具备过压、欠压保护功能以及软件监控功能等。其中，在线式不间断电源还具备与电网隔离功能，抗干扰特性好，是高可靠性电子信息系统的最佳选择。

不间断电源常出现情况时不仅不能有效地保护电源，而且其也常出现被雷电损坏的现象。

不间断电源为其他设备提供不间断的、净化的电源，它安装在重要设备的前端，当雷电直接击中低压电源线或在电缆上产生感应雷电流时，电源导线上的过电流、过电压经过配电系统时首先会冲击不间断电源，而不间断电源的稳压范围一般单相为160～260V，三相为320～460V。要限制瞬间电压高达10～20kV的雷电冲击波是不可能的，这就是不间断电源遭雷击损坏的主要原因。

因此，应在不间断电源的供电系统中安装防雷器件，以达到保护不间断电源的目的。

在不间断电源前端安装抑制吸收沿线路输入端的雷电强浪涌的防雷器件，其最大冲击电流为20kA，冲击电压为6kV，波形为8/20μs。这样不间断电源可以完善地保护自身，并通过保护自身而达到保护其他设备电源免遭雷电损害的目的。

二、防雷器接地汇集注意事项

(1) 为了使接地电位相等，被保护设备与防雷器必须再共用一个接地汇集排。

(2) 为了减小防雷器泄放的雷电流在接地引线上形成残压，防雷器的接地线应尽可能做到短、粗、直。

(3) 为了使被保护设备的地电位与接地汇集排的地电位相等，设备的保护接地线中不能有电流流过，接地连接线可适当加长。

(4) 避雷针 (带) 引下线和其他干扰电流不能流过设备与防雷器用的接地汇集排，以免造成接地汇集排上各连接点的电位不相等。

三、电源噪声的抑制

供电电源常由于负载的通断过渡过程、半导体元器件的非线性、脉冲设备及雷电的耦合等因素而成为电磁干扰源。于是，抑制电磁干扰的技术也越来越受到重视。接地、屏蔽和滤波是抑制电磁干扰的三大措施。

(一) 电磁干扰噪声

电子设备的供电电源 (如 220V/50Hz 交流电网或 115V/400Hz 交流发电机) 中都存在各种各样的电磁干扰噪声，会通过辐射和传导耦合的方式影响在此环境中运行的各种电子设备的正常工作。

各类稳压电源本身也是一种电磁干扰源。在线性稳压电源中，因整流而形成的单向脉动电流也会引起电磁干扰。开关电源具有体积小、效率高的优点，在现代电子设备中应用越来越广泛，由于它在功率变换时处于开关状态，本身就是很强的电磁干扰噪声源，其产生的电磁干扰噪声既有很宽的频率范围又有很高的强度。这些电磁干扰噪声也同样通过辐射和传导的方式污染电磁环境，从而影响其他电子设备的正常工作。

对电子设备来说，当电磁干扰噪声影响模拟电路时，会使信号传输的信噪比变坏，严重时会使要传输的信号被电磁干扰噪声淹没而无法进行处理。当电磁干扰噪声影响数字电路时，会引起逻辑关系出错，导致错误的结果。

对于现代电源设备来说，其内部除功率变换电路以外，还有驱动电路、控制电路、保护电路以及输入、输出电平检测电路等，电路相当复杂。这些电路主要由通用或专用集成电路构成，当受电磁干扰而发生误动作时，会使电源停止工作，导致电子设备无法正常工作。采用电网噪声滤波器可有效地防止电源因外来电磁噪声干扰而产生误动作。

另外，从电源输入端进入的电磁干扰噪声中的一部分可出现在电源的输出端，它在电源的负载电路中会产生感应电压，成为电路产生误动作或干扰电路中传输信号的因素之一。这些问题同样也可用噪声滤波器加以防止。

(二) 电源滤波器

由于交流电源滤波器是低通滤波器，不妨碍工频电流的通过，而对高频电磁干扰呈高阻态，有较强的抑制能力。使用交流电源滤波器时，应根据其两端的阻抗和要求的插入衰减系数来选择滤波器的形式。在电源设备中噪声滤波器的作用如下。

(1) 防止外来电磁干扰噪声干扰电源设备本身控制电路的工作。

(2) 防止外来电磁干扰噪声干扰电源负载的工作。

(3) 抑制电源设备本身产生的电磁干扰。

(4) 抑制由其他设备产生而经过电源传播的电磁干扰。

在电源设备输入引线上存在两种电磁干扰噪声，即共模噪声和差模噪声。把在交流输入引线与地之间存在的电磁干扰噪声称为共模噪声，它可以看作与交流输入引线上传输的信号电位相等、相位相同的干扰信号。交流输入引线之间存在的电磁干扰噪声叫作差模噪声，它可以看作与交流输入引线上传输的信号相位差 180° 的干扰信号。

共模噪声是从交流输入引线流入大地的干扰电流，差模噪声是在交流输入引线之间流动的干扰电流。任何在电源输入引线上传导的电磁干扰噪声都可以用共模噪声和差模噪声来表示，并且可把这两种电磁干扰噪声看作相互独立的电磁干扰源进行分别抑制。因为共模噪声在全频域特别是在高频域内所占比例较大，而在低频域内差模噪声所占比例较大，所以应根据电磁干扰噪声的这个特点选择适当的电磁干扰滤波器。

电源用噪声滤波器按形状可分为一体化式和分立式两种。一体化式噪声滤波器将电感线圈、电容器等封装在金属或塑料外壳中；分立式噪声滤波器将电感线圈、电容器等安装在印制电路板上。到底采用哪种形式要根据成本、特性和安装空间等来确定。一体化式噪声滤波器成本较高，特性较好，安装灵活；分立式噪声滤波器成本较低，但屏蔽效果不好，可自由分配在印制电路板上。

第五节　智能建筑雷电防护设计

一、概述

当城市上空出现雷云时，由于雷云的感应，使附近地面或地面上的建筑物积聚电荷，从而地面与雷云间形成强大的电场。处于市区的高层建筑物周围空间的电荷浓度较大，易形成向雷云方向的上行先导放电，当这个先导逐渐接近地面物体并达到一定距离时，地面物体在强电场作用下产生尖端放电，形成向雷云方向的先导并逐渐发展成上行先导放电，两者会合形成雷电通路，从而引发雷击。

智能建筑是由楼宇自动化 BA（Building Automation），通信自动化 CA（Commu-ni-cation Automation），办公自动化 OA（Office Automation）在综合布线的基础上，通过系统集成技术而构成的一个综合管理系统。智能建筑随着现代计算机（Computer）技术、现代控制（Control）技术、现代通信（Communication）技术和现代图形显示技术（Cathode Ray Tube，CRT），即所谓4C 技术的发展和在建筑平台上的应用，“智能建筑”的使用功能和技术性能与传统建筑相比发生了深刻的变化，从而使这种综合性高科技建筑物成为现代化城市的又一个重要标志。

其中，通信自动化系统（通信系统）是智能大厦的“中枢神经”系统，具备来自大厦内外的各种信息的收集、处理、存储显示、检索和提供决策支持的能力，以满足办公自动化大厦内外通信的需要，提供最有效的信息服务。

智能化建筑通信系统中各种电子器件、计算机和网络设施等，其特点是电子器件密度大、集成度高，因而，它受雷电电磁脉冲袭击的危险性也大大增加，其后果可能使整个建筑内通信系统的设备部分或全部损坏、数据丢失和运行失误，直至处于瘫痪状态。因此，如何能有效地避免雷电在通信系统中的破坏作用，是智能建筑设计中的一个重要环节。

在设计中，如果单纯地将智能建筑按照规范划为第二类防雷建筑物进行，并不能满足智能建筑运行时设备安全和抗干扰的要求。不论是由接闪器直击雷、雷电感应电荷，其强大的电流都会在建筑内部感应出较大的电压波动和信号干扰，从而造成电子设备的损坏和传输数据的错误。对于电子设备分布密集度高的通信系统来说，专门的防雷设计要求迫在眉睫。

二、设计前准备

（一）收集资料及勘测内容

1.新建工程收集资料内容

（1）观察了解被保护建（构）筑物所在地区的地形、地物状况、当地气象条件（雷暴日）和地质条件（土壤的电阻率）。

（2）需保护的建筑物（或建筑物群体）的形状、结构、长度、宽度、高度及位置分布，相邻建筑物的高度及与需保护的建筑物的距离。

（3）各建筑物内各楼层及楼顶需保护的电子信息系统设备的分布状况。

（4）配置于各楼层工作间或设备机房内需保护的设备种类、功能及性能参数（如工作频率、功率、工作电子、传输速率、特性阻抗、传输介质等）。

（5）信息系统的计算机与通信系统网络拓扑结构。

（6）信息系统电子设备之间的电气连接关系、信号的传输方式。

（7）供电、配电及电网质量情况，以及配供电系统形式。

（8）有无备用发电机供电、市电和发电机供电的切换方式。

（9）有无直流供电系统（包括整流设备供电、蓄电池供电或太阳能电池供电），供电电压及工作接地方式。

（10）依次详细了解将配置信息系统电子设备的各工作间或机房。

（11）了解建筑物其他构件结构及屋内其他构筑物情况，了解建筑物立面装修形式及材料。

2. 对已建（扩、改建）工程收集资料内容

除上述应收集勘测资料的内容外，尚应收集勘测下列相关资料。

（1）检查防直击雷接闪装置（避雷针或带及网等）的设置现况，屋顶上部各种天线、金属杆及与引下线连接可靠性的程度，预留、预埋引入各种信号线的管道及设备基座接地情况是否符合设计要求。

（2）防雷引下线系统分布路线是否已利用靠柱子外侧主筋做引下线，与信息设施接地系统的安全距离是否符合规范要求。

（3）高层建筑防雷电侧击措施设置情况。

（4）强电及弱电竖井布置位置是否合适。

（5）安装于建筑物内（或竖井内）的各种金属管道、电气设备的金属外壳、电缆桥架等与防雷装置等电位连接情况。

（6）由室外引入（或引出）建筑物的各种金属管道与建筑物环形接地装置等电位连接情况。

（7）各个隐蔽施工部位的检测记录及质检验收报告。

（8）建筑物金属幕墙及墙板，在上下端及中间相应楼层等电位连接施工情况，是否符合规范要求。

（9）信息系统的安装特性及系统设备特性的相关资料。

（10）总等位连接及其他局部等电位连接现况；共用接地装置施工现况等及图纸

资料。

(二) 防雷与接地工程设计的依据

(1) 提供的被保护范围及欲实施防雷工程的委托书。

(2) 被保护地区所处地理位置及雷电环境。如经纬度、海拔高度、林木覆盖率、水面占有面积、年降雨量、年雷暴日等。

(3) 地面落雷密度 (次 /km^2·年)。

(4) 建筑物年预计雷击次数 (次 / 年)。

(5) 相关的部标、国标及防雷规范。

(6) 被保护建筑物 (群体)、构筑物基本情况。

(7) 建筑物内主要被保护信息系统设备及其网络结构的基本情况。

(8) 供电、配电及电网质量情况。

(9) 接地系统状况。

(10) 当地土壤的电阻率及冻土层深度。

(三) 防雷与接地工程勘察设计的内容

1. 建筑物电子信息系统的防雷设计原则

(1) 建筑物电子信息系统的防雷设计主要内容是信息系统的雷电电磁脉冲防护设计，即屏蔽、等电位连接、合理布线、过电压和过电流电涌防护、接地等措施，即实行多重设防、综合防雷的设计原则。

(2) 建筑物内部防雷系统设计时，应与建筑师、建设单位、供水、供电、通信、煤气、消防、人防，电子系统、计算机系统、施工单位、防雷产品生产厂家、防雷检测部门、质量监测站等各相关部门充分协商联系，以便在各个设计阶段，互相配合，协调施工，才能很好地完成建筑物的综合防雷设计任务，保证施工质量，节约投资，减小维护工作量，使整个工程成为优质工程，保证人身和设备安全，使信息安全可靠运行。

(3) 建筑物防雷系统设计是一个系统工程，须综合设计，其外部防雷系统与内部防雷系统设计应统一考虑。

(4) 建筑物内部各信息设施的工艺设计要求及各设施设备机房位置选择，竖井设备间布置应符合规范要求。

(5) 按信息系统雷电防护分区要求，设计决定各个防雷区分界处的等电位连接位置及屏蔽，系统接地的平面及竖向布置图。

(6) 建筑物信息系统的各类信号线、天馈线、控制线的传输介质选择及线路敷设路径走向设计应符合规范要求。

(7) 按建筑物低压配电供电系统接地形式，确定不同供电系统的过电压保护方案。

(8) 按建筑物各类信息系统的等电位连接要求，确定合适的等电位连接网络形式: S形、M形、混合形。

(9) 按建筑物各类信息系统接地方式要求，确定采用单点接地或多点接地方式。接地系统采用综合共同接地、专用接地的系统方式，并确定接地系统的接地电阻值。

(10) 确定各级电涌保护器的参数及各级之间的能量配合。

2. 已建 (改建) 工程电子信息系统雷电防护的勘测设计内容

(1) 检查防直击雷接闪装置 (避雷针或带及网等) 的设置现况，屋顶上部各种天线、金属杆及与引下线连接可靠程度，预留、预埋引入各种信号线的管道及设备基座接地情况是否符合设计要求。

(2) 防雷引下线是否利用靠柱子外侧主筋做引下线，与信息接地系统的安全距离是否符合规范要求。

(3) 高层建筑防侧击雷措施施工情况。

(4) 强电及弱电竖井布置位置是否合适。

(5) 安装于建筑物内 (或竖井) 的各种金属管道，电气设备的金属外壳，电缆桥架等与防雷装置等电位连接情况。

(6) 建筑物基础接地装置及防雷接地预留检测点的埋设位置是否符合有关规范要求，基础设有防水材料时接地装置的特殊处理措施情况。

(7) 由室外引入 (或引出) 建筑物的各种金属管道与建筑物环形接地装置等电位连接情况。

(8) 地下室及相关信息系统设备机房内竖井设备间内预埋等电位连接板的位置及数量是否符合设计要求。

(9) 防雷系统的各部件所用材料及防蚀处理是否符合规范要求。

(10) 各个隐蔽施工部位的检测记录及质检验收报告。

(11) 防雷接地装置的接地电阻测试记录及检测质检报告。

(12) 建筑物金属幕墙及墙板，在上、下端及中间相应楼层等电位连接施工情况，是否符合规范要求。

(13) 综合接地系统总等电位连接端子板 (或母干线) 在地下室施工预埋位置是否符合要求。

三、智能民居的防雷设计

（一）智能民居设备的抗干扰措施

智能民居电子设备应设置多级防雷保护装置，一般按三级配置。由于雷电流主要是由首次雷击电流和后续雷击电流组成的。因此，雷电过电压的保护必须同时考虑如何抑制（或分流）首次雷击电流和后续雷击电流。在采取多级保护措施的同时，还必须考虑各级之间的能量配合和解耦措施。智能民居网络系统的防雷可采用外部和内部防雷措施。

外部防护是指对建筑物本身的安全防护，可采用设置避雷针、分流、设置屏蔽网、均衡电位以及接地等措施。这些防护措施人们比较重视，也比较常见，相对来说比较完善。

内部防护是指建筑物内部的电子设备对浪涌过电压的防护，可采取的措施有等电位连接、屏蔽、保护隔离、合理布线和设置过电压保护器等，主要由建筑物内的设备决定雷电浪涌及地电位差的防护措施。

1. 智能民居的外部防护

外部防雷主要是指民居建筑物的防雷，一般是直击雷防护，可采取的技术措施有设置接闪器（避雷针、避雷带、避雷网等金属接闪器）引下线、接地体和法拉第笼等。

第一，可利用建筑物的避雷针将主要的雷电流引入大地。

第二，在将雷电流引入大地的时候尽量将雷电流分流。

第三，应利用建筑物中的金属部件以及钢筋组成不规则的法拉第笼，可以起到一定的屏蔽作用，如果智能民居建筑物中的设备是低压电子逻辑系统、遥控系统以及小功率信号的电器，则需要加装专门的屏蔽网，在整个屋面上组成尺寸不大于 $5m \times 5m$ 或 $6m \times 4m$ 的屏蔽网格，所有均压环都采用避雷带进行等电位连接。

第四，智能民居建筑物各点的电位应均衡，避免由于电位差而危害设备。

第五，应保障智能民居建筑物有良好的接地网，以降低雷击民居建筑物时接地点的电位。接地电阻应符合相关标准，一般为 4Ω。

2. 智能民居系统的内部保护

内部防雷系统主要是对智能民居系统内易受过电压损坏的设备加装过压保护器。在设备受到过电压侵袭时，过压保护器能快速动作，泄放能量，从而保护设备免受损坏。内部防雷分为电源防雷和信号防雷两种。

随着智能民居电子设备的大规模使用，雷电以及操作过电压造成的危害越来越严重。以往的防护体系已不能满足智能民居网络安全的要求，应从单纯一维防护转为三维防护，包括防直击雷袭击、防感应雷电波侵入、防雷电电磁感应干扰、防地电位反击以及防操作瞬间产生的过电压影响等。

多级分级（类）保护原则，是指根据电气、电子设备的不同功能及所属保护层，确定被保护设备应采取的保护方式并加以分类。根据雷电和操作瞬间过电压危害的可能通道，从电源线路到数据通信线路都应进行多级分类保护。

（1）电源部分的防护。电源部分防雷主要是防止雷电波通过电源线路对智能民居电子设备及相关设备造成危害。为了避免高电压经过防雷器对地泄放后的残压或较大的雷电流在击毁防雷器后继续毁坏后续设备，以及防止线缆遭受二次感应，依照国家有关防雷工程规范，应采取分级保护、逐级泄流的措施。

一是在智能民居建筑物电源的总进线处安装第一级电源防雷器；

二是在智能民居建筑物的单元配电箱电源的进线处加装第二级电源防雷器；

三是在用户配电箱电源端加装末级电源防雷器。

（2）信号部分的保护。由于雷电波在线路上能感应出较高的瞬时冲击能量，因此，要求网络通信设备能够承受较大能量的瞬时冲击。目前大部分设备由于电子元器件的高度集成化，其耐过电压、耐过电流的水平有所下降，必须在网络通信接口处加装信号端口防雷保护装置，以确保网络通信系统的安全运行。

对智能民居信号系统进行防雷保护时，选取适当的保护装置非常重要，应充分考虑防雷产品与通信系统匹配的问题。对于信息系统，一级保护应根据所属保护区的类别来确定，末级保护要根据电子设备的敏感度进行确定。

（3）接地处理：智能民居建筑物一定要有一个良好的接地系统，所有防雷系统都需要通过接地系统把雷电流泄入大地，从而保护设备和人身安全。如果民居建筑物的接地系统做得不好，不但会引起设备故障，烧坏元器件，严重时还将危及工作人员的生命安全。另外，防干扰的屏蔽问题和防静电问题都需要通过建立良好的接地系统来解决。

（二）智能民居建筑物的等电位连接

1. 等电位连接

等电位连接是内部防雷的一部分，其目的在于降低雷电流所引起的电位差。也就是说，用连接导线或过电压（电源）保护器将处在需要防雷空间内的防雷装置、建筑物的金属构架、金属装置、外来导线、电气装置以及电信装置等连接起来，形成一个等电位连接网络，以实现均压等电位，从而防止防雷空间内发生火灾、爆炸而危及人员生命和设备安全。

等电位连接就是使各外露可导电部分和装置外可导电部分的电位基本相等而进行的电气连接。通常把等电位连接分为三个层次，即总等电位连接、局部等电位连接和辅助等电位连接。

总等电位连接是指将建筑物中每一根电源进线及进出建筑物的金属管道、金属构件连成一体，一般有总等电位连接端子板、等电位连接端子板和辅助等电位连接板采用放射连接方式或链接方式。

局部等电位连接一般应用于浴室、游泳池和医院手术室等特别危险的场所，那里发生电气事故时危险性较大，要求接触电压更低，在这些局部范围内需要进行多处辅助等电位连接才能满足要求。一般局部等电位连接也有一个端子板或者在局部等电位范围内构成环形连接。简单地说，局部等电位连接可以看成局部范围内的总等电位连接。

电位连接对用电安全、防雷以及电子信息设备的正常工作和安全使用来说都是十分必要的。安全接地系统也包含于等电位连接之中，它是以大地电位为参考电位的大范围的等电位连接。根据理论分析，等电位连接的作用范围越小，电气上越安全。如果在智能民居的范围内进行等电位连接，其效果当然远优于安全接地系统。智能民居的总等电位连接，就是在智能民居内电源进线配电箱近旁设一铜质接地母排，并用等电位连接线将住宅楼内可导电金属部分与接地母排连接起来而互相导通，当智能民居内有人工接地极时，接地极引入线应首先接至接地母排。

为保证等电位连接能可靠导通，等电位连接线和接地母排应分别采用铜线和铜板。等电位连接这一电气安全措施并不需复杂、昂贵的电气设备，它所耗用的只不过是一些导线，也不像埋在地下的人工接地极那样易受土壤腐蚀而失去作用，它在保证电气安全上的作用远优于过去习惯采用的专门打入地下的人工接地体。智能民居必须进行总等电位连接和浴室内的局部等电位连接。

2. 等电位连接所用材料

等电位连接线及端子板推荐采用铜质材料，这是因为其导电性和强度都比较好。但是，当所用铜材料与基础钢筋或地下的钢材管道相连接时，应充分注意铜和铁具有不同的电位，而且土壤中的水分及盐类可形成电解液，从而构成原电池。这时会产生电化学腐蚀，基础钢筋和钢管就会被腐蚀。因此，在土壤中应避免使用铜线或带铜皮的钢线作为连接线；与基础钢筋连接时，建议连接线选用钢质材料。这种钢质材料最好也用混凝土保护，连接部位应采用焊接方式连接并在焊接处采取相应的防腐保护措施，这样它与基础钢筋的电位基本一致，不会形成电化学腐蚀。在等电位连接线与土壤中的钢管等连接时，也应采取防腐措施。

3. 微电子设备的等电位

微电子设备的等电位连接在智能民居中是至关重要的，有些资料把其定位为辅助等电位连接的范畴，也有人将其定义为局部等电位连接的范畴。总之，微电子设备的等电位连接有其特殊性，有别于其他用电设备的等电位连接。其等电位连接线必须通过过电压保护器与等电位端子板连接，而不能直接与等电位端子板连接。

4. 等电位连接的施工

等电位连接是现代雷电防护的重点。只有做好等电位连接，在浪涌电压产生时才不会在各金属物或系统之间产生过高的电位差并保持与地电位基本相等的水平，从而使设备及人员受到保护。在做外部雷电防护工程的基础上，将需要保护的设备做好等电位连接，才能有效地对设备起到保护作用，要求“穿过各防雷区界面的金属物和系统，以及在一个防雷区内部的金属物和系统均应在界面处做符合要求的等电位连接”。

（三）智能民居家用电器的防雷和防浪涌保护

人随着微电子设备日益普及，智能民居现在也成了雷击的重灾区，因此，家用电器的防雷问题也越来越受到人们的高度重视。

雷电及浪涌对家庭用电的影响是多方面的，这里主要是指对家用电器的影响。这些影响有的容易被人们察觉，有的却不易被察觉。

1. 智能民居家用电器浪涌的防护

家用电器供电线路在连接到家用电器之前，就有可能遭受雷击，或者由于线路中存在大型感性、容性设备而产生大的浪涌电流。因此，家用电器使用的电源是可能含有各种浪涌的电源。

电话线上连接的设备也越来越多，电话线在由电信设备的信号端口接入前遭受雷击或其他干扰的可能性也很高。

有线电视线路的传输距离长，线路架空敷设或穿越场合的情况较为复杂，这些线路遭受雷击或其他干扰的可能性一样很高。

通过分析浪涌入侵的途径可以发现，智能民居防浪涌主要应从电源线路、电话线路以及有线电视信号线路等几个方面考虑。

电源线路是防护的重点。我国一直沿用的三相四线制供电线路，这种方法虽然节约了一根电线，但由于缺少一根单独的地线，常常能见到三相插头的地线接孔空着的情况，要么没有接线，要么与零线连在一起，这样做是不安全的。现在基本上都已采用三相五线制供电线路，除三根相线和一条零线外，还有一条保护接地线。

而正是这根接地线的存在，使得可以在线路上加装避雷器，从而避免单独接地的必要。通常的做法是在每户的总电源开关处安装电源避雷器，并且家中的电源插头应采用防雷插座。对于智能民居，还应在整栋楼的总进线处安装一台电源避雷箱，作为全楼家庭防雷的前级保护。电源避雷设备能对雷电流及浪涌进行很好的拦截，并通过地线将过电流泄放入地。

2. 个人计算机的防雷措施

数据信号线入侵干扰主要是雷电感应造成的浪涌。雷电感应一般来自云地闪击和云间放电，其中对地雷击产生的感应浪涌电压较高，一般500m范围内的电子信息设备均可能遭其破坏。根据雷电电磁脉冲理论和实践经验，计算机及其他信息设备的损坏主要是由雷电感应浪涌电压造成的，雷电感应浪涌电压可以通过各种信号引线引入设备内部，破坏其芯片和接口。具体地说，在个人计算机联网系统中可以采取如下措施。

(1) 在调制解调器的接入线与入户信号线（如电话线）之间安装信号防雷器。

(2) 使用了不间断电源，则应在不间断电源之前加装电源避雷器对其进行保护。对于普通的个人计算机用户而言，计算机的电源插座应采用防雷型电源插座。

(3) 对于宽带进户的数据线，虽然宽带传输网的骨干线均采用光纤传输，但我国目前仍未做到光纤到户，故在宽带数据接入线和入户线之间应加装信号防雷器。

四、高层智能建筑的外部防雷设计

现代防雷技术的理论基础在于：闪电是电流源，防雷的基本途径就是要提供一条雷电流（包括雷电电磁脉冲辐射）对地泄放的合理的含阻抗的路径，而不能让其随机性地自由选择放电通道。简而言之，就是要控制雷电能量的泄放与转换。

多层民用建筑外部防雷系统是沿屋顶敷设避雷带（针）、沿外墙敷设引下线、在基础施工时布一道环网接地体可实现防雷目标。高层智能建筑的防雷就不那么简单了，由于建筑物里面复杂的通信、电子等高科技弱电设备，所以采用内外防雷相结合的综合防雷法显得尤其重要。

外部防雷保护是将绝大部分雷电流直接引入地下，利用布置好的接地网散泄雷电流。

高层智能建筑的外部防雷系统由接闪器（避雷针）引下线、接地网等有机组成，缺一不可。接闪器在防雷设计中常布置于房屋的顶部，它最常见的结构是钢结构构架，兼有装饰功能与通信功能，但其最重要的功能是直接截受雷击，通常也叫避雷针。功能是把接引来的雷电流，通过引下线和接地装置向大地中泄放，保护建筑物免受雷害。

雷击时引下线上有很大的雷电流流过，会对附近接地的设备、金属管道、电源线等产生反击或旁侧闪击。为了减少和避免这种反击，柱内钢筋与梁、楼板的钢筋，都是连接在一起的，和接地网络形成一个整体的“法拉第”笼，均处于等电位状态。雷电流会很快被分散，可以避免反击和旁侧闪击的现象发生。

（一）接地装置的设计

接地装置的作用主要是均匀入地散射电流，将雷电泄入大地。通常用镀锌圆钢、扁钢、角钢等材料做成，有时在某些土壤电阻率较高的地方，为满足接地要求还用钢板、铜板、铜条。其中镀锌圆钢、扁钢做网格状按一定埋深敷设，角钢则作垂直接地体布置于网格的交叉点上。

接地装置一个重要的指标就是接地电阻的大小，通常认为接地电阻越小越好，对避雷系统接地装置的接地电阻值有一定的要求是无可非议的，因为接地电阻越小，散流越快，落雷物体高电位保持时间就越短，危险越小，以至于跨步电压、接触电压也越小。

基础接地体的应用存在各种不同的看法：有些人认为，在基础内的钢筋被混凝土包住，就不可能与大地沟通，这样怎样起接地体的作用呢？事实上，干燥的混凝土就是很好的绝缘体。而含有水分的混凝土却是另一种情况。在制造钢筋混凝土基础的过程中，硅酸盐水泥和水互相作用，干涸后，混凝土中存在许多细小的分支毛细管。基础的混凝土保持与含水分的土壤接触时，毛细管将水分吸到混凝土里，因而降低了混凝土的电阻率。

较大的楼宇采用基础接地体后的接地电阻一般都能满足这种要求。若较小的钢筋混凝土建筑，使用它的柱梁结构的埋地钢筋混凝土做接地网，即使它的接地电阻达不到足够小，需要加埋人工接地体补充，这样能够减少人工接地体的数量，节约投资。但有些钢筋混凝土确实不能作为接地装置，如防水水泥，铝酸盐水泥，矾土水泥，以及异丁硅酸盐水泥等，以人造材料水泥做成的钢筋混凝基础，不能做接地装置。

这里要强调的是，混凝土浇灌前，各钢筋之间必须构成电气连接。作为接地体的桩筋与承台的连接，选定作为引下线和均压环屏蔽网的梁柱筋必须做牢固的焊接，使之成为可靠的电气通道。

有一种观点认为，建筑物由结构的钢筋经过绑扎即可达到电气连接的要求，并可望经过雷电流冲击后把绑扎点熔接起来，相当于点焊一样。事实上这种做法是不可靠的，据防雷设施检测、验收和灾情调查实例分析，对以上说法有三个疑问：首先，在潮湿的地方，钢筋的锈蚀，水泥浇注时的振动，使钢筋绑扎接口成为不良接触，使应该作为防雷接地系统的各部分钢筋连接体未能形成良好的电气通路，不利于雷电流的泄放；其次，在选作接地装置的桩，承台、梁、板，柱内的钢筋绑接，各接口的过渡电阻值不同，影响了雷电流的平衡分布；最后，因为雷电冲击使绑扎点发生焊接的可能性是不均匀的，而每次雷电流的“点焊”结果，已经使建筑物经历了一次局部的灾害，无论是墙柱体爆裂，或者是“点焊”处周边产生的强烈电磁感应，对人体或设备的损害，特别是对高层建筑和现在所称的“智能大厦”，其危害是显然的。建筑因为忽视了这个方面的问题，就会导致建筑物防雷能力不足，从外表看似在完善的防雷针、网、带的“保护”之下，还是发生了建筑物局部损坏的情况。综上所述，作为一座高层建筑做地网设计时应遵循以下几条：

(1) 尽量采用建筑物基础的钢筋和自然金属接地物统一连接，作为联合接地网；

(2) 在建筑物中选作地网的桩基础、承台做引下线的柱筋，其连接处应采取焊接而不应用绑扎代替；

(3) 尽量以自然接地体为基础，辅以人工接地体补充，外形尽可能采用闭合环形；

(4) 应采用同一接地网，用一点接地的方式接地；

(5) 若使用高频或超高频设备时，应采用机壳或就近用一金属平面做最短接线的多点接地，以减少高频干扰。

(二) 接闪器的设计与安装

避雷带由避雷线和支持卡子组成，避雷带应设置在建筑物易受雷击的层檐、女儿墙等处，其作用是引雷效应，雷电流通过引下线向大地泄流，避免高层建筑物雷击。

1. 避雷线安装要求

(1) 避雷线应顺直，不应有高低起伏现象。

(2) 避雷线弯曲处不得小于90°，弯曲半径不得小于圆钢直径的10倍。

(3) 避雷线采用镀锌圆钢，直径不应小于12mm。

(4) 镀锌圆钢焊接长度为其直径的6倍，并双面焊接。

(5) 如遇有变形缝处应做煨弯补偿处理。

2. 支持卡子安装要求

(1) 支持卡子采用40×4mm镀锌扁钢，卡子埋深不应小于80mm。

(2) 支持卡子顶部一般应距建筑物屋檐、女儿墙等表面100mm。

(3) 支持卡子水平间距不应大于100mm，各间距应一致，转角处两边的卡子距转角中心不应大于250mm。

(4) 所有支持卡子应横平竖直，固定牢固。

(三) 雷电侧击防护设计

建筑物应装设均压环，环间垂直距离不应大于12m，所有引下线、建筑物的金属结构和金属设备均应连到环上。均压环可利用电气设备的接地干线环路。

因此，建筑物金属幕墙、铝合金门窗设计应充分了解建筑物的防雷装置和幕墙、门窗洞口的防雷装置引出线，然后确定一个合理、经济、安全的幕墙、门窗防雷设计方案。

金属幕墙、铝合金门窗框架等较大的金属物，如果距离地面等于滚球半径及以上时，应将其与防雷装置连接，这是首先应采取的防侧击的预防性措施。

(四) 室外空调的防雷措施

近年来，空调在高层住宅家庭中得到了广泛应用，但安装在室外的空调主机及其支架的防雷问题却往往被人们忽视。目前国家相关规范和标准中无相应的规定。因室外的空调主机部分与建筑物楼体的法拉第笼引下线无关联，有可能将分体式空调室外机的电源保护接地线变成空调室外机防雷引下线，进而将雷电流引入室内配电接地系统，这是非常危险的。对于建筑物空调室外机的防雷，由于设计规范的滞后性，目前只能采用明装处理的补救措施。其施工方法具体如下。

从屋顶避雷带引出横截面尺寸为4×25mm的镀锌扁铁，将其垂直敷设在空调室外机的安装处。扁铁经调直后，采用搭接焊方式连接，垂直引下，用膨胀螺栓每隔1.5m固定一次，镀锌扁铁在外墙上。而后再在镀锌扁铁上开孔，引出横截面面积为$10mm^2$的电线(电线为两端压铜鼻子刷锡的塑料铜芯线)并与空调支架的自带螺栓相连，用以防护直击雷和侧击雷。这种做法的缺点是：从安全方面来看，搬运铁件和焊接固定增加了高空作业的工作量；从技术质量方面来看，镀锌扁铁在使用一段时间后容易发生锈蚀，对裸露的镀锌扁铁要进行防腐处理和定期刷涂油漆，维护方面存在着问题，同时柱筋的作用未能充分发挥出来；从美观的角度来看，它破坏了建筑物的整体美观性；从施工作业来看，必然会增加施工难度并延长施工时间。

五、智能建筑综合布线系统防雷设计

(一) 建筑群子系统

由连接两个及以上建筑物之间的缆线和配电设备组成。若采用光缆作为建筑物间网络连接介质，不需要安装避雷器，甚至可以架空铺设。若采用双绞线，则必须穿管埋地敷设。进入建筑后，采用双绞线敷设时，导线必须均敷设在弱电金属桥架或金属管道内。金属桥架和金属管道与综合接地系统良好连接，充当导线的屏蔽层，不能与强电导线共用强电金属桥架或强电金属管道。

(二) 设备间子系统

由进线设备、程控交换机、计算机等各种主机设备及其配线设备组成。它是布线系统最主要的管理区域，通常分为语音管理和数字管理两部分。子系统连接大楼外的各种线路，经与垂直干线子系统跳接后，连通各语音管理子系统，为防雷电破坏应安装防雷柜作为通信线路的第一级防雷措施。连接进出大楼大对数进线的敷设，以防进出大楼的雷电波侵入。数据设备管理子系统即是计算机网络核心设备，是采用大对数双绞电缆作为传输主干缆，需要在机柜中安装计算机网络防雷器；作为计算机网络的第一级防雷措施，若采用光缆作为计算机网络主干线，则绝对避免了雷电影响，是最好的防雷措施。

(三) 管理子系统

设置在各层配线间，由配线设备、输入输出设备等组成。管理子系统也分为数据和语音两部分。语音部分由接线板、绕线环等组成，需要安装信号避雷器作为通信线路的第二级防雷措施。数据部分续线作为主干线，也需要在机柜中安装信号避雷器作为计算机网络的第二级防雷措施，防护因引下线泄放雷电流而形成的电磁场突变所产生的雷电感应。

(四) 垂直干线子系统

由设备间的配线设备和跳线设备以及设备间至各楼层配线间的连接电缆组成，分为语音主干线和数据主干线两部分。语音主干线按照程控交换机和电信系统的标准和做法，采用屏蔽大对数双绞电缆，因为管理区子系统安装了信号避雷器，所以这部分不需要再装防雷设备。数据主干线如采用大对数双绞电缆作为数据传输主干线，因为已在管理区子系统安装了信号避雷器，所以一般也不需要在这部分再安装防雷设备。如采用光缆作为计算机网络主干线，则绝对避免了由于引下线泄放雷电流而形成的电磁场突变产生的感应雷，是最好的防雷措施。

(五) 水平干线子系统

由连接管理子系统至工作区子系统的水平布线及信息插座组成。数据点和语音点均采用双绞线敷设在金属桥架和金属管道内。由于金属桥架和金属管道与综合接地系统相连，形成了信号线路的屏蔽层，并且在管理子系统中，已备有防雷保护装置，所以在水平干线子系统中不必再加装防雷装置。

（六）工作区子系统

工作区子系统由连接在信息插座上的各种设备组成。连接计算机网络的数据点由于在管理子系统中已采取了防雷措施，所以在工作区子系统一般不需要再加装防雷设施，若需要利用调制解调器通过语音点连接计算机，由于语音线路与外线连接，则有必要安装信号避雷器。

六、智能建筑抗干扰分析

静电放电和电快速瞬变脉冲群对智能系统设备会产生不同程度的危害。静电放电在5～200MHz的频率范围内会产生强烈的射频辐射。此辐射能量经常在35～45MHz之间发生自激振荡。许多信息传输电缆的谐振频率通常也在这个频率范围内，结果在电缆中窜入了大量的静电放电辐射能量。电快速瞬变脉冲群也会产生相当强的辐射，从而耦合到电源和信号线路中。当电缆暴露在4～8kV的静电放电环境中时，信息传输电缆终端负载上可以测量到的感应电压可达600V。这个电压远远超出典型数字电子设备的门限电压值0.4V。

电子设备在使用中经常会遇到意外的电压瞬变和浪涌（静电放电和电快速瞬变脉冲群），从而导致电子设备损坏，损坏的原因是电子设备中的半导体器件（包括二极管、晶体管、可控硅和集成电路等）被烧毁或击穿。

据统计，电子设备的故障中75%是由电压瞬变和浪涌造成的。电压瞬变和浪涌无处不在，电网、雷击和爆破等都是其产生的根源，就连人在地锈上行走都会产生上万伏的静电感应电压。这些都是电子设备的隐形致命“杀手”。

在智能建筑以外的自然环境和智能建筑内部设备的环境中存在着大量的电磁干扰，电磁干扰将会使智能化系统设备产生误码、错码，产生误动作；使通信系统受到污染，产生噪声。强大的脉冲干扰还会导致电子器件、设备损坏；在实际工作中，使设备性能下降、无法工作的现象时有发生。因此，必须净化建筑物电磁环境，防止杂散电磁波干扰以及提高建筑物内系统和设备的抗干扰能力。为了提高电子设备的可靠性和人体自身的安全性，抗干扰成为建筑智能化系统必不可少的技术措施，同时也必须对电压瞬变和浪涌采取防护措施。

据有关资料统计分析，对于在智能建筑的通信系统中运用十分广泛的计算机及应用计算技术的仪表而言，危害最大的是尖峰脉冲信号和衰减振动形成的干扰信号，这是因为它们可能导致程序错误、存储丢失甚至系统的损坏。

(一) 干扰途径

不论是设备还是系统内部的干扰都是以电容耦合、电感耦合、电磁波辐射、公共阻抗 (接地系统) 和导线 (电源线、信号线、输出控制线等) 的传导方式对设备产生干扰。因此，消除和抑制干扰的方法有电场屏蔽、磁场屏蔽、电磁屏蔽，电子设备接地、搭接和滤波。

(二) 抗干扰措施

(1) 在电源的进出线端口处加设低通滤波器，消除电网中的高频干扰；

(2) 为防止市电电网急剧变化或雷击出现过电压，智能设备建议使用串联型稳压电源供电；

(3) 接地及公共阻抗带来的干扰，其抑制方法是使各种接地之间不构成回路；

(4) 智能化系统机房远离强功率发射源及电梯机房；

(5) 根据周围环境电磁场干扰的情况，决定有效屏蔽的方法；

(6) 电缆屏蔽层接地；

(7) 采用光电耦合器和光纤传输数字信号；

(8) 建筑物结构内的钢筋要求保持电气的连续性，如采取焊接连通；

(9) 照明装置的供电线路上设置电源线路滤波器，供电端子进行屏蔽；

(10) 将受干扰电路和干扰电路隔开或分开。

从以上几个方面的分析可看出，防雷的手段之一便是采取合理接地，接地的目的是抗干扰。防雷、接地、抗干扰的最终目的是保证建筑物及建筑物内设备与人身的安全。两者紧密联系、相互依存，所以都必须得到合理的配置才能发挥各部分的最大作用。

七、智能建筑系统中的接地技术

(一) 智能建筑中的接地概念

接地，在电气技术中是指用导体与大地相连。在电子技术中的接地，可能就与大地毫不相关，它只是电路中的一等电位面。如收音机、电视机中的地，它只是线路里的一电位基准点。

在智能建筑中的接地，不但包含上述两种接地，还有其他接地。由于智能建筑中安装有多个子系统，如通信自动化系统、火灾报警及消防联动控制系统、楼宇自动化系统、保安监控系统、办公自动化系统、闭路电视系统等，各个子系统对接地的理解和要求都不太相同。按接地的作用，可分为功能性接地和保护性接地。

为保证电气设备正常运行或电气系统低噪声接地，称为功能性接地，功能性接地又有工作接地、逻辑接地、信号接地和屏蔽接地等。

为了防止人、畜或设备因电击而造成伤亡或损坏的接地称为保护性接地，保护性接地有保护接地、防雷接地和防静电接地。在智能建筑中，这几种接地类型都会遇到。

1. 工作接地

电力系统由于运行和安全的需要，常将中性点接地，这种接地方式称为工作接地，工作接地有下列目的。

(1) 降低触电电压。在中性点不接地的系统中，当一相接地而人体触此及另外两相之一时，触电电压为相电压的1.732倍。而在中性点接地的系统中，触电电压就降低到等于或接近相电压。

(2) 迅速切断故障设备。在中性点不接地的系统中，当一相接地时，接地电流很小（因为导线和地面间存在电容和绝缘电阻，也可构成电流的通路）不足以使保护装置动作而切断电源，接地故障不易被发现，将长时间持续下去，存在一定的安全隐患。而中性点接地的系统中，一相接地后的接地电流较大（接近单相短路）保护装置迅速动作，断开故障点。

(3) 降低电气设备对地的绝缘水平。在中性点不接地的系统中，一相接地时将使另外两相的对地电压升高到线电压。而在中性点接地的系统中，则接近于相电压，故可降低电气设备和输电线的绝缘水平，节省投资。

2. 逻辑接地

将电子设备的金属板作为逻辑信号的参考点而进行的接地，称为逻辑接地。它的作用是保证电路有一个统一的基准电位，不至于浮动而引起信号误差。而在智能建筑中各种设备相隔较远，如果逻辑地不处于同一电位，会引起整个系统工作异常。

3. 信号接地

各种电子电路，都有一个基准电位点，这个基准电位点就是信号地。它的作用是保证电路有一个统一的基准电位，不至于因浮动而引起信号误差。信号地的连接是：同一设备的信号输入端地与信号输出端地不能连在一起，而应分开；前级（设备）的输出地只有后级（设备）的输入地相连。否则，信号可能通过地线形成再反馈，引起信号的浮动。在设备的测试中，信号地的连接尤其要引起注意。

4. 保护接地

保护接地就是将设备正常运行时不带电的金属外壳（或构架）和接地装置之间做良好的电气连接。如果不做保护接地，当电气设备其中一相的绝缘破损，产生漏电而使金属外壳带上相电压时，人一接触就会发生触电事故。实行保护接地后，设备的金属外壳和大地已有良好的连接。如果发生漏电，只要接地电阻符合规定的要求，接地就能成为保障人身安全、防止触电事故发生的有效措施。

5. 防雷接地

为把雷电流迅速导入大地，以防止雷害为目的的接地叫作防雷接地。

智能建筑内有大量的电子设备与布线系统，如通信自动化系统、火灾报警及消防联动控制系统、楼宇自动化系统、保安监控系统、办公自动化系统、闭路电视系统等，以及相应的布线系统。大楼的各层顶板、底板、侧墙、吊顶内几乎被各种布线布满。这些电子设备及布线系统一般均属于耐压等级低，防干扰要求高，最怕受到雷击的部分。不管是雷电直击、雷电波侵入、雷电反击都会导致电子设备受到不同程度的损坏或严重干扰。因此，对智能建筑的防雷接地设计必须严密、可靠。智能建筑的所有功能接地，必须以防雷接地系统为基础，并建立严密、完整的防雷结构。

智能建筑多属于一级负荷，应按第二类防雷建筑物的保护措施设计，接闪器采用针带组合接闪器，避雷带采用镀锌扁钢在屋顶组成网格，该网格与屋面金属构件做电气连接，与大楼柱内钢筋做电气连接，引下线利用柱中钢筋，圈梁钢筋，楼层钢筋与防雷系统连接，外墙面所有金属构件也应与防雷系统连接，柱内钢筋与接地体连接，组成具有多层屏蔽的笼形防雷体系。这样不仅可以有效防止雷击损坏楼内设备，而且还能防止外来的电磁干扰。

各种防雷接地装置的工频接地电阻，应根据落雷时的反击条件来确定。防雷装置如与电气设备的工作接地合用一个总的接地网时，接地电阻应符合其最小值要求。这是为防雷电而设置的接地保护装置。防雷装置得到广泛使用的是避雷针和避雷器。避雷针通过铁塔或建筑物钢筋入地，避雷器则通过专用地线入地。

6. 屏蔽接地

将电缆屏蔽或金属外皮接地达到电磁兼容性要求的接地称为屏蔽接地。在智能建筑内，电磁兼容设计是非常重要的，为了避免所用设备的运行故障，避免出现设备损坏，构成布线系统的设备应当能够防止内部自身传导和外来干扰。这些干扰的产生或者是因为导线之间的耦合现象，或者是因为电容电感电效应。其主要来源是超高电压、大功率辐射电磁场、自然雷击和静电放电。这些现象会对用来发送或接收很高传输频率的设备产生很大的干扰。因此，对这些设备及其布线必须采取保护措施，免受来自各方面的干扰。

7. 防静电接地

将带静电物体或有可能产生静电的物体（非绝缘体），通过导静电体与大地构成电气回路的接地叫防静电接地。在洁净、干燥的房间内，人的走步、移动设备，各自摩擦均会产生大量静电。例如，在相对湿度为10%～20%的环境中人的走动可以积聚3.5万V的静电电压。如果没有良好的接地，不仅仅会对电子设备造成干扰，设备芯片甚至会被击坏。

（二）智能建统中各种设备的接地方法

智能建筑中安装有大量的电子设备，这些设备分属于不同的系统，由于这些设备工作频率、抗干扰能力和功能等都不相同，对接地的要求也不同。在实际施工安装中，按下述方法进行接地：

（1）电子设备的信号接地、逻辑接地、功率接地、屏蔽接地和保护接地，一般合用一个接地装置，其接地电阻不大于4Ω；当电子设备的接地与工频交流接地、防雷接地合用一个接地极时，其接地电阻不大于1Ω，屏蔽接地如单独设置，则接地电阻一般为300Ω；

（2）对抗干扰能力差的设备，其接地应与防雷接地分开，两者相互距离宜在20m以内，对抗干扰能力较强的电子设备，两者的距离可酌情减少，但不宜低于5m；

（3）当电子设备接地和防雷接地采用共同接地装置时，两者避免雷击时遭受反击和保证设备安全，应采用埋地铠装电缆供电；

（4）电缆屏蔽层必须接地，为避免产生干扰电流，对信号电缆和1MHz及以下低频电缆应一点接地；对1MHz以上电缆，为保证屏蔽层为地电位，应采用多点接地。闭路电视和工业电视都必须采用一点接地。

智能建筑是近几年新出现的，智能建筑中的各种电子设备也在不断地发展，接地技术也会不断地发展和变化。随着智能建筑的发展，智能建筑中的接地技术会更加完善，以使智能建筑中的设备稳定可靠地工作。

第十章 雷电探测技术

第一节 闪电的照相观测方法

一、闪电概述

(一) 闪电对人体的影响

在人类没有发明电和化纤之前，我们的老祖宗就已经认识到雷电的危害，于是就有了传说中骇人听闻的“雷公”。然而，就是在人类认识雷电之后，世界各地仍不断地发生雷击伤害，这不仅给国家和人民的财产安全带来了威胁，而且造成人身伤害。近代以来，随着科学技术的进步与发展，人们有了更完善的防雷措施，然而人体遭雷击的例子却仍是层出不穷，一经雷击，轻则昏迷，重则死亡。雷击究竟如何致人伤残甚至死亡？又为何不同的人受雷击之后有不同的反应？人们究竟要怎样做才能避免在雷雨天气遭雷击呢？天灾虽无情，但是我们可以通过了解闪电对人体的效应，掌握科学的防雷避雷方法，以避免或减轻雷击伤害。

(二) 雷电电流对人体作用的机理

1. 人体阻抗的组成

雷击电流的大小由接触电压和人体阻抗所决定，合理地考虑人体阻抗的取值，有利于防雷减灾工程的设计。我国一般采用弗莱贝尔加等值电路模型分析人体阻抗。

人体内阻抗主要取决于电流路径，与接触面积的关系不大，只有当接触面积小到几平方毫米数量级时，内阻抗才会增大。一般情况下，人体内阻抗为500Ω。皮肤阻抗随表面接触面积、温度、频率、潮湿程度等发生显著变化，皮肤破损时，皮肤阻抗可忽略不计。人体触电面积越大，接触电压越高，环境温度越高或者电源频率越高时皮肤阻值越小。此外，当通电电流较大且持续时间较长，触电者的发热出汗或皮肤炭化都会使得皮肤阻抗值下降。

我国在制定有关接地规程时，所取人体电阻的范围是1000～1500Ω。但在涉及触电保安类电器的设计时，则应选择极端的条件，如取人体内阻抗500Ω。在对大量雷击事故研究后，科学家发现人体总阻抗一般是500～1000Ω。由于直击雷击或旁侧闪络一般是从头或肩着雷，雷电流从人的两脚流入地面，所以这个电阻取值是合理的。

2. 雷电袭击人的四种方式

(1) 直接雷击。直接雷击是指闪电直接接触到人体。人是很好的导体，最大的可能是高达几万到十几万安培的电流从头顶流经躯干到达双脚，最后由脚底流入大地，人因此受到闪电击伤，严重者甚至死亡。但是受到直接雷击以致假死最后抢救成功的事例不少，受击者有时会短暂昏迷，甚至呼吸和心脏跳动也会停止，这可能是一种雷电假死现象。所以，当雷击致假死（停止呼吸，心脏停止跳动，但身上未出现紫蓝色斑块或斑点）时不应放弃或停止抢救。若立即对受伤者接受现场抢救，科学地进行人工呼吸，有可能挽救伤者生命。

(2) 接触雷击。接触雷击是指雷击其他物体，如建筑物、大树、金属构筑物等时，雷电流由该物体上通过，会在高大导体上产生高达几万到几十万伏的电压。如果人体某部分接触到被雷击物体，雷电流就从接触点流入人体，再从另一接触点或脚底流出，从而发生触电事故。接触雷击比直接雷击受害要轻，但发生概率却比直接雷击大得多。

(3) 旁侧闪击。旁侧闪击是指当雷电击中一个物体时，强大的雷电电流需要通过物体泄放到大地。一般情况下，电流是最容易通过电阻小的通道穿流的。人体的电阻很小，如果人就在被雷击中的物体附近，强大的雷电流就会击穿空气，通过低电阻的人体流向大地，使人遭受电击。

3. 雷电的电击效应现象

(1) 电击伤。雷击电流迅速通过人体，会引起呼吸中枢麻痹，心室纤维或心跳骤停，甚至致使脑组织及一些主要器官受到严重损害，出现休克或突然死亡。这种伤害一般被称为电击伤。当雷电流流经脑下部的呼吸中枢时，会导致呼吸停止，并且不能自己恢复。此外，电流流经胸部，使胸肌收缩造成呼吸障碍也会使呼吸停止，但这种情况下，可能自己恢复呼吸。

(2) 心室纤维性颤动。雷击伤害最常见的生理效应就是心室纤维性颤动。人的心脏有两个心室，左心室使血液流经全身，右心室使血液流经肺部，正常人的两个心室的肌肉同时收缩或同时舒张以保证血液正常的循环流动。当雷电流流经心肌的时候，这种协调性将被破坏，两心室不再做有规律的收缩，变成单独的以各自的速率无规则地颤动（医学上称之为纤维性颤动），这样心室里就不能产生足够的压力，把血液输送到全身各部和肺部。若血液循环停止，约四分钟之内可导致死亡；而一个心动周期由产生兴奋期、兴奋扩展期和兴奋复原期所组成。在兴奋复原期内有一个相对较小的部分称为易损期，在这个时期内心肌纤维处于兴奋的不均匀状态，雷击电流经过会受到刺激，心室纤维发生颤动，血压降低，甚至会使心脏停止供血，造成死亡。

（3）电伤。闪电对人体还会产生热效应，也叫作电伤。与电击伤相比，电伤属于局部伤害，一般包括电烧伤、电烙印、机械损伤等形式，它主要取决于受伤面积、受伤深度、受伤部位等因素。

大部分的雷击伤人事故中都伴随着电烧伤伤害。当一个人遭遇雷击，有瞬间脉冲电流流经人体、人体从头到脚间就会产生很高的电位差。这样高的电压足以击穿空气，对周围与地面等电位的任何近物发生闪络电弧，因此会造成皮肤闪弧处的灼伤。电流越大，雷击电流通过的时间越长，人体的阻抗越大，则灼伤就越严重。有时雷电流通过全身时，由于躯体表面有汗或雨水，汗水中含有大量的盐分使得皮肤表面呈现良好的导电特性，由于集肤效应，电流瞬间经过体表，没有伤及内脏，这种情况就不一定导致死亡，但全身各部位，尤其是有钥匙、腰带等金属物的部位会留下严重的电灼伤。

电烙印就是电流通过人体后，在接触部位留下的斑痕。它会使斑痕处的皮肤变硬，失去原有的弹性和光泽，表层破坏失去知觉。

机械损伤就是当闪电电流作用于人体，肌肉会不由自主地剧烈收缩造成的肌腱、皮肤、血管、神经组织断裂以及关节脱落乃至骨折等伤害。

（4）其他。在极少数情况下，雷电流流经神经系统也会带来意想不到的后果。有些人会出现失忆等症状，而神奇的是，有的人会因为受雷击治愈身体里的顽疾。

（三）影响闪电对人体的生理效应的因素

1. 瞬间脉冲电流的大小

一般情况下，通过人体的工频电流超过500mA时，心脏就会停止跳动，发生昏迷，并出现致命的电灼伤。工频100mA的闪电电流通过人体时很快使人致命，而雷击对人产生的生理效应中最为常见的心室纤维性颤动程度也与电流强度相关。

2. 触电时间的长短

由于人体发热出汗和皮肤角质层破坏等原因，闪电电流流过人体的时间越长，人体电阻便逐渐降低。在闪电电压一定的情况下，会使电流增大，对人体组织的破坏更大，产生的后果更严重。此外，通电时间越长，能量积累增加，就更易引起心室颤动。而且在心脏搏动周期中，有约0.1s的特定相位对电流最敏感。因此，通电时间越长，与该特定相位重合的可能性就越大，引起心室颤动的可能性也就越大。

3. 闪电电流流通途径

闪电电流通过人体心脏、脊椎和中枢神经等要害部位时，电击的伤害最为严重。因此从左手到胸部以及从左手到右脚是最危险的电流途径。从右手到胸部或从右手到脚、从手到手等都是很危险的电流途径，因为电流流经心脏会引起心室颤动而导致死亡，较大的电流还会使心脏即刻停止跳动。电流纵向通过人体又横向通过人体时，更易发生心室颤动，因此危险性更大一些。电流通过中枢神经系统时，会引起中枢神经系统失调而造成呼吸抑制，导致死亡。强大的电流通过头部，会使人昏迷，严重时会造成死亡，通过脊髓时会使人截瘫。

4. 电压的高低

电压越高，其穿透机体的能力越强，对人的危害就越大。高电压与低电压一般以1000V为界。国内日常触电事故以110～380V交流电最常见，故也以380V以上称为高压电。雷击电压一般都比较高，达到数千伏甚至数百万伏，因此雷击人体造成的后果都很严重。

此外，人体阻抗大小、电流频率高低等因素都对闪电、对人体的生理效应有影响。

二、闪电的高速旋转照相法

利用照相机对闪电观测是研究闪电的重要工具之一。由照相观测可以测量闪电的时间、闪电的速度和闪电的结构。

直至博尹斯（Boys）设计的一种旋转式相机，后来称之Boys相机，其结构是将两个照相机的镜头分别安装在一旋转圆盘的一条直径的两端，镜头随圆盘高速旋转。当观测闪电时，闪电成像于两镜头后面的静止底片上，由于圆盘快速旋转，两镜头各向相反的方向移动，镜头的高速移动，使闪电光不是同时到达底片上，而照相底片上感光的闪光发生畸变，但是这畸变方向是以直径为对称的，镜头的旋转速度是已知的，所以通过对两幅图的比较分析及一系列处理后，就可以推断出闪电的方向和速度；并且可以判断闪电发展的连续相位，从而得到闪电的结构和发展过程。

博尹斯相机的时间分辨率可以达到微秒量级，利用该相机成功地获取了大量地闪结构的照片。由于该相机获取的闪电照片结构呈波纹状，所以时常将这种相机称为波纹状相机。

后来博尹斯又对他的相机做了进一步的改进，他将转动相机镜头改为两镜头固定不动，而照相底片做快速旋转。这有利于提高观测的稳定性，同时提高观测的精度。

三、高速线扫描照相机

为了观测回击闪电通道径向（侧向）变化，Takagi 等制作了一高速扫描照相机，它是对一般线扫描照相机改进。这种相机由一物镜、图像辅助（放大）装置、一维荷电耦合器件图像感应器、一个探测器驱动器和一个视频放大器。一维荷电耦合器件图像感应器是由 1024 个高灵敏度的硅光敏二极管组成的一线性阵列，每一光敏二极管的宽为 13μm、长为 26μm，所有的光敏二极管与一维荷电耦合器件移位寄存器相连接。以约 10MHz 右旋速率驱动感应器，帧速率以约每秒 7800 进行扫描，图像放大器对波长由低于 350nm 到 950nm 敏感，并且具有 600nm 的辐射光到物镜后，图像感应器充足的曝光，调节图像放大器将入射光放大 30 倍，并且选择光纤窗的图像器减小光的透射。

第二节　大气电场和闪电电场的测量

一、大气电场

大气电场是大气电学的一个最基本的参数，大气电场的测量也是一个最基本的测量，根据测量的大气电场可以对大气中的电状况有一个全面的认识，同时也为推算大气中的其他各大气电学参数提供一个基本已知量。

雷暴是发展旺盛的强对流现象，是伴有强风骤雨、雷鸣闪电的积雨云系统的统称。雷电产生的强电流，引起强的电磁辐射和静电场的变化，它干扰无线电通信和各种遥控设备的工作，成为无线电噪声的重要来源；另外，雷电产生的电磁场又是雷电探测的重要信息。从测量到的闪电产生的电磁场变化可以获得闪电电流、闪电电矩和云中电荷等各种电学参量，进行雷电定位和预警。

为了实现对雷电的定位，首先应对由雷电引起的天电了解。所谓天电是闪电或其他放电所产生的瞬变电磁场，天电也表示任何大于背景噪声的外来瞬变电磁场信号。这种瞬变电磁场信号可以由闪电产生，也可由诸如雪暴、尘暴和电晕放电等引起。瞬变电磁场也可以汽车、电机和核爆炸等人为造成。因此对于无线电接收来说，其噪声来源可以分为天电噪声、人为噪声和宇宙（银河）噪声。闪电产生的天电的主要能量集中于频率范围为 5 ~ 10kHz 的甚低频波段，而天电的整个频率范围可以从极低频到超高频波段，几乎覆盖了整个无线电波段。其中尤以频率低于 30MHz 的天电较强，为无线电波的主要干扰源。

二、静电电场强度测量

在地面测量，早期的电场仪，其输出的是交流信号，信号的大小正比于场强，将这些信号显示或记录，或经整流给出直流输出。为了确定电场极性则要另加电路。就是在仪器配置一对板极或栅网，其面积要大于电场仪转动盘的面积，两板间相隔一定距离，并加上电压。

（一）旋转（场磨）式大气静电场仪

为观测晴天条件下的地面大气电场，以及观测雷暴天气条件下地面大气电场和闪电所引起地面大气电场的变化。用电子学方法进行电场强度的监视时间是电子系统中等效时间常数的函数，它在秒量级的时间内是可行的。要长时间测量大气电场强度应采用旋转式场磨仪，其根据导体在电场中产生的感应电荷原理，来测量大气电场。仪器由大气电场感应器、信号处理电路、显示系统和雷暴警报器等四部分组成。

1. 大气电场感应器

它由上、下两片相互平行的、有一定间距形状、相似的4对叶片连接在一起的对称扇形金属片组成。下面的金属片用来感应电荷，固定不动，称为定片。上面的金属片由马达驱动旋转，称为动片，并与地相连接，它既起屏蔽定片的作用，又使叶片暴露于大气电场中。当动片旋转时，定片便交替地暴露在大气电场中，由此产生交变电信号，信号的大小与大气电场强度成正比。当动片旋转时，它对定片起周期性的屏蔽作用，于是定片一会儿完全暴露于大气中，一会儿则完全屏蔽，而有时则只露出一小部分。

2. 信号处理电路

信号处理电路将交变电信号进行放大等处理为显示系统所要求的信号。

3. 显示系统

显示系统可以用示波器，或用打印机、记录器等显示大气电场信号。

4. 雷暴警报器

根据雷暴警报器测量的电场的大小和变化，预测雷暴出现的可能，并发布近距离雷暴警报。

（二）大气电场探空仪

1. 概述

大气电场探空仪用于研究积雨云或其他云中大气电场分布和云中电荷分布。它由双球式大气电场感应器、发射机和地面接收系统三部分组成。双球式大气电场感应器由两个相隔一定距离、绕水平轴旋转的金属球体组成。在强大气电场中，两金属球分别感应大小相等、极性相反的交变电荷，其幅值与平行于两旋转所形成平面的大气电场分量成正比，双球式大气电场感应器输出信号，经发射机传送到地面。地面接收系统由天线、接收机、数据处理系统和显示装置组成。天线接收的大气电场和温湿信号，通过接收机和数据处理系统，最后输出探测结果。此外，探空仪还携带有温度、湿度和测风应答仪。

2. 气球荷载仪器部分

气球与电场计用尼龙线相连接，探空仪和降落伞牢固地固定于尼龙线上，电场计放置于整个组成的最低部。1200g 橡皮气球内充有约 8m^3 的氦，提供约 90N 的浮力，由于气球和仪器的重量约为 5kg，这大约需 40N 的自由抬举力。在气球放出后仪器离地，将电场计上方的卷线下放，无缠绕涂层处理过的尼龙单金属刚性丝 15m，以降低对水的吸收和刚性线的电导率。这无缠绕约为 10s，使在气球下 20m 处的电场计离气球足够远，从而可以略去可能在气球上建立的电荷对电场的影响。紧挨电场子计上方为一转环，可使电场计在无刚性线缠绕下绕垂直轴转动，转环也与蜡染尼龙丝相连接，用于悬挂和为使电场计对于单金属刚性丝保持平衡。

3. 电场计

电场计的主要部件是直径为 15cm 的铝制球，两球以相对的方式安装在玻璃纤维管上，两球之间是感应器和电子设备；相反方向的铝球包含有一锂电池组，为电路提供 +12V 和 –9V 电压。在玻璃纤维管的一端安装有一马达，使玻璃纤维管和球以大约 2.5Hz 绕水平轴旋转，在两球之间管内侧是一汞开关，控制旋转速率和感应球的相对位置。由于球是电接触和旋转的，因此大气电场在感应球上感应的电荷由一个正极到负极的振荡。如果电场 E 是正的，当感应球在上，它感应的是正电荷；否则感应的是负电荷。感应的电量与电场的强度成正比。通过线性放大将感应电荷转换为电压，在发送至地面之前对电信号进行数字化，按汞开关的功能，数据以 20Hz 的取样速率 12bit 向地面发送。铝制球也起到频率约为 400MHz 的无线电发射天线的作用。

第三节　雷电定位系统测量原理及测量数据

一、雷电定位系统的构成

雷电定位系统主要由四部分组成：雷电探测站、中心数据处理站（中心站）、用户数据服务网络（用户工作站）和图形显示终端。雷电定位系统是在较大的地域上安装若干个雷电遥测站，将监测数据通过全球定位系统 GPS（Global Position System）传送到中心站，计算机进行实时分析、处理，从而确定雷击参数、雷击地点。通信系统是组成雷电定位系统的重要支撑环节，目前广泛采用了光纤、微波、卫星、网络及电信和移动多种通信手段。

雷电定位系统本身不具备防雷能力，但具有迅速定位雷击点、收集雷电数据等功能，对防雷具有重大意义。雷电定位系统的监测站采用定向定位和时差定位技术实现雷电定位。定向定位是不同地区的雷电遥测站独立测定同一个雷电方位角等参数，实时传送到中心站，经雷电位置分析仪及专家系统确定雷击点和雷电参数。时差定位是在各雷电遥测站安装与 GPS 实时通信的授时器，使各雷电遥测站的时针保持高精度同步，各雷电遥测站独立测定同一个雷电，然后将雷电发生时间及有关数据实时传送到中心站，通过综合分析确定雷击点和雷电参数。

基于电力信息网络的雷电定位系统利用原有的雷电探测系统，建立雷电信号的网络化传输系统，将雷电数据的应用层建立在统一的地理信息系统平台之上，以网络浏览的方式实现雷电数据在最广范围内的应用。

雷电定位系统具有以下功能。

(1) 在很大的地域上实时监测雷电发生的时间、地点(或经纬度)、次数、雷电流幅值、极性、持续时间等参数。

(2) 计算雷电流幅值的概率分布、雷电日、雷电小时等，统计雷电参数（光闪密度绘制雷电分布图）。

(3) 结合供电线路的雷击跳闸情况，快速诊断雷击故障点，避免全线查找，缩短抢修时间。

(4) 实时分析雷电活动规律，预测雷电运动轨迹，为调度制定电网运行方式提供参考。

(5) 集雷电参数测定、雷电事故诊断等全方位信息于一体，为多用户查询提供实时数据，为防雷保护和设计提供依据。

二、雷电定位的测量原理

雷电定位探测站是雷电定位系统的核心部分。在定位探测站的遥测手段上，可分为声学、光学和电磁场三种，其中以电磁场脉冲探测应用最为广泛。电磁场脉冲探测法的探测站，主要由电磁场天线、雷电波形识别及处理单元、高精度晶振及GPS时钟单元及天线、通信、电源及保护单元等构成。它测定地闪波的特征量并输出每次回击达到的时间、方向、相对信号强度等，并将原始测量数据实时发送中心站前置处理机。

在雷电发生过程中，云中雷电发射出各种频率的电磁波，雷雨云中的电磁波通常是低频率的。雷电定位探测站就是利用接收雷电电磁波回击放电特征，靠电磁场天线测定云对地放电（地闪）的电磁辐射波的特征量，如雷电达到时刻、方向、相对强度等，并通过通信手段将测量结果送中心站，达到给雷电活动定位的目的。

不同的雷电定位系统所采用的定位技术可能不一样，但误差都达到几百米到几千米。方向定位法采用方位交汇法，所提供的测向精度受测站附近的地形、地物影响较大，天线安装的环境要求比较高，因此它的实际探测精度不是很高。时差定位技术进行定位时至少需要有3个基站才有可能定位，同时由于回击波形峰值点随传播路径和距离的不同可能发生漂移和畸变，或者受到环境的干扰，从而导致时间测量误差，使得时差定位法实际探测误差有时达几百米或几千米。造成此技术误差的原因有很多，GPS钟是一个高精度的时间，但使用的GPS接收器、晶振和时钟板不同，时钟精度不同。任意一点的雷电地磁场由静电场、感应场和辐射场组成。在远离雷击点的探测站处，静电场和感应场近似等于零，探测站所测量到的地磁场是传播一定距离后的辐射场，由于传播距离和传播沿线的介质不同，辐射波的波形畸变不同，主要表现为波头延时。而由于地形传播造成的延时误差也是不可忽视的。为了减少地形延时，设置的探测站均应远离高山。定向定位和时差定位两种技术结合在一起发展了联合雷电定位法，是目前比较实用的雷电定位技术。其中，利用雷电方向进行雷电定位分析的方法称为定向定位。

时差定位原理：假设A、B、C为三个探测站，P为雷电点。探测站测量P点的地闪波到达综合探测站的时刻，各综合探测站都具有统一的高精度时标，用这些到达时刻每两站可构成一个时间差，用时间差乘以电磁波速即得对应的距离差，产生一条双曲线，三个探测站的到达时刻构成两条独立的双曲线，其交点即可确定P点坐标。多于四站的观测时可采用平差法求方向。时差定位法系统必须有三个或三个以上的探测站才可以保证探测结果的唯一性。目前，广泛采用全球卫星导航定位系统进行时间同步，能够保证时间同步精度7～10s，因此从理论上讲，时差定位法精度较高，一般情况下，实际探测误差为几百米甚至4千米。

定向法的定位误差比较大，但是需要的观测量比较少，时差法定位精度高，但是需要观测量多。将两者综合起来优势互补，而且在一个站上同时获取方向和时间观测量，不仅大大增加观测量，提高精度，还可以解决某些特殊几何图形的解算问题。综合法是当前使用最广的定位方法，根据雷电到达时刻的分析方法称为时差定位法，即在各雷电遥测站安装与全球卫星导航定位系统实时通信的授时器，使各雷电遥测站的时针保持高精度同步，各雷电遥测站独立测定同一个雷电，然后将雷电发生时间及有关数据实时传送到中心站，通过综合分析确定雷击点和雷电参数。

在探测站点布设方式上，通常分为单站雷电定位探测站和多站雷电定位探测站两种方法来检测雷电。单站雷电定位探测仪是用交叉环行天线雷电定向仪来确定雷电方向，并测量雷电云的电磁波以确定其距离，其应用有一定的局限性。虽然每个子站装备的雷电定向仪可单独确定雷电活动所在的方向和位置，但为了避免当雷电出现在两子站连线方向无法定位的误差，多采用三站以上的雷电定位探测仪构成一个探测区域。

目前，我国使用较多的是多站雷电定位探测仪。在需要检测范围内，设置多个探测仪组成一个雷电探测网。各站彼此相距几十千米至几百千米，利用全球卫星导航定位系统同步技术，各子站均配有时间统一装置。以省级站或者某一站进行中心数据定位处理称为中心站，中心站能够接收和处理各探测子站的探测数据和工作状况，以计算机作为数据处理终端，用以完成对探测数据的校验处理及传送等任务。接收到各子站发送来的配有时间信息和方位信息的雷电数据后，各子站发生时刻不超过3ms即视为同一雷电。中心站采用方向定位和时差定位相结合的综合分析定位原理，通过两站及两站以上同时采集的雷电数据进行定位。同时，利用在气象站架设的各子站之间同步无线电通信联络设备，在相同时间对同一雷电进行统一步调的观测。

三、雷电定位误差分析

通过对雷电定位系统的相关文献分析发现，目前电力系统使用的多为多站综合雷电定位系统，其基础是到达时间法定位技术，时差法雷电定位原理误差来源主要有两种：第一种是雷电定位仪的测量误差，它来源于所测雷电波到达不同站点的时间差；电磁波传播理论的研究表明，长波在地表传播时，受地形的影响，会发生波形的畸变，引起测时误差，根据统计结果，每100km引起的测时误差约为1μs。第二种是由于雷电定位仪的布站场地所引起的定位误差，场地误差由两部分组成，一部分是雷电定位仪本身天线方位安装不正引起的“旋转误差”，它是个常数；另一部分是定位仪周围环境引起的误差，这一部分误差是随测量角变化的，即为方位角函数。

时差法定位是采用双曲线交汇的方法对雷电进行定位，理论和实践都表明：在距离探测站较近，尤其是在探测站中间的区域，雷电定位精度高，而距离探测站较远的区域，探测精度低。并且在相同距离的情况下，定位精度高低与探测站的站点布设位置有关，合理地布置站点位置可以提高雷电定位的精度。

目前雷电定位误差基本上是根据经验估计或积累的探测资料来进行统计分析，具有较大的主观性，定位仪站点位置的选定也存在较大的盲目性。为了解决这些问题，可以根据雷电定位的原理和其误差来源，利用计算机模拟来对雷电定位误差进行定量评估。

时差法雷电定位的误差评估是对评估区域内各点可能存在的定位误差进行定量估算。由时差法定位原理可知，进行定位的前提是知道雷电波到达各参与定位的探测站的时间。在实际探测中，该时间存在误差，因此可以将该时间分解为两部分：一部分为无误差情况下，电磁波从雷击点到达探测站的时间；另一部分为实际测量时间与无误差时间之间的时间差。在理论上，如果探测站的测时无误差，采用时差法进行雷电定位也是无误差的。探测站的测时误差导致了定位误差的出现，因此首先需要确定测时误差。一般情况下，探测站的有效探测距离在300km以内，最大测时误差不超过3μs，具体值可根据当地环境设定。由于测时误差是随机分布的，在评估过程中，将各评估点到探测站的全球卫星导航定位系统时间确定为：评估点到探测站的无误差光速时间与小于最大测时误差的距离加权随机误差时间之和。

时间差测量定位系统是利用3个（或多个）已知位置的接收机接收某一个未知位置的辐射源的信号来确定该辐射源的位置。两个侦察站采集到的信号到达的时间差确定了一对双曲线，多个双曲线相交就可以得到目标的位置，因此时差定位又被称为双曲线定位。

在评估区域内某点发生雷电，则探测站记录的雷电电磁波传播时间为真实雷电电磁波传播时间和测时误差之和，由此记录的时间进行双曲线交会得到的雷击点位置就会与实际雷击点存在一定偏差，这个偏差就是各点的定位误差。为了定量估算该定位误差，需要知道评估点的经纬度坐标和用于定位的各站点的经纬度坐标。由此得到评估点到各站点的含误差雷电电磁波传播时间，求出时间差，再利用时差法定位算法进行定位，定位结果与雷击点之间的距离就是所求的定位误差。

利用定位误差评估方法，制作专用雷电定位误差评估软件，实现了定位误差评估的计算机模拟。只要知道评估区域的经纬度范围和各站点的经纬度，就能对评估区域内各站点可能存在的误差进行评估。这样，只要知道已设各站点所在的经纬度，就可以对已有站点定位的定位误差进行一个比较准确的评估，减小靠经验估计带来的偏差。

按上述原理和方法可进行误差评估，误差评估的步骤如下：

① 给定评估区域经纬度，并设定站点位置及最大测时误差，将经纬度坐标转换为直角坐标。

② 将评估区域分割成若干格点，求出各格点与各探测站的距离。

③ 将距离除以光速，得到雷电产生的电磁波从格点到各站点无误差传播时间。

④ 将无误差传播时间与小于最大测时误差的距离加权随机误差时间相加，模拟电磁波从格点位置到各站点的记录传播时间。

⑤ 利用模拟的记录传播时间，求得时间差。再根据上述时间差，利用3站或3站以上时差法定位算法，得出雷电发生的位置的经纬度计算值。

⑥ 计算上述计算值与格点位置之间的距离，即所求误差。

⑦ 重复4~7步N次，将N次由第7步得到的误差进行求和平均，即得到对应格点的误差评估结果。

⑧ 绘制评估结果图像。

利用上述定位误差评估方法，制作专用雷电定位误差评估软件，实现了定位误差评位的计算机模拟。只要知道评估区域的经纬度范围和各站点的经纬度，就能对评估区域内名站点可能存在的误差进行评估。这样，只要知道已设各站点所在的经纬度，就可以对已有站点定位的定位误差进行一个比较准确的评估，减小靠经验估计带来的偏差。

第四节 卫星监测雷暴

卫星为进行大范围探测闪电提供了理想平台，多年来，已有多颗静止气象卫星装载有记录闪电信号的观测仪器。

由极轨卫星星载闪电探测仪器，只能提供风暴的瞬间图像，由于时间分辨率低，不能提供全天时的雷暴云系。

一、U-2飞机的探测

(一) U-2飞机的探测光谱仪

早前有一架配有导航仪的NASA U-2飞机在白天飞越过一雷暴云获取了位于20km高度的高时间分辨率的闪电记录。U-2飞机探测光谱仪是采用一对焦距为1/8m

的 Ebert 光谱仪，中心波长 656nm，时间分辨率为 5ms，观测的波长间隔为 320nm，且可以调节至 380 ~ 390nm。

(二) U-2 飞机探测的闪电光谱

由 U-2 飞机探测的数据发现，闪电从云顶发出的辐射能量主要集中于近红外谱段的中性氧和中性氮范围内。

二、DMSP 扫描

DMSP 卫星是美国空军发射的一颗用于军事目的的气象卫星。它采用太阳同步轨道，卫星高度为 830km，周期 10156min，倾角为 98.7° 。卫星携带的基本仪器是高分辨率扫描仪，可以获取可见光和红外图片。DMSP 卫星 5C 发射后不久，发现高分辨率可见光扫描仪在轨道的夜间部分具有探测闪电的功能。为此，下面先描述一下探测器的特征。该仪器具有 4.56mrad 视场，卫星于 830km 高度相应地面的直径为 3.8km。以 1.8Hz 的频率将来自扫描区的光反射进入探测器，构成图片的扫描线是依靠卫星在轨道上的运动实现的。扫描镜每旋转一周（360°），大约有 111° 朝向地球。因此，探测器以 31% 的时间扫描地球，每条扫描线覆盖范围约为 3000km。

三、LMS 成图探测器

该仪器能连续地探测大范围区域内闪电发生的时间、闪电的辐射能、日夜监测云内和云地闪电，其空间探测分辨率为 10km。

(一) 光学系统

LMS 的光学系统由两个折射元件的快镜头组成，每一个镜头都有一个窄带干涉滤波器。由于在静止卫星高度上接收的信号极微弱，镜头必须使信号能高通量快速通过。在保持聚焦平面与探测器尺寸适当匹配的同时，镜头口径尽可能与实用一样大。同时窄带滤波器要与望远镜适当匹配。采用防反射层减少内部损耗。设计的窄带过滤器的缓冲带通随入射角为函数而变。

包括探测器前面的窄带干涉滤光片。该组件接收探测区域内相应波段范围内的闪电图像光信号，并经望远镜聚合，通过窄带干涉滤光片后在焦平面上成像。

(二) 焦平面组件

它采用 1024 × 1024 的低噪声、高可靠性的两个大马赛队克充电偶合器件 CCD（Charge Coupled Device）阵（可见光），每一阵同时有 640 × 640 个感应单元和存储单元，对感应到的闪电信号积分，光敏区积分完毕后，经帧转移将光敏区的电荷整帧移入存储区，移位区的移位寄存器分两路将存储区的信号（电荷）一行行地移出，经 AD 转换送入数据总线。接着光敏区开始下一帧的光积分。为了满足快速读出率和大动态范围及低噪声要求，用帧移动和同时读数完成。由于聚焦平面组件以充电积分的方式工作，每个单独像元必须有足够大的存储背景和闪电信号产生的电荷。此外实际像元要大，以便得到一个满意的信噪比。对于快速读出和高通量效率就要使用帧移动技术，要求每个 CCD 阵的一半面积被屏蔽用来临时存储，缓冲从聚焦平面组件传送到实时信号处理器的资料。

（三）高速 AD 转换及接口电路

对于由 CCD 构成的焦平面阵的光敏区对光进行积分的同时，水平移位区的移位寄存器将存储区的信号一行行移出，经 A/D 转换送入数据总线。光敏区积分完成后，经帧转移将光敏区的电荷整帧移入存储区，光敏区开始下一帧的光积分。水平移位寄存器分两路将电荷移入 A/D，以提高输出速度。

（四）实时信号处理系统

它的主要功能是将闪电信号从背景信号中分离出来，这是因为在白天云顶对阳光的反射而形成的背景与闪电信号之比常常大于 100：1（在一帧图像中，背景在 CCD 像点上积累的光子超过 900000 个，而闪电信号积累的光子还不到 6000 个），所以如何在从聚焦平面上以每秒 2.5×10^8 个速率采样，帧积分时间为 2ms（$800 \times 640 \times 500$）。

事实上，聚焦平面上只有一小部分是闪电信号数据，大部分是背景信号。实时处理器从背景噪声中检测闪电信号，将数据率降低到百万分之一。

实时处理器组件包括一个背景信号 P333、一个背景消除器、一个闪电事件阈值器、一个闪电事件选择器和一个信号鉴别器。由于高数据率和 LMS 上的功率有限，用模拟 / 数字混合处理器代替所有技术设备。背景估测与去除、确定阈值和事件选取等信号处理功能由并联分离电路完成。分离电路连接每个聚焦平面输出线，且共有 16 个分离处理电路，每个电路由运算放大器、模数转换器、比较器及数字逻辑电路、存储电路等组成。背景信号测定器基本上是时间范围滤波器，逐个地对每个像元进行背景信号测定。在完成的过程中，多路信号聚焦平面先将信号馈入缓冲器和限幅器，以确保强闪电信号不污染背景信号测定。然后信号由一部分增益增大，对于同一像元增大到以前背景测定的 n 倍。选择部分增益与常规频率节奏滤波器中调整截止频率类似。部分增益太高会使闪电信号污染低背景测定，还会增加处理噪声。

而部分增益太低，背景测定器则不能迅速响应背景强度变化。为保证测定器正常工作，通过测定器的背景数据与离开焦平面的数据同步，且存储单元的离散存储电子数与聚焦平面阵的每个子阵的像元数要正好相等。当数据同步时，在给定时钟周期内延迟线输出与定量离开聚焦平面的信号空间一致，则用一个差分信号放大器将这两个信号相减以产生一个差分信号。由于原始信号只包含背景加闪电或只有背景信号，则相减后信号是闪电信号或几乎是一个零信号。这个差分信号与阈值相比较，如果信号超过阈值电平，比较器触发，接通开关让闪电信号通过，对信号进一步处理。用一个数字多路调制器将比较器输出进行编码，以产生一条地址，这样可以识别检测过的闪电事件的具体像元。

数据处理器的输出表示闪电事件的强度及闪电发生的位置。然后把这些数据送到编码电子设备，格式化为连续的数据流，再发送至地面，其数据率达每秒几百万比特量级。

第十一章　房建工程质量监督

第一节　房建工程质量监督概述

一、土建工程实体质量监督的基本要求

（一）土建工程实体质量监督的主要依据

土建工程实体质量监督的主要依据是国家及山东省制定颁布的有关法律法规、技术标准、规范性文件和工程的施工图设计文件。

（二）土建工程实体质量监督的主要内容

土建工程实体质量监督的重点是监督工程建设强制性标准的实施情况，其主要内容有：

（1）抽查涉及结构安全与使用功能的主要原材料、建筑构配件的出厂合格证、试验报告及见证取样送检资料；

（2）突出对地基基础、主体结构和其他涉及结构安全，建筑节能，环境质量的重要部位、关键工序和使用功能的监督，并应设置质量监督控制点；

（3）抽查现场拌制混凝土，砂浆配合比和预拌混凝土、预拌砂浆的质量控制情况；

（4）质监人员应根据监督检查的结果，填写监督检查记录，提出明确的监督意见，对存在影响结构安全及使用功能的质量问题的，应签发整改通知单，问题严重的，应签发局部停工整改通知单。

（三）质量监督控制点的设置

质量监督控制点是项目质监组对涉及工程结构安全和使用功能等质量进行控制所设置的，必须由质监人员到施工现场进行监督检查的关键工序和重要部位。当施工单位施工至质量监督控制点时，必须通知质监人员到现场进行监督检查。应设置质量监督控制点的部位和工序为：

(1) 桩基和地基处理;
(2) 地基基础;
(3) 重要结构(混凝土大跨度结构及结构转换层等)隐蔽前;
(4) 主体结构验收(含钢结构，木结构等);
(5) 外墙保温、幕墙隐蔽工程;
(6) 工程竣工验收。

(四) 土建工程实体质量监督抽查的主要内容

1. 地基及基础工程监督抽查的主要内容
(1) 工程质量保证及见证取样送检检测资料。
(2) 分项、分部工程质量验收资料及隐蔽工程验收记录。
(3) 地基处理及桩基检测报告，地基验槽记录。
(4) 基础的钢筋、砌体、混凝土和防水等施工质量。
(5) 桩基工程、复合地基工程的施工质量。
2. 主体结构工程监督抽查的主要内容
(1) 工程质量保证及见证取样送检检测资料。
(2) 分项、分部工程质量验收资料及隐蔽工程验收记录。
(3) 结构重点部位的砌体、混凝土、钢筋等施工质量。
(4) 混凝土构件、钢结构构件制作和安装质量。
3. 竣工工程监督抽查的主要内容
(1) 幕墙工程，外墙黏(挂)饰面工程等涉及安全和使用功能的重点部位施工质量的监督抽查。
(2) 建筑围护结构节能工程施工质量。
(3) 工程的观感质量。
(4) 分部(子分部)工程的施工质量验收资料。
(5) 有环保要求材料的检测资料。
(6) 室内环境质量检测报告。
(7) 屋面、外墙(窗)、厕所和浴室等有防水要求的房间渗漏试验的记录，必要时可进行现场抽查。
(8) 住宅工程质量分户验收资料。

(五) 土建工程实体质量监督检测

监督机构应对涉及结构安全，使用功能、关键部位的实体质量或材料进行监督检测，检测记录应列入质量监督报告；监督检测的项目和数量应根据工程的规模、结构形式和施工质量等因素确定。监督检测项目一般应包括：

（1）承重结构混凝土强度。

（2）主要受力钢筋保护层厚度。

（3）现浇楼板厚度。

（4）砌体结构承重墙柱的砌筑砂浆强度。

（5）安装工程中涉及安全和功能的重要项目。

（6）钢结构的重要连接部位。

（7）其他需要检测的项目。

监督机构经监督检测发现工程质量不符合工程建设强制性标准或对工程质量有怀疑的，应责成有关单位委托有资质的检测单位进行检测。

二、土建工程质量控制资料监督的基本要求

（一）收集与整理

（1）工程各参建单位应将工程质量控制资料的形成和积累纳入施工管理的各个环节和有关人员的职责范围。工程质量控制资料应有专人负责收集、整理和审核，有关人员应具备相应的职业资格。

（2）工程质量控制资料主要由施工管理、验收和检测、试验资料等文件和图表组成，应随工程进度同步收集、整理、签发并按规定移交，要求书写认真、字迹清晰，内容完整、结论明确、责任方签字齐全。工程质量控制资料不符合要求的，不得进行工程竣工验收。

（3）工程质量控制资料的形成、收集和整理应由各方责任主体共同形成，并保证其真实、准确、及时、完整。资料中责任方签字、盖章应符合标准，规范及合同的规定。

地基与基础工程质量验收记录、主体结构工程质量验收记录，表中各单位盖章要求为：建设，监理单位为单位公章，设计单位为单位资质章，施工单位为项目部章、公司质量部门章和公司技术部门章。

建筑工程竣工验收报告中各单位均应加盖公章，法人代表签章。

（4）工程各参建单位应确保各自资料的真实、有效、及时和完整，对资料进行涂改、伪造、随意抽撤或损毁、丢失的，应按有关规定予以处罚，情节严重的，应依法追究法律责任。

（5）由建设单位采购的建筑材料，构配件和设备，建设单位应保证建筑材料，

构配件和设备符合设计文件、规范标准和合同要求，并保证相关材料质量证明文件的完整、真实和有效，并经监理单位认可后及时移交给工程施工单位整理归档。

(6) 建设单位必须向参与工程建设的勘察、设计、施工、监理等单位提供与建设工程有关的原始资料。监督专业分包单位及时将工程质量控制资料完整、全面，准确地移交总承包单位。

(7) 勘察、设计单位应按国家有关法律、法规、合同和规范要求提供勘察、设计文件。对需勘察、设计单位参加的验收或签认的质量控制资料应参加验收并签署意见。

(8) 监理单位在施工阶段应对工程质量控制资料的形成、积累、组卷和归档进行监督、检查，使质量控制资料的完整性、准确性符合有关要求。完成审查施工组织设计、签认工程材料进场报验、工程测量放线、隐蔽工程验收检查以及检验批、分项、分部（子分部）质量验收记录等工作。参加工程见证取样工作，对见证取样试验样品真实性负责。

(9) 施工单位应负责工程质量控制资料的主要管理工作。实行技术负责人负责制，逐级建立健全施工技术、质量、材料、检（试）验等管理岗位责任制。应负责汇总各分包单位编制的施工技术资料。应在工程竣工验收前，将工程的质量控制资料整理、汇总、组卷。负责见证的取样、封样、送检工作，并对样品的真实性和完整性负责。

分包单位应负责其分包范围内质量控制资料的收集和整理，并对资料的真实性、完整性和有效性负责。

(二) 归档与组卷

(1) 工程质量控制资料应使用原件。对各种原因不能使用原件的，应在复印件上加盖原件存放单位公章，注明原件存放处，并有经办人及时间。

(2) 工程质量控制资料应以打印或印刷为主。纸质载体幅面为 A4，若手工书写必须用蓝黑或碳素墨水。

(3) 工程质量控制资料应保证字迹清晰，签字、盖章手续齐全，签字必须使用档案规定用笔。计算机形成的资料应采用内容打印、手工签名的方式。

(4) 组卷应美观、整齐，不宜超过 50mm 厚。同卷内不应有重复材料。

(5) 工程竣工图凡使用施工蓝图绘制应使用碳素墨水标注。蓝图反差明显，图面整洁，并加盖竣工图章。竣工图章内应注明绘制人、审核人、技术负责人、监理工程师、绘制时间等基本内容。竣工图章尺寸为：50mm × 80mm。竣工图章应使用不易褪色的红色印泥，加盖在图标栏上方空白处。

（6）利用施工图绘制竣工图，必须标明变更修改的依据；凡施工图结构、工艺、平面布置等有重大变更的，或变更部分超过图面三分之一的，应当重新绘制施工图。

（7）专业性较强、施工工艺复杂、技术先进的分部（子分部）工程应单独组卷。

（8）分册案本采用卷盒分装，卷盒采用硬壳卷盒（塑料皮、纸胎），规格尺寸为310mm×220mm×50mm，卷盒盒盖应粘贴（插入）标签，标签上应注明工程名称、卷名、分册名称及代码、编制单位、编制人、审核人（技术负责人）、编制日期。分册案本的规格尺寸为297mm×210mm（A4幅），小于A4幅面的文件要用A4白纸衬托，封面、封底采用白软、耐用的纸张或塑料材料，封面应注明分册名称及代码、分册细目名称及代码、单位工程负责人、单位工程技术负责人、编制日期。

（9）竣工图纸可装订成册，亦可散装在卷盒内。图纸的折叠方式为：对图纸的图框进行裁剪折叠，采用“手风琴风箱式”，图标、竣工图章露在外面，图标外露右下角。其他文字材料一律采用线带装订，装订线离封面左侧为25mm，取三孔装订，上下两孔分别距中孔80mm。

三、见证取样送检制度的基本要求

（一）见证取样送检的范围

（1）见证取样数量。涉及结构安全的试块、试件和材料见证取样和送样的比例不得低于有关技术标准中规定应取样数量的30%。

（2）按规定，下列试块、试件和材料必须实施见证取样和送检。

① 用于承重结构的混凝土试块。

② 用于承重墙体的砌筑砂浆试块。

③ 用于承重结构的钢筋及连接接头试件。

④ 用于承重墙的砖和混凝土小型砌块。

⑤ 用于拌制混凝土和砌筑砂浆的水泥。

⑥ 用于承重结构的混凝土中使用的掺加剂。

⑦ 地下、屋面、厕浴间使用的防水材料。

⑧ 国家规定必须实行见证取样和送检的其他试块、试件和材料。

（二）见证取样送检的程序

（1）建设单位应向工程受监工程质量监督机构和工程检测单位递交“见证单位和见证人员授权书”。授权书应写明本工程现场委托的见证单位和见证人员姓名，以便工程质量监督机构和检测单位检查核对。

(2) 施工企业取样人员在现场进行原材料取样和试块制作时，见证人员必须在旁见证。

(3) 见证人员应对试样进行监护，并和施工企业取样人员一起将试样送至检测单位或采取有效的封样措施送样。

(4) 检测单位应检查委托单及试样上的标识、标志，确认无误后方进行检测。

(5) 检测单位应按照有关规定和技术标准进行检测，出具公正、真实、准确的检测报告，并加盖专用章。

(6) 检测单位在接受委托检验任务时，必须由送检单位填写委托单，见证人员应在检验委托单上签名。

(7) 检测单位应在检验报告单备注栏中注明见证单位和见证人员姓名，发生试样不合格情况，首先要通知工程受监工程质量监督机构和见证单位。

(三) 见证人员的基本要求和职责

1. 见证人员的基本要求

(1) 见证人员资格：见证人员应是本工程建设单位或监理单位人员；必须具备初级以上技术职称或具有建筑施工专业知识；经培训考核合格，取得“见证人员证书”。

(2) 必须具有建设单位的见证人书面授权书。

(3) 必须向工程质量监督机构和检测单位递交见证人书面授权书。

(4) 人员的基本情况，由省、自治区、直辖市各级建设行政主管部门委托的工程质量监督机构备案，每隔3～5年换证一次。

2. 见证人员的职责

(1) 取样时，见证人员必须在现场进行见证。

(2) 见证人员必须对试样进行监护。

(3) 见证人员必须和施工人员一起将试样送至检测单位。

(4) 有专用送样工具的工地，见证人员必须亲自封样。应在试样或其包装上做出标识、封志。应标明工程名称、取样部位、取样日期、样品名称和样品数量，并由见证人员和取样人员签字。

(5) 见证人员必须在检验委托单上签字，并出示“见证人员证书”。

(6) 见证人员对试样的代表性和真实性负有法定责任。见证人员应制作见证记录，并将见证记录归入施工技术档案。

第二节 工程实体质量监督要点

一、地基与基础工程

(一) 地基处理

1. 承载力检验

对水泥土搅拌桩复合地基、高压喷射注浆桩复合地基、砂桩地基、振冲桩复合地基、土和灰土挤密桩复合地基、水泥粉煤灰碎石桩复合地基及夯实水泥土桩复合地基，其承载力检验，数量为总数的0.5%~1%，但不应少于3处，有单桩强度检验要求时，数量为总数的0.5%~1%，但不应少于3根。

2. 换填垫层地基(灰土地基，砂和砂石地基、粉煤灰地基、土工合成材料地基)

(1) 施工过程中必须检查分层厚度、分层施工时上下两层的搭接长度(上下两层的缝距不得小于500mm)、施工含水量、压实遍数、压实系数等。

垫层的分层铺填厚度一般可取200~300mm。

垫层的施工质量检验必须分层进行。应在每层的压实系数符合设计或规范要求后铺填上层土。

(2) 采用环刀法检验垫层的施工质量时，取样点应位于每层厚度的三分之二深度处。检验点数量，对大基坑每50~100m^{3}不应少于1个检验点；对基槽每10~20m不应少于1个点；每个独立柱基不应少于1个点。采用贯入仪或动力触探检验垫层的施工质量时，每分层点的间距应小于4m。

(3) 换填垫层施工结束后，应按要求检验其地基承载力，并应符合设计要求。

3. 强夯地基和强夯置换地基

(1) 强夯施工中应检查落距、夯击遍数、夯点的位置、夯击范围、每个夯点的夯击次数和每击的夯沉量等各项参数，并应进行详细记录。

(2) 强夯处理后的地基竣工验收承载力检验，应在施工结束后间隔一定时间后方能进行。对于碎石土和砂土地基，其间隔时间可取7~14d；粉土和黏性土地基可取14~28d；强夯置换地基间隔时间可取28d。

(3) 强夯处理后的地基竣工验收时，承载力检验应采用原位测试和室内土工试验。强夯置换后的地基竣工验收时，承载力检验除应采用单墩载荷试验检验外，尚应采用动力触探等有效手段查明置换墩交底情况及承载力与密度随深度的变化情况，对饱和粉土地基允许采用单墩复合地基载荷试验代替单墩载荷试验。

4. 水泥土搅拌桩地基

(1) 水泥土搅拌桩施工过程中必须随时检查施工记录和计量记录，并对照规定的施工工艺对每根桩进行质量评定。检查的重点是水泥用量、桩长、搅拌头转速和提升速度、复搅次数和复搅深度、停浆处理方法等。

(2) 水泥土搅拌桩的施工质量检验可采用以下方法。

① 成桩 7d 后，采用浅部开挖桩头 [深度宜超过停浆（灰）面下 0.5m]，目测检查搅拌的均匀性，量测成桩直径，检查数量为总桩数的 5%。

② 成桩后 3d 内，可用轻型动力触探检查每米桩身的均匀性。检验数量为施工总桩数的 1%，且不少于 3 根。

(3) 竖向承载水泥土搅拌桩地基竣工验收时，承载力检验应采用复合地基载荷试验和单桩载荷试验。

载荷试验必须在桩身强度满足试验荷载条件时，宜在成桩 28d 后进行。检验数量为桩总数的 0.5% ~ 1%，且每项单体工程不应少于 3 点。

(4) 经触探和载荷试验检验后对桩身质量有怀疑时，应在成桩 28d 后，用双管单动取样器钻取芯样做抗压强度检验。检验数量为施工总桩数的 0.5%，且不少于 3 根。

(5) 对相邻桩搭接要求严格的工程，应在成桩 15d 后，选取数根桩进行开挖，并检查搭接情况。

(6) 基槽开挖后，应检验桩位、桩数和桩顶质量（桩位允许偏差为 50mm），如不符合设计要求，应采取有效补强措施。

5. 水泥粉煤灰碎石桩

(1) 成桩过程中，应抽样做混合料试块，每台机械一天应做一组（3 块）试块（边长为 150mm 的立方体），标准养护，测定其立方体抗压强度。

(2) 清土和截桩时，不得造成桩顶标高以下桩身断裂和扰动桩土。

(3) 施工垂直度偏差不应大于 1%；对满堂布桩基础，桩位偏差不应大于 0.4 倍桩径；对条形基础，桩位偏差不应大于 0.25 倍桩径；对单排布桩桩位偏差不应大于 60mm。

(4) 施工质量检验主要应检查施工记录、混合料坍落度、桩数、桩位偏差、褥垫层厚度、夯填度和桩体试块抗压强度等。

(5) 水泥粉煤灰碎石桩地基竣工验收时，承载力检验应采用复合地基载荷试验。水泥粉煤灰碎石桩地基检验应在桩身强度满足试验荷载条件时，宜在施工结束 28d 后进行。试验数量宜为总桩数的 0.5% ~ 1%，且每个单体工程的试验数量不应少于 3 点。

(6) 应抽取不少于总桩数 10% 的桩进行低应变动力试验，检测桩身完整性。

(二) 桩基础

1. 桩基检测

(1) 混凝土桩的桩身完整性检测的抽检数量

① 柱下三桩或三桩以下的承台抽检桩数不得少于1根。

② 地基基础设计等级为甲级，或地质条件复杂、成桩质量可靠性较低的灌注桩，抽检桩数不应少于总桩数的30%，且不得少于20根；其他桩基工程的抽检数量不应少于总桩数的20%，且不得少于10根。

(2) 桩基承载力的检测

① 桩基承载力应按下列要求检测：

a. 进行静载试验：抽检数量不应少于单位工程总桩数的1%，且不少于3根；当总桩数在50根以内时，不应少于2根。

b. 进行高应变法检测；抽检数量不应少于单位工程总桩数的5%，且不得少于5根。

② 对于端承型大直径灌注桩，当受设备或现场条件限制无法采用静载试验及高应变法检测单桩承载力时，可选用下列方法进行检测。

a. 当桩端持力层为密实砂卵石或其他承载力类似的土层时，对单桩承载力很高的大直径端承型桩，可采用深层平板载荷试验法检测桩端土层在承压板下应力主要影响范围内的承载力，同一土层的试验点不应少于3点。

b. 采用岩基载荷试验确定完整、较完整、较破碎岩基作为桩基础持力层时的承载力，载荷试验的数量不应少于3个。

c. 采用钻芯法测定桩底沉渣厚度并钻取桩端持力层岩土芯样，以检验桩瑞持力层是否满足要求。抽检数量不应少于总桩数的10%，且不应少于10根。

d. 大直径嵌岩桩的承载力可根据终孔时桩端持力层岩性报告结合桩身质量检验报告核验。

(3) 桩基的评价性检测与处理

① 单桩竖向抗压承载力按下列要求检测：

a. 进行单桩承载力静载验收检测。如其检测结果的极差不超过其平均值的30%，可取其平均值作为单桩承载力；如其极差超过其平均值的30%，宜增加一倍的静载试验数量进行检测。对桩数为3根以下的柱下承台，取最小值为其单桩承载力，其扩大检测方案应经设计单位认可。

b. 采用高应变法进行单桩承载力验收检测时，单桩竖向极限承载力的评价方法同静载检测。

c. 对桩身完整性检测中发现的Ⅲ、Ⅳ类桩，由设计单位确定承载力检测数量，但不应低于 20% 的承载力检测，必要时可全部进行承载力检测。

② 桩身完整性检测：当采用低应变法、高应变法和声波透射法抽检桩身完整性所发现的Ⅲ、Ⅳ类桩之和大于抽检桩数的 20% 时，宜采用原检测方法（声波透射法改用钻芯法），在未检桩中继续加倍抽测，桩身浅部缺陷应开挖验证。其检测方案应经设计单位认可。

③ 承载力达不到设计要求及桩身质量检测发现的Ⅲ、Ⅳ类桩，应请设计单位拿出处理意见（方案）。

2. 桩基工程的桩位验收

桩基工程的桩位验收，除设计有规定外，应按下述要求进行：

(1) 当桩顶设计标高与施工现场标高相同时，或桩基施工结束后，有可能对桩位进行检查时，桩基工程的验收应在施工结束后进行；

(2) 当桩顶设计标高低于施工场地标高，送桩后无法对桩位进行检查时，对打入桩可在每根桩桩顶沉至场地标高时进行中间验收，待全部桩施工结束，承台或底板开挖到设计标高后，再做最终验收。对灌注桩可在护筒位置做中间验收。

3. 打（压）入桩（预制混凝土方桩、先张法预应力管桩、钢桩）的桩位偏差

打（压）入桩（预制混凝土方桩、先张法预应力管桩、钢桩）的桩位偏差必须符合规定。斜桩倾斜度的偏差不得大于倾斜角正切值的 15%（倾斜角系桩的纵向中心线与铅垂线间夹角）。

4. 灌注桩施工

(1) 施工前应对水泥、砂、石子（如现场搅拌）、钢材等原材料进行检查，对施工组织设计中制定的施工顺序、监测手段（包括仪器和方法）也应检查。

(2) 成孔的控制深度应符合下列要求：

① 摩擦型桩：摩擦桩应以设计桩长控制成孔深度；端承摩擦桩必须保证设计桩长及桩端进入持力层深度。当采用锤击沉管法成孔时，桩管入土深度控制应以标高为主、以贯入度控制为辅。

② 端承型桩：当采用钻（冲）挖掘成孔时，必须保证桩端进入持力层的设计深度；当采用锤击沉管法成孔时，桩管入土深度控制以贯入度为主、以控制标高为辅。

(3) 当钻孔达到设计深度，灌注混凝土之前，孔底沉渣厚度指标应符合下列规定：端承型桩≤ 50mm；摩擦型桩≤ 100mm；抗水平力桩≤ 200mm。

(4) 钢筋笼制作。

① 钢筋笼制作允许偏差：

主筋间距：± 10mm；

箍筋间距：± 20mm；

钢筋笼间距：± 10mm（从主筋的外面算起）；

钢筋笼长度：± 100mm。

② 加劲箍宜设在主筋外侧。

③ 导管接头处外径应比钢筋笼的内径小 100mm 以上。

④ 分节制作的钢筋笼，主筋接头宜采用焊接或机械连接。

⑤ 搬运和吊装钢筋笼时应防止变形，安放应对准孔位，避免碰撞孔壁和自由落下，就位后应立即固定。

(5) 混凝土施工。

① 粗骨料可选用软石或碎石，其粒径不得大于钢筋间最小净距的三分之一。

② 检查成孔质量合格后应尽快灌注混凝土。直径大于 1m 或单桩混凝土量超过 $25m^3$ 的桩，每根桩应留有 1 组试件；直径不大于 1m 或单桩混凝土量不超过 $25m^3$ 的桩，每个灌注台班应留有不少于 1 组试件。

③ 水下灌注混凝土应符合下列规定。

a. 水下灌注混凝土必须有良好的和易性，坍落度宜为 180 ~ 200mm。

b. 开始灌注混凝土时，导管底部至孔底的距离宜为 300 ~ 500mm。

c. 应用足够的混凝土储备量，导管一次埋入混凝土灌注面以下不应少于 0.8m。

d. 导管埋入混凝土深度宜为 2 ~ 6m。严禁将导管拔出混凝土灌注面，并应控制提拔导管速度，应有专人测量导管埋深及管内外混凝土面的高差，填写水下混凝土灌注记录。

e. 灌注水下混凝土必须连续施工，每根桩的灌注时间应按初盘混凝土的初凝时间控制，对灌注过程中的故障应记录备案。

f. 应控制最后一次灌注量，超灌高度宜为 0.8 ~ 1.0m，凿除泛浆后必须保证暴露的桩顶混凝土强度达到设计等级。

(6) 施工中应对成孔、清孔，放置钢筋笼、灌注混凝土等进行全过程检查，人工挖孔桩尚应复验孔底持力层土（岩）性。嵌岩桩必须有桩端持力层的岩性报告。

(7) 施工结束后，应检查混凝土强度，并应做桩体质量及承载力的检验。

（三）土方工程

(1) 土方开挖前应检查定位放线、排水和降低地下水位系统，合理安排土方运输车的行走路线及弃土场。

(2) 在土方施工过程中，应检查平面位置、水平标高、边坡坡度、压实度、排水、降低地下水位系统，并随时观测周围的环境变化。

(3) 土方回填前应清除基底的垃圾、树根等杂物，抽除坑穴积水、淤泥，验收基底标高。如在耕植土或松土上填方，应在基底压实后再进行。

(4) 对填方土料应按设计要求验收后方可填入。

(5) 填方施工过程中应检查排水措施，每层填筑厚度、含水量控制、压实程度、填筑厚度及压实遍数应根据土质、压实系数及所用机具确定。

(四) 基坑工程

(1) 土方开挖的顺序、方法必须与设计工况相一致，并遵循"开槽支撑，先撑后挖，分层开挖，严禁超挖"的原则。

(2) 基坑(槽)、管沟的挖土应分层进行。在施工过程中基坑(槽)管沟边堆置土方不应超过设计荷载，挖方时不应碰撞或损伤支护结构、降水设施。

(3) 基坑(槽)、管沟土方施工中应对支护结构，周围环境进行观察和监测，如出现异常情况应及时处理，待恢复正常后方可继续施工。

(4) 基坑(槽)、管沟土方工程验收必须以确保支护结构和周围环境安全为前提。

(5) 锚杆及土钉墙支护要求如下:

① 施工中应对锚杆或土钉位置，钻孔直径、深度及角度，锚杆或土钉插入长度，注浆配比、压力及注浆量，喷锚墙面厚度及强度，锚杆或土钉应力等进行检查;

② 每段支护体施工完成后，应检查坡顶或坡面位移、坡顶沉降及周围环境变化，如有异常情况应采取措施，恢复正常后方可继续施工。

(五) 地下防水工程

(1) 防水混凝土应连续浇筑，宜少留施工缝。当留设施工缝时，应遵守下列规定。

① 墙体水平施工缝不应留在剪力与弯矩最大处或底板与侧墙的交接处，应留在高出底板表面不小于300mm的墙体上。拱(板)墙结合的水平施工缝，宜留在拱(板)墙接缝线以下150~300mm处。外墙体有预留孔洞时，施工缝距孔洞边缘不应小于300mm。

② 垂直施工缝应避开地下水和裂隙水较多的地段，并宜与变形缝相结合。

③ 水平施工缝浇灌混凝土前，应将其表面浮浆和杂物清除，先铺净浆再铺30~50mm厚的1∶1水泥砂浆或涂刷混凝土界面处理剂，并及时浇灌混凝土；垂直施工缝浇混凝土前，应将其表面清理干净，并涂刷水泥净浆或混凝土界面处理剂，并及时浇灌混凝土。

④ 选用的遇水膨胀止水条应具有缓胀性能，其7d的膨胀率不应大于最终膨胀

率的60%。

⑤ 遇水膨胀止水条应牢固地安装在缝表面或预留槽内。

⑥ 采用中埋式止水带时，应确保位置准确、固定牢靠。

（2）防水混凝土结构内部设置的各种钢筋或绑扎铁丝不得接触模板。固定模板用的螺栓必须穿过混凝土结构时，可采用工具式螺栓或螺栓加堵头，螺栓上应加焊方形止水环，拆模后应加强防水措施，将留下的凹槽封堵密实，并宜在迎水面涂刷防水涂料。

（3）卷材防水层为一层或两层。高聚物改性沥青防水卷材厚度不应小于3mm，单层使用时，厚度不应小于4mm，双层使用时，总厚度不应小于6mm；合成高分子防水卷材单层使用时，厚度不应小于1.5mm，双层使用时总厚度不应小于2.4mm。阴阳角处应做成圆弧或45°（135°）折角，其尺寸视卷材品质确定。在转角处、阴阳角等特殊部位，应增贴1～2层相同的卷材，宽度不宜小于500mm。采用外防外贴法铺贴卷材防水层时，应符合下列规定。

① 铺贴卷材应先铺平面，后铺立面，交接处应交叉搭接。

② 临时性保护墙应用石灰砂浆砌筑，内表面应用石灰砂浆做找平层，并刷石灰浆。如用模板代替临时性保护墙，应在其上涂刷隔离剂。

③ 从底面折向立面的卷材与永久性保护墙的接触部位，应采用空铺法施工。与临时性保护墙或围护结构模板接触的部位，应临时贴附在该墙上或模板上，卷材铺好后，其顶端应临时固定。

④ 当不设保护墙时，从底面折向立面的卷材的接茬部位应采取可靠的保护措施。主体结构完成后，铺贴立面卷材时，应先将接茬部位的各层卷材揭开，并将其表面清理干净，如卷材有局部损伤，应及时进行修补。卷材接茬的搭接长度，高聚物改性沥青卷材为150mm，合成高分子卷材为100mm。当使用两层卷材时，卷材应错茬接缝，上层卷材应盖过下层卷材。

（4）后浇带应设在受力和变形较小的部位，间距宜为30～60m，宽度宜为700～1000mm。后浇带可做成平直缝，结构主筋不宜在缝中断开，如必须断开，则主筋搭接长度应大于45倍主筋直径并应按设计要求加设附加钢筋。后浇带需超前止水时，后浇带部位混凝土应局部加厚，并应增设外贴式或中埋式止水带。后浇带的施工应符合下列规定：

① 后浇带应在其两侧混凝土龄期达到42d后再施工，但高层建筑的后浇带应在结构顶板浇筑混凝土14d后进行。

② 后浇带的接缝处理应符合施工缝处理的规定。

③ 后浇带混凝土施工前，后浇带部位和外贴式止水带应予以保护，严防落入杂

物和损伤外贴式止水带。

④ 后浇带应采用补偿收缩混凝土浇筑，其强度等级不应低于两侧混凝土。后浇带混凝土的养护时间不得少于28d。

⑤ 后浇带混凝土的养护时间不得少于28d。

(5) 穿墙管（盒）应在浇筑混凝土前预埋。穿墙管与内墙角、凹凸部位的距离应大于250mm。结构变形或管道伸缩量较小时，穿墙管可采用主管直接埋入混凝土内的固定式防水法，并应预留凹槽，槽内用嵌缝材料嵌填密实。

结构变形或管道伸缩量较大或有更换要求时，应采用套管式防水法，套管应加焊止水环。

穿墙管线较多时，宜相对集中，采用穿墙盒方法。穿墙盒的封口钢板应与墙上的预埋角钢焊严，并从钢板上的预留浇注孔注入改性沥青柔性密封材料或细石混凝土处理。

穿墙管防水施工时应符合下列规定。

① 金属止水环应与主管满焊密实。采用套管式穿墙管防水构造时，翼环与套管应满焊密实，并在施工前将套管内表面清理干净。

② 管与管的间距应大于300mm。

③ 采用遇水膨胀止水圈的穿墙管，管径宜小于50mm，止水圈应用胶黏剂满黏固定于管上，并应涂缓胀剂。

(6) 防水混凝土拌合物在运输后如出现离析，必须进行二次搅拌。当坍落度损失后不能满足施工要求时，应加入原水灰比的水泥浆或二次掺加减水剂进行搅拌，严禁直接加水。大体积防水混凝土的施工应采取以下措施。

① 在设计许可的情况下，采用混凝土60d强度作为设计强度。

② 采用低热或中热水泥，掺加粉煤灰磨细矿渣粉等掺合料。

③ 掺入减水剂、缓凝剂、膨胀剂等外加剂。

④ 在炎热季节施工时，采取降低原材料温度、减少混凝土运输时吸收外界热量等降温措施。

⑤ 混凝土内部预埋管道，进行水冷散热。

⑥ 采取保温保湿养护。混凝土中心温度与表面温度的差值不应大于25℃，表面温度与大气温度的差值不应大于25℃，养护时间不应少于14d。

(7) 地下防水工程施工完毕后，应按施工质量验收规范的规定进行地下防水效果检查，并应形成记录。经检查不合格的，不得进入下一道工序施工。

二、主体结构工程

（一）混凝土结构工程

1. 模板工程

(1) 模板及其支架应根据工程结构形式、荷载大小、地基土类别、施工设备和材料供应等条件进行设计。模板及其支架应具有足够的承载能力、刚度和稳定性，能可靠地承受浇筑混凝土的重量、侧压力以及施工荷载。

(2) 模板安装应符合下列要求：

① 模板的接缝不应漏浆；在浇筑混凝土前，木模板应浇水湿润，但模板内不应有积水。

② 模板与混凝土的接触面应清理干净并涂刷隔离剂，但不得采用影响结构性能或妨碍装饰工程施工的隔离剂。

③ 浇筑混凝土前，模板内的杂物应清理干净。

④ 对跨度不小于 4m 的现浇钢筋混凝土梁、板，其模板应按设计要求起拱；当设计无具体要求时，起拱高度宜为跨度的 1/1000 ~ 3/1000。

⑤ 固定在模板上的预埋件、预留孔和预留洞均不得遗漏，且应安装牢固。

(3) 模板拆除应符合下列要求：

① 对后张法预应力混凝土结构构件，侧模宜在预应力张拉前拆除。

② 底模支架的拆除应按施工技术方案执行，当无具体要求时，不应在结构构件建立预应力前拆除。

③ 后浇带模板的拆除和支顶应按施工技术方案执行。

④ 侧模拆除时的混凝土强度应能保证其表面及棱角不受损伤。

⑤ 模板拆除时，不应对楼层形成冲击荷载。拆除的模板和支架宜分散堆放并及时清运。

2. 钢筋工程

(1) 原材料

① 钢筋进场时，应按现行国家标准规定抽取试样做力学性能检验，其质量必须符合有关标准的规定。

② 抗震等级为一、二、三级的框架和斜撑构件（含梯段），其纵向受力钢筋采用普通钢筋时，钢筋的抗拉强度实测值与屈服强度实测值的比值不应小于 1.25；钢筋的屈服强度实测值与屈服强度标准值的比值不应大于 1.3，且钢筋在最大拉力下的总伸长率实测值不应小于 9%。

③ 当发现钢筋脆断、焊接性能不良或力学性能显著不正常等现象时，应对该批钢筋进行化学成分检验或其他专项检验。

④ 钢筋应平直、无损伤，表面不得有裂纹、油污、颗粒状或片状老锈。

⑤ 钢筋需要代换时，必须征得设计单位同意，并应符合下列要求。

a. 不同种类钢筋的代换，应按钢筋受拉承载力设计值相等的原则进行。代换后应满足混凝土结构设计规范中有关间距、锚固长度、最小钢筋直径、根数等要求。

b. 对有抗震要求的框架钢筋需代换时，应符合上一条规定，不宜以强度等级较高的钢筋代替原设计中的钢筋；对重要受力钢筋，不宜用Ⅰ级钢筋代换变形钢筋。

c. 当构件受抗裂、裂缝宽度或挠度控制时，钢筋代换时应重新进行验算；梁的纵向受力钢筋与弯起钢筋应分别进行代换。

⑥ 当进口钢筋需要焊接时，必须进行化学成分检验。

⑦ 预制构件的吊环，必须采用未经冷拉的Ⅰ级热轧钢筋制作。

(2) 钢筋加工

① 受力钢筋的弯钩和弯折应符合下列规定：

a. HPB235 级钢筋末端应做 180° 弯钩，其弯弧内直径不应小于钢筋直径的 2.5 倍，弯钩的弯后平直部分长度不应小于钢筋直径的 3 倍；

b, 当设计要求钢筋末端需做 135° 弯钩时，HRB345 级、HRB400 级钢筋的弯弧内直径不应小于钢筋直径的 4 倍，弯钩的弯后平直部分长度应符合设计要求；

c. 钢筋做不大于 90° 的弯折时，弯折处的弯弧内直径不应小于钢筋直径的 5 倍。

② 除焊接封闭环式箍筋外，箍筋的末端应做弯钩，弯钩形式应符合设计要求；当设计无具体要求时，应符合下列规定：

a. 箍筋弯钩的弯弧内直径除应满足第 ① 条的规定外，尚应不小于受力钢筋直径。

b. 箍筋弯钩的弯折角度：对一般结构，不应小于 90° ；对有抗震等要求的结构，应为 135° 。

c. 箍筋弯后平直部分长度：对一般结构，不宜小于箍筋直径的 5 倍；对有抗震等要求的结构，不应小于箍筋直径的 10 倍。

③ 钢筋调直宜采用机械方法，也可采用冷拉方法。

(3) 钢筋连接

① 纵向受力钢筋的连接方式应符合设计要求。

② 在施工现场，应按规定抽取钢筋机械连接接头，焊接接头试件做力学性能检验，其质量应符合有关规程的规定：

A. 钢筋机械连接接头的现场检验按验收批进行。同一施工条件下采用同一批材料的同等级、同型式、同规格接头，以500个为一个验收批进行检验和验收，不足500个的，作为一个验收批。

对接头的每一验收批，必须在工程结构中随机截取3个试件做单向拉伸试验，按设计要求的接头性能等级进行检验和评定。

a. 当3个试件单向拉伸试验结果均符合强度要求时，该验收批评为合格。

b. 如有1个试件的强度不符合要求，应再取6个试件进行复检。复检中如仍有1个试件试验结果不符合要求，则该验收批评为不合格。

B. 钢筋闪光对焊接头、电弧焊接头、电渣压力焊接头、气压焊接头拉伸试验结果均应符合下列要求：

a.3个热轧钢筋接头试件的抗拉强度均不得小于该牌号钢筋规定的抗拉强度；RRB400级钢筋接头试件的抗拉强度均不得小于570N/mm^2。

b. 至少应有两个试件断于焊缝之外，并应呈延性断裂。当达到上述两项要求时，应评定该批接头为抗拉强度合格。

当试验结果有两个试件抗拉强度小于钢筋规定的抗拉强度，或3个试件均在焊缝或热影响区发生脆性断裂时，则一次判定该批接头为不合格品。

当试验结果有1个试件的抗拉强度小于规定值，或2个试件在焊缝或热影响区发生脆性断裂，其抗拉强度均小于钢筋规定抗拉强度的1.10倍时，应进行复验。复验时，应再切取6个试件。复验结果仍有1个试件的抗拉强度小于规定值，或有3个试件断于焊缝或热影响区，呈脆性断裂，其抗拉强度小于钢筋规定抗拉强度的1.10倍时，应判定该批接头为不合格品。

注：当接头试件虽断于焊缝或热影响区，呈脆性断裂，但其抗拉强度大于或等于钢筋规定抗拉强度的1.10倍时，可按断于焊缝或热影响区之外，呈延性断裂同等对待。

C. 对闪光对焊接头、气压焊接头进行弯曲试验时，应将受压面的金属毛刺和镦粗凸起部分去除，使其与钢筋的外表面平齐。

a. 当试验结果为弯至90°，有2个或3个试件外侧（含焊缝和热影响区）未发生破裂时，应评定该批接头弯曲试验合格。

b. 当3个试件均发生破裂时，则一次判定该批接头为不合格品。

c. 当有2个试件发生破裂时，应进行复验。复验时，应再切取6个试件。复验结果有3个试件发生破裂时，应判定该批接头为不合格品。

注：当试件外侧横向裂纹宽度达到0.5mm时，应认定已经破裂。

D. 闪光对焊接头的质量检验，应分批进行外观检查和力学性能试验，并应按下列规定选取检验批：

a. 在同一台班内，由同一焊工完成的300个同牌号、同直径钢筋接头应作为一批。当同一台班内焊接的接头数量较少时，可在一周之内累计计算；累计仍不足300个接头时，应按一批计算。

b. 力学性能检验时，应从每批接头中随机切取6个接头，其中3个做拉伸试验，3个做弯曲试验。

c. 焊接等长的预应力钢筋（包括螺丝端杆和钢筋）时，可按生产时同等条件制作模拟试件。

d. 螺丝端杆接头可只做拉伸试验。

e. 封闭环式箍筋闪光对焊接头，以600个同牌号、同规格的接头作为一批，只做拉伸试验。

E. 电弧焊接头的质量检验，应分批进行外观检查和力学性能检验，并应按下列规定选取检验批。

a. 在现浇混凝土结构中，应以300个同牌号钢筋、同型式接头作为一批；在房屋结构中，应以不超过一楼层中300个同牌号钢筋、同型式接头作为一批。每批随机切取3个接头做拉伸试验。

b. 在装配式结构中，可按生产条件制作模拟试件，每批3个，做拉伸试验。钢筋与钢板电弧搭接焊接头可只进行外观检查。

注：在同一批中若有几种不同直径的钢筋焊接接头，应在最大直径钢筋接头中切取3个试件。

F. 电渣压力焊接头的质量检验，应分批进行外观检查和力学性能检验，并应按下列规定选取检验批：在现浇混凝土结构中，应以300个同牌号钢筋接头作为一批；在房屋结构中，应以不超过一楼层中300个同牌号钢筋接头作为一批；当不足300个接头时，仍应作为一批。每批随机切取3个接头做拉伸试验。

G. 气压焊接头的质量检验，应分批进行外观检查和力学性能检验，并应按下列规定选取检验批：

a. 在现浇混凝土结构中，应以300个同牌号钢筋接头作为一批；在房屋结构中，应以不超过一楼层中300个同牌号钢筋接头作为一批；当不足300个接头时，仍应作为一批。

b. 在柱、墙的竖向钢筋连接中，应从每批接头中随机切取3个接头做拉伸试验；在梁、板的水平钢筋连接中，应另切取3个接头做弯曲试验。

③ 钢筋的接头宜设置在受力较小处。同一纵向受力钢筋不宜设置两个或两个以上接头。接头末端至钢筋弯起点的距离不应小于钢筋直径的10倍。

④ 在施工现场，应按规定对钢筋机械连接接头、焊接接头的外观进行检查，其

质量应符合有关规程的规定。

A. 钢筋锥螺纹接头的外观要求：钢筋与连接套的规格一致；无完整接头丝扣外露。

B. 钢筋挤压接头的外观质量应符合下列要求：

a. 外形尺寸：挤压后套筒长度为原套筒长度的 1.10 ~ 1.15 倍，或压痕处套筒的波动范围为原套筒外径的 0.8 ~ 0.9 倍。

b. 挤压接头的压痕道数应符合型式检验确定的道数。

c. 接头处弯折不得大于 4°。

d. 挤压后的套筒不得有肉眼可见的裂缝。

C. 钢筋焊接骨架外观质量应符合下列要求：

a. 每件制品的焊点脱落、漏焊数量不得超过焊点总数的 4%，且相邻焊点不得有漏焊及脱落。

b. 应量测焊接骨架的长度和宽度，并应抽查纵、横方向 3 ~ 5 个网格的尺寸。

当外观检查结果不符合上述要求时，应逐件检查，并剔除不合格品。对不合格品整修后，可提交二次验收。

D. 焊接网外形尺寸和外观质量应符合下列要求：

a. 焊接网的长度、宽度及网格尺寸的允许偏差均为 ±10mm；网片对角线之差不得大于 10mm；网格数量应符合设计规定。

b. 焊接网交叉点开焊数量不得大于整个网片交叉点总数的 1%，并且任一根横筋上开焊点数不得大于该根横筋交叉点总数的一半；焊接网最外边钢筋上的交叉点不得开焊。

c. 焊接网组成的钢筋表面不得有裂纹、折叠、结疤、凹坑、油污及其他影响使用的缺陷；但焊点处可有不大的毛刺和表面浮锈。

E. 闪光对焊接头外观质量应符合下列要求：接头处不得有横向裂纹。

a. 与电极接触处的钢筋表面不得有明显烧伤。接头处的弯折不得大于 3°。

b. 接头处的轴线偏移不得大于钢筋直径的 0.1 倍，且不得大于 2mm。

F. 电弧焊接头外观质量应符合下列要求：

a. 焊缝表面应平整，不得有凹陷或焊瘤。焊接接头区域不得有肉眼可见的裂纹。

b. 坡口焊、熔槽帮条焊和窄间隙焊接头的焊缝余高不得大于 3mm。

G. 电渣压力焊接头外观质量应符合下列要求：四周焊包凸出钢筋表面的高度不得小于 4mm。

a. 钢筋与电极接触处应无烧伤缺陷。

b. 接头处的弯折不得大于 3°。

c. 接头处的轴线偏移不得大于钢筋直径的0.1倍，且不得大于2mm。

H. 气压焊接头外观质量应符合下列要求：

a. 接头处的轴线偏移不得大于钢筋直径的0.15倍，且不得大于4mm；当不同直径钢筋焊接时，应按较小钢筋直径计算；当大于上述规定值，但在钢筋直径的0.30倍以下时，可加热进行矫正；当大于0.30倍时，应切除重焊。

b. 接头处的弯折不得大于3；当大于规定值时，应重新加热矫正。

c. 锻粗直径不得小于钢筋直径的1.4倍；当小于上述规定值时，应重新加热镦粗。

d. 镀粗长度不得小于钢筋直径的1.0倍，且凸起部分平缓圆滑；当小于上述规定值时，应重新加热缴长。

I. 预埋件钢筋埋弧压力焊接头外观质量应符合下列要求：

a. 四周焊包凸出钢筋表面的高度不得小于4mm；

b. 钢筋咬边深度不得超过0.5mm；

c. 钢筋应无焊穿，根部应无凹陷现象；

d. 钢筋相对钢板的直角偏差不得大于3°　。

⑤ 当受力钢筋采用机械连接接头或焊接接头时，设置在同一构件内的接头宜相互错开。

纵向受力钢筋机械连接接头及焊接接头连接区段的长度为35d（d为纵向受力钢筋的较大直径）且不小于500mm，凡接头中点位于该连接区段长度内的接头均属于同一连接区段。同一连接区段内，纵向受力钢筋机械连接及焊接的接头面积百分率为该区段内有接头的纵向受力钢筋截面面积与全部纵向受力钢筋截面面积的比值。

同一连接区段内，纵向受力钢筋的接头面积百分率应符合设计要求；当设计无具体要求时，应符合下列规定：

A. 在受拉区不宜大于50%。

B. 接头不宜设置在有抗震设防要求的框架梁端、柱端的箍筋加密区；当无法避开时，对等强度高质量机械连接接头不应大于50%。

C. 直接承受动力荷载的结构构件中，不宜采用焊接接头；当采用机械连接接头时，不应大于50%。

⑥ 同一构件中，相邻纵向受力钢筋的扎接接头宜相互错开。绑扎搭接接头中钢筋的横向净距不应小于钢筋直径，且不应小于25mm。

钢筋绑扎搭接接头连接区段的长度为$1.3l_1$（l_1为搭接长度）。凡搭接接头中点位于该连接区段长度内的搭接接头均属于同一连接区段。同一连接区段内，纵向钢筋搭接接头面积百分率为该区段内有搭接接头的纵向受力钢筋截面面积与全部纵向受力钢筋截面面积的比值。

同一连接区段内，纵向受拉钢筋搭接接头面积百分率应符合设计要求；当设计无具体要求时，应符合下列规定：

A. 对梁类，板类及墙类构件，不宜大于25%。

B. 对柱类构件，不宜大于50%。

C. 当工程中确有必要增大接头面积百分率时，对梁类构件，不应大于50%；对其他构件，可根据实际情况放宽。

⑦ 在梁、柱类构件的纵向受力钢筋搭接长度范围内，应按设计要求配置箍筋。当设计无具体要求时，应符合下列规定：

A. 箍筋直径不应小于搭接钢筋较大直径的0.25倍。

B. 受拉搭接区段的箍筋间距不应大于搭接钢筋较小直径的5倍，且不应大于100mm。

C. 受压搭接区段的箍筋间距不应大于搭接钢筋较小直径的10倍，且不应大于200mm。

D. 当柱中纵向受力钢筋直径大于25mm时，应在搭接接头两个端面外100mm范围内各设置两个箍筋，其间距宜为50mm。

⑧ 纵向受压钢筋搭接时，其最小搭接长度应根据上述的规定确定相应数值后，乘以系数0.7取用。在任何情况下，受压钢筋的搭接长度不应小于200mm。

(4) 钢筋安装

① 钢筋安装时，受力钢筋的品种、级别、规格和数量必须符合设计要求。

② 钢筋应绑扎牢固，防止钢筋位移：

A. 板和墙的钢筋网，除靠近外围两行钢筋的相交点全部扎牢外，中间部分交叉点可间隔交错绑牢，但必须保证受力钢筋不产生位置偏移；双向受力的钢筋必须全部扎牢。

B. 梁和柱的箍筋，除设计有特殊要求外，应与受力钢筋垂直设置；箍筋弯钩叠合处，应沿受力钢筋方向错开设置。梁柱节点内应按要求设置水平箍筋。

C. 在柱中竖向钢筋搭接时，角部钢筋的弯钩平面与模板面的夹角，对矩形柱应为45°角，对多边形柱应为模板内角的平分角；圆形柱钢筋的弯钩平面应与模板的切平面垂直；中间钢筋的弯钩平面应与模板面垂直；当采用插入式振捣器浇筑小型截面柱时，弯钩平面与模板面的夹角不得小于15°。

3. 混凝土工程

(1) 原材料

水泥进场时应对其品种、级别、包装或散装仓号、出厂日期等进行检查，并应对其强度、安定性及其他必要的性能指标进行复验。

当在使用中对水泥质量有怀疑或水泥出厂超过3个月（快硬硅酸盐水泥超过1个月）时，应进行复验，并按复验结果使用。

钢筋混凝土结构、预应力混凝土结构中，严禁使用含氯化物的水泥。

(2) 配合比设计

① 对有特殊要求的混凝土，其配合比设计尚应符合国家现行有关标准的专门规定。

② 首次使用的混凝土配合比应进行开盘鉴定，其工作性应满足设计配合比的要求。开始生产时应至少留置一组标准养护试件作为验证配合比的依据。

③ 混凝土拌制前，应测定砂、石含水率并根据测试结果调整材料用量，提出施工配合比。

(3) 混凝土施工

① 结构混凝土的强度等级必须符合设计要求。用于检查结构构件混凝土强度的试件，应在混凝土的浇筑地点随机抽取。

② 对有抗渗要求的混凝土结构，其混凝土试件应在浇筑地点随机取样。同一工程、同一配合比的混凝土，取样不应少于一次，留置组数可根据实际需要确定。

③ 混凝土运输、浇筑及间歇的全部时间不应超过混凝土的初凝时间。同一施工段的混凝土应连续浇筑，并应在底层混凝土初凝之前将上一层混凝土浇筑完毕。当底层混凝土初凝后浇筑上一层混凝土时，应按施工技术方案中对施工缝的要求进行处理。

④ 施工缝的位置应在混凝土浇筑前按设计要求和施工技术方案确定。施工缝的处理应按施工技术方案执行。

A. 由于施工技术和施工组织等，不能连续将结构整体浇筑完成，应预先选定适当的部位设置施工缝。

施工缝的位置应设置在结构受剪力较小且便于施工的部位。留缝应符合下列规定。

a. 柱子留置在基础的顶面、梁或吊车梁牛腿的下面、吊车梁的上面、无梁楼板柱帽的下面。

b. 和板连成整体的大断面梁，留置在板底面以下20～30mm处。当板下有梁托时，留在梁托下面。

c. 单向板留置在平行于板的短边的任何位置。

d. 有主次梁的楼板，宜顺着次梁方向浇筑，施工缝应留置在次梁跨度的中间三分之一范围内。

e. 墙留置在门洞口过梁跨中三分之一范围内，也可留在纵横墙的交接处。

f. 双向受力楼板、大体积混凝土结构、拱、薄壳、蓄水池、斗仓、多层钢架及其他结构复杂的工程，施工缝的位置应按设计要求留置。

B. 施工缝的处理：

在施工缝处继续浇筑混凝土时，已浇筑的混凝土抗压强度不应小于 $1.2N/mm^2$。混凝土抗压强度达到 $1.2N/mm^2$ 的时候，可通过试验决定，同时，必须对施工缝进行必要的处理。

a. 在已硬化的混凝土表面上继续浇筑混凝土前，应清除垃圾，包括水泥薄膜、表面上松动的砂石和软弱混凝土层，同时还应加以凿毛，用水冲洗干净并充分湿润，一般不宜少于 24h，残留在混凝土表面的水应予以清除。

b. 在施工缝位置附近回弯钢筋时，要做到钢筋周围的混凝土不受松动和损坏。钢筋上的油污、水泥砂浆及浮锈等杂物也应清除。

c. 在浇筑前，水平施工缝宜先铺上一层 10 ~ 15mm 厚的水泥砂浆，其配合比与混凝土内的砂浆成分相同。

d. 从施工缝处开始继续浇筑时，要注意避免直接靠近缝边下料。机械振捣前，宜向施工缝处逐渐推进，并距 80 ~ 100cm 处停止振捣，但应加强对施工缝接缝的捣实工作，使其紧密结合。

e. 承受动力作用的设备基础的施工缝处理，应遵守下列规定：标高不同的两个水平施工缝，其高低接合处应留成台阶形，台阶的高宽比不得大于 1；在水平施工缝上继续浇筑混凝土前，应对地脚螺栓进行观测校正；垂直施工缝处应加插钢筋，其直径为 12 ~ 16mm，长度为 60cm，间距为 50cm。在台阶式施工缝的垂直面上亦应补插钢筋。

⑤ 后浇带的留设位置应按设计要求和施工技术方案确定。后浇带混凝土浇筑应按施工技术方案进行。

⑥ 混凝土浇筑完毕后，应按施工技术方案及时采取有效的养护措施，并应符合下列规定：

A. 应在浇筑完毕后的 12h 以内对混凝土加以覆盖并保湿养护。

B. 混凝土浇水养护的时间；对采用硅酸盐水泥、普通硅酸盐水泥、矿渣硅酸盐水泥拌制的混凝土，不得少于 7d；对掺用缓凝型外加剂或有抗渗要求的混凝土，不得少于 14d。

C. 浇筑次数应能保持混凝土湿润状态；混凝土养护用水应与拌制用水相同。

D. 采用塑料布覆盖养护的混凝土，其敞露的全部表面应覆盖严密，并应保持塑料布内有凝结水。

E. 混凝土强度达到 $1.2N/mm^2$ 前，不得在其上踩踏或安装模板及支架。

注：当日平均气温低于5℃时，不得浇水；当采用其他品种水泥时，混凝土的养护时间应根据所采用水泥的技术性能确定；混凝土表面不便浇水或使用塑料布时，宜涂刷养护剂；对大体积混凝土的养护，应根据气候条件按施工技术方案采取控温措施。

4. 现浇结构工程

(1) 现浇结构的外观质量缺陷，应由监理（建设）单位、施工单位等各方根据其对结构性能和使用功能影响的严重程度确定。

(2) 现浇结构拆模后，应由监理（建设）单位、施工单位对外观质量和尺寸偏差进行检查，做出记录，并应及时按施工技术方案对缺陷进行处理。

① 外观质量：

A. 现浇混凝土外观质量不应有严重缺陷。对已经出现的严重缺陷，应由施工单位提出技术处理方案，并经监理（建设）单位认可后进行处理。对经处理的部位，应重新检查验收。

B. 现浇结构的外观质量不宜有一般缺陷。对已经出现的一般缺陷，应由施工单位按技术处理方案进行处理，并重新检查验收。

② 尺寸偏差：现浇结构不应有影响结构性能和使用功能的尺寸偏差。混凝土设备基础不应有影响结构和设备安装的尺寸偏差。对超过尺寸允许偏差且影响结构性能和安装，使用功能的部位，应由施工单位提出技术处理方案，并经监理（建设）单位认可后进行处理。对经处理的部位，应重新检查验收。

5. 装配式结构工程

(1) 预制构件应进行结构性能检验。结构性能检验不合格的预制构件不得用于混凝土结构。

检验内容：钢筋混凝土构件和允许出现裂缝的预应力混凝土构件进行承载力，挠度和裂缝宽度检验；不允许出现裂缝的预应力混凝土构件进行承载力、挠度和抗裂检验；预应力混凝土构件中的非预应力杆件按钢筋混凝土构件的要求进行检验。对设计成熟、生产数量较少的大型构件，当采取加强材料和制作质量检验的措施时，可仅做挠度、抗裂或裂缝宽度检验；当采取上述措施并有可靠的实践经验时，可不做结构性能检验。

(2) 装配式结构施工。

① 进入现场的预制构件，其外观质量、尺寸偏差及结构性能应符合标准图或设计的要求。

② 预制构件与结构之间的连接应符合设计要求。

③ 承受内力的接头和拼缝，当其混凝土强度未达到设计要求时，不得吊装上一

层结构构件；当设计无具体要求时，应在混凝土强度不小于 10N/mm^2 或具有足够的支承时方可吊装上一层结构构件。已安装完毕的装配式结构，应在混凝土强度达到设计要求后，方可承受全部设计荷载。

④ 预制构件码放和运输时的支承位置和方法应符合标准图或设计的要求。

⑤ 预制构件吊装前，应按设计要求在构件和相应的支承结构上标出中心线、标高等控制尺寸，按标准图或设计文件校核预埋件及连接钢筋等，并做出标志。

⑥ 预制构件应按标准图或设计的要求吊装。起吊时，绳索与构件水平面的夹角不宜小于 45°，否则应采用吊架或经验计算确定。

⑦ 预制构件安装就位后，应采取保证构件稳定的临时固定措施，并应根据水准点和轴线校正位置。

⑧ 装配式结构中的接头和拼缝应符合设计要求；当设计无具体要求时，应符合下列规定：

A. 对承受内力的接头和拼缝应采用混凝土浇筑，其强度等级应比构件混凝土强度等级提高一级；

B. 对不承受内力的接头和拼缝应采用混凝土或砂浆浇筑，其强度等级不应低于 C15 或 M15；

C. 用于接头和拼缝的混凝土或砂浆，宜采取微膨胀措施和快硬措施，在浇筑过程中应振捣密实，并应采取必要的养护措施。

（二）砌体结构工程

1. 砌筑砂浆

（1）水泥进场使用前，应分批对其强度、安定性进行复验。检验批应以同一生产厂家、同一编号为一批。当在使用中对水泥质量有怀疑或水泥出厂超过三个月（快硬硅酸盐水泥超过一个月）时，应复查试验，并按其结果使用。不同品种的水泥不得混合使用。

（2）砂浆用砂不得含有有害杂物。砂浆用砂的含泥量应满足下列要求：

① 对水泥砂浆和强度等级不小于 M5 的水泥混合砂浆，不应超过 5%；

② 对强度等级小于 M5 的水泥混合砂浆，不应超过 10%；

③ 人工砂、山砂及特细砂，应经试配能满足砌筑砂浆技术条件要求。

（3）配制水泥石灰砂浆时，不得采用脱水硬化的石灰膏。

（4）消石灰粉不得直接使用于砌筑砂浆中。

（5）拌制砂浆用水，水质应符合现行标准《混凝土用水标准》（JGJ 63—2006）的规定。

(6) 砌筑砂浆应通过试配确定配合比。当砌筑砂浆的组成材料有变更时，其配合比应重新确定。

(7) 施工中当采用水泥砂浆代替水泥混合砂浆时，应重新确定砂浆强度等级。

(8) 凡在砂浆中掺入有机塑化剂、早强剂、缓凝剂、防冻剂等，应经检查和试配符合要求后，方可使用。有机塑化剂应有砌体强度的型式检验报告。

(9) 砂浆现场拌制时，各组分材料应采用重量计量。

石灰膏、黏土膏、电石膏等湿料使用时的用量，应按试配时的稠度予以调整。砂的含水率应随时测定，并及时调整砂的用量。

(10) 砌筑砂浆应采用机械搅拌，自投料完算起，搅拌时间应符合下列规定：

① 水泥砂浆和水泥混合砂浆不得少于 2min；

② 水泥粉煤灰砂浆和掺用外加剂的砂浆不得少于 3min；

③ 掺用有机塑化剂的砂浆，应为 3 ~ 5min。

(11) 砂浆应随拌随用，水泥砂浆和水泥混合砂浆应分别在 3h 和 4h 内使用完毕；当施工期间最高气温超过 30℃时，应分别在拌成后 2h 和 3h 内使用完毕。

注：对掺用缓凝剂的砂浆，其使用时间可根据具体情况延长。

2. 砖砌体工程

(1) 砖和砂浆的强度等级必须符合设计要求。

(2) 砌体水平灰缝的砂浆饱满度不得小于 80%。

(3) 砖砌体的转角处和交接处应同时砌筑，严禁无可靠措施内外墙分砌施工。对不能同时砌筑而必须留置的临时间断处应砌成斜槎，斜槎水平投影长度不应小于高度的三分之二。

(4) 非抗震设防及抗震设防烈度为 6 度、7 度地区的临时间断处，当不能留斜槎时，除转角处外，可留直槎，但直槎必须做成凸槎。留直槎处应加设拉结钢筋，拉结钢筋的数量为每 120mm 墙厚放置 1A6 拉结钢筋（120mm 厚墙放置 2A6 拉结钢筋），间距沿墙高不应超过 500mm；埋入长度从留槎处算起，每边均不应小于 500mm，对抗震设防烈度 6 度、7 度的地区，不应小于 1000mm；末端应有 90° 弯钩。

(5) 砖砌体组砌方法应正确，上下错缝，内外搭砌，砖柱不得采用包心砌法。

合格标准：除符合本条要求外，清水墙、窗间墙无通缝；混水墙中长度大于或等于 300mm 的通缝每间不超过 3 处，且不得位于同一面墙体上。

(6) 砖砌体的灰缝应横平竖直、厚薄均匀。水平灰缝厚度宜为 10mm，但不应小于 8mm，也不应大于 12mm。

(7) 在墙上留置临时施工洞口，其侧边离交接处墙面不应小于 50cm，洞口净宽度不应超过 1m，临时施工洞口应做好补砌。

(8) 不得在下列墙体或部位设置脚手眼：

①120mm 厚墙，料石清水墙和独立柱；

② 过梁上与过梁呈 60° 角的三角形范围及过梁净跨度 1/2 的高度范围内；

③ 宽度小于 1m 的窗间墙；

④ 砌体门窗洞口两侧 200mm（石砌体为 300mm）和转角处 450mm（石砌体为 600mm）范围内；

⑤ 梁或梁垫下及其左右 500mm 范围内；

⑥ 设计不允许设置脚手眼的部位。

(10) 施工脚手眼补砌时，灰缝应填满砂浆，不得用干砖填塞。

(11) 设计要求的洞口、管道，沟槽应于砌筑时正确留出或预埋，未经设计单位同意，不得打凿墙体和在墙体上开凿水平沟槽。宽度超过 300mm 的洞口上部，应设置过梁。

3. 混凝土小型空心砌块砌体工程

(1) 小砌块和砂浆的强度等级必须符合设计要求。施工时所用的小砌块的产品龄期不应小于 28d。

(2) 承重墙体严禁使用断裂小砌块。小砌块应底面朝上，反砌于墙上。

(3) 砌体水平灰缝的砂浆饱满度应按净面积计算且不得低于 90%；竖向灰缝饱满度不得小于 80%，竖缝凹槽部位应用砌筑砂浆填实；不得出现瞎缝、透明缝。

(4) 墙体转角处和纵横墙交接处应同时砌筑。临时间断处应砌成斜槎，斜槎水平投影长度不应小于高度的三分之二。

(5) 砌体的轴线偏移和垂直偏差应按规定执行。

(6) 墙体的水平灰缝厚度和竖向灰缝宽度宜为 10mm，但不应大于 12mm，也不应小于 8mm。

(7) 小砌块砌筑时，在天气干燥炎热的情况下，可提前洒水湿润小砌块；对轻骨料混凝土小砌块，可提前浇水湿润。小砌块表面有浮水时，不得施工。

4. 石砌体工程

(1) 石材及砂浆强度等级必须符合设计要求。石砌体采用的石材应质地坚实，无风化剥落和裂纹。用于清水墙、柱表面的石材，尚应色泽均匀。

(2) 砂浆饱满度不应小于 80%。

(3) 石砌体的组砌形式应符合下列规定：内外墙内，上下错缝，拉结石、丁砌石交错设置。毛石墙拉结石每 0.7m 墙面不应少于 1 块。

(4) 石砌体的灰缝厚度：毛料石和粗料石砌体不宜大于 20mm；细料石砌体不宜大于 5mm。

(5) 砌筑毛石挡土墙应符合下列规定：

① 每砌 3 ~ 4 皮为一个分层高度，每个分层高度应找平一次；

② 外露面的灰缝厚度不得大于 40mm，两个分层高度间分层处的错缝不得小于 80mm。

(6) 料石挡土墙，当中间部分用毛石砌时，丁砌料石伸入毛石部分的长度不应小于 200mm。

(7) 挡土墙的泄水孔当设计无规定时，施工应符合下列规定：

① 泄水孔应均匀设置，在每米高度间隔 2m 左右设置一个泄水孔；

② 泄水孔与土体间铺设长宽各为 300mm，厚 200mm 的卵石或碎石做疏水层。

(8) 挡土墙内侧回填土必须分层夯填，分层松土厚度应为 300mm。墙顶土面应有适当坡度使流水流向挡土墙外侧面。

5. 配筋砌体工程

(1) 钢筋的品种、规格和数量应符合设计要求。

(2) 构造柱、芯柱，组合砌体构件、配筋砌体剪力墙构件的混凝土或砂浆的强度等级应符合设计要求。

(3) 构造柱与墙体的连接处应砌成马牙槎，马牙槎应先退后进，预留的拉结钢筋应位置正确，施工中不得任意弯折。合格标准：钢筋竖向移位不应超过 100mm，每一马牙槎沿高度方向尺寸不应超过 300mm。钢筋竖向位移和马牙槎尺寸偏差每一构造柱不应超过 2 处。

(4) 构造柱位置及垂直度的允许偏差应符合规定。每检验批抽检 10%，且不应少于 5 处。

(5) 对配筋混凝土小型空心砌块砌体，芯柱混凝土应在装配式楼盖处贯通，不得削弱芯柱截面尺寸。

(6) 设置在砌体水平灰缝内的钢筋，应居中置于灰缝中。水平灰缝厚度应大于钢筋直径 4mm 以上。砌体外露砂浆保护层的厚度不应小于 15mm。

(7) 设置在砌体灰缝内的钢筋应采取防腐保护措施。合格标准：防腐涂料无漏刷 (喷浸)，无起皮脱落现象。

(8) 网状配筋砌体中，钢筋网及放置间距应符合设计规定。合格标准：钢筋网沿砌体高度位置超过设计规定一皮砖厚不得多于 1 处。

(9) 组合砖砌体构件，竖向受力钢筋保护层符合设计要求，距砖砌体表面距离不应小于 5mm；拉结筋两端应设弯钩，拉结筋及箍筋的位置应正确。合格标准：钢筋保护层符合设计要求；拉结筋位置及弯钩设置 80% 及以上符合要求，箍筋间距超过规定者，每件不得多于 2 处，且每处不得超过一皮砖。

6. 填充墙砌体工程

（1）砖、砌块和砌筑砂浆的强度等级应符合设计要求。空心砖、蒸压加气混凝土砌块、轻骨料混凝土小型空心砌块等的运输和装卸过程中严禁抛掷和倾倒。进场后应按品种和规格分别堆放整齐，堆置高度不宜超过 2m。加气混凝土砌块应有防雨、防潮措施。

（2）填充墙砌体砌筑前块材应提前 2d 浇水湿润。蒸压加气混凝土砌块砌筑时，应向砌筑面适量浇水。

（3）填充墙砌体一般尺寸的允许偏差应符合规定。

（4）蒸压加气混凝土砌块砌体和轻骨料混凝土小型空心砌块砌体不应与其他块材混砌。用轻骨料混凝土小型空心砌块或蒸压加气混凝土砌块砌筑墙体时，墙底部应砌烧结普通砖或多孔砖，或普通混凝土小型空心砌块，或现浇混凝土坎台等，其高度不宜小于 200mm。

（5）填充墙砌体的砂浆饱满度及检验方法应符合规定。

（6）填充墙砌体留置的拉结钢筋或网片的位置应与块体皮数相符合。拉结钢筋或网片应置于灰缝中，埋置长度应符合设计要求，竖向位置偏差不应超过一皮高度。

（7）填充墙砌筑时应错缝搭砌，蒸压加气混凝土砌块搭砌长度不应小于砌块长度的三分之一；轻骨料混凝土小型空心砌块搭砌长度不应小于 90mm ；竖向通缝不应大于 2 皮。

（8）填充墙砌体的灰缝厚度和宽度应正确。空心砖、轻骨料混凝土小型空心砌块的砌体灰缝应为 8 ~ 12mm。蒸压加气混凝土砌块砌体的水平灰缝厚度及竖向灰缝宽度分别宜为 15mm 和 20mm。

（9）填充墙砌至接近梁、板底时，应留一定空隙，待填充墙砌完并应至少间隔 7d 后，再将其补砌挤紧。

（10）钢筋混凝土结构中砌筑填充墙时，应沿框架柱（剪力墙）全高每隔 500mm（砌块模数不能满足要求时可为 600mm）设 2A6 拉结筋，拉结筋伸入墙内的长度应符合设计要求；当设计无具体要求时：非抗震设防及抗震设防烈度为 6 度、7 度时，不应小于墙长的五分之一且不小于 700mm；非抗震设防及抗震设防烈度为 8 度、9 度时沿全长贯通。抗震设防地区还应采取如下抗震拉结措施：

① 墙长大于 5m 时，墙顶与梁宜有拉结。

② 墙长超过层高 2 倍时，宜设置钢筋混凝土构造柱。

③ 墙高超过 4m 时，墙体半高处设置与柱连接且沿全长贯通的钢筋混凝土水平系梁。单层钢筋混凝土柱厂房等其他砌体围护墙应符合设计要求。

第三节　工程质量控制资料监督要点

一、钢材质量控制资料

(1) 钢材进场时应提供产品合格证和出厂检验报告。

(2) 钢筋进场规定：

① 低碳钢热轧圆盘条应成批验收，每批由同一牌号、同一炉罐号、同一尺寸的盘条组成，其重量不得大于60t。

允许由同一牌号的A级钢（包括Q195）和B级钢，同一冶炼和浇铸方法、不同炉罐号的钢轧成的盘条组成混合批，但每批不得多于6个炉罐号，各炉罐号含碳量之差不得大于0.02%、含锰量之差不得大于0.15%。

判定规则：任何检验批如有某一项试验结果不符合标准要求，则从同一批中再取双倍数量的试样进行该不合格项目的复验。复验结果（包括该项试验所要求的任一指标）即使只有一个指标不合格，则整批不得交货。

② 钢筋混凝土用热轧光圆钢筋应按批进行检查和验收，每批应由同一牌号、同一炉罐号、同一规格、同一交货状态的钢筋组成，其重量不大于60t。

公称容量不大于30t的冶炼炉冶炼的钢和连铸坯轧成的钢筋，允许同一牌号、同一冶炼方法、同一浇铸方法的不同炉罐号组成混合批，但每批不多于6个炉罐号，各炉罐号含碳量之差不得大于0.02%、含锰量之差不得大于0.15%。

③ 钢筋混凝土用热轧带肋钢筋应按批进行检查和验收，每批应由同一牌号、同一炉罐号、同一规格、同一交货状态的钢筋组成，其重量不大于60t。

(3) 抗震等级为一、二、三级的框架和斜撑构件（含梯段），其纵向受力钢筋采用普通钢筋时，钢筋的抗拉强度实测值与屈服强度实测值的比值不应小于1.25；钢筋的屈服强度实测值与屈服强度标准值的比值不应大于1.3，且钢筋在最大拉力下的总伸长率实测值不应小于9%。

(4) 当发现钢筋脆断、焊接性能不良或力学性能显著不正常等现象时，应对该批钢筋进行化学成分检验或其他专项检验。

(5) 钢结构用钢材的合格证及复验。

二、钢材焊接、机械连接质量控制资料

(1) 焊条（丝、剂）等焊接材料应有产品合格证；当采用低氢型碱性焊条时，应按使用说明书的要求烘焙，且宜放入保温筒内保温使用；酸性焊条如在运输或存放中受潮，使用前亦应烘焙后方能使用。焊剂应存放在干燥的库房内，当受潮时，在

使用前应经250～300℃烘焙2h。

(2) 钢结构焊接材料应有质量合格证明文件、中文标志及检验报告，品种，规格，性能等应符合现行国家产品标准和设计要求。焊条、焊剂、药芯焊丝、熔嘴、瓷环等在使用前，应按其产品说明书及焊接工艺文件的规定进行烘焙和存放。

(3) 机械连接套筒应有合格证书、型式检验报告。

(4) 钢筋焊接试验：在工程开工正式焊接之前，参与该项施焊的焊工应进行现场条件下的焊接工艺试验，并经试验合格后，方可正式生产。试验结果应符合质量检验与验收时的要求。

(5) 钢筋电渣压力焊接头：电渣压力焊接头的质量检验应分批进行外观检查和力学性能检验，并应按下列规定选取检验批：

在现浇钢筋混凝土结构中，应以300个同牌号钢筋接头作为一批；在房屋结构中，应以不超过一楼层中300个同牌号钢筋接头作为一批；当不足300个接头时，仍应作为一批。每批随机切取3个接头做拉伸试验。

三、水泥质量控制资料

(1) 水泥进场时应提供产品合格证、出厂检验报告。

(2) 水泥进场时应对其品种、级别、包装或散装仓号、出厂日期等进行检查，并应对其强度、安定性及其他必要的性能指标进行复验。

当在使用中对水泥质量有怀疑或水泥出厂超过三个月（快硬硅酸盐水泥超过一个月）时，应进行复验，并按复验结果使用。

钢筋混凝土结构、预应力混凝土结构中，严禁使用含氯化物的水泥。

检查数量：按同一生产厂家、同一等级、同一品种、同一批号且连续进场的水泥，袋装不超过200t为一批，散装不超过500t为一批，每批抽样不少于一次。

判定规则：

凡氧化镁、三氧化硫、初凝时间，安定性中任一项不符合规定时，均为废品。

凡细度、终凝时间、不溶物和烧失量中的任何一项不符合规定或混合材料掺加量超过最大限度或强度低于其强度等级的指标时，均为不合格品。

(3) 孔道灌浆用水泥应采用普通硅酸盐水泥，其质量应符合以上规定（对孔道灌浆用水泥和外加剂用量较少的一般工程，当有可靠依据时，可不做材料性能的进场复验）。

四、砖、砌块、砂、石质量控制资料

(1) 砖、砌块、砂、石应有产品的合格证书、产品性能检测报告。严禁使用国家明令淘汰的材料。

(2) 砖的强度等级必须符合设计要求。每一生产厂家的砖到现场后，按烧结砖15万块、多孔砖5万块、灰砂砖及粉煤灰砖10万块各为一验收批，抽检数量为1组。

(3) 施工时所用的混凝土小型空心砌块的产品龄期不应小于28d，强度等级必须符合设计要求。每一生产厂家，每1万块小砌块至少应抽检1组。用于多层以上建筑基础和底层的小砌块抽检数量不应少于两组。

(4) 石材及砂浆强度等级必须符合设计要求。同一产地的石材至少应抽检1组。

(5) 蒸压加气混凝土砌块，轻骨料混凝土小型空心砌块砌筑时，其产品龄期应超过28d。蒸压加气混凝土砌块以同品种、同规格、同等级的砌块，以10000块为1批，不足10000块亦为1批。轻骨料混凝土小型空心砌块以用同一品种轻骨料配置成的相同密度等级、强度等级、质量等级和同一生产工艺制成的10000块轻骨料混凝土小型空心砌块为1批。

(6) 砖、砌块复试项目有一项不合格，则判定为不合格。

(7) 普通混凝土用砂、碎石、卵石供货单位应提供产品合格证或质量检验报告。购货单位应按同产地、同规格分批验收。用大型工具（如火车、货船、汽车）运输的，以400m^{3}或600t为一验收批。用小型工具（如马车等）运输的，以200m^{3}或300t为一验收批；不足上述数量者以一批论。

砂每验收批至少应进行颗粒级配、含泥量和泥块含量检验。如为海砂，还应检验其氯离子含量。碎石、卵石每验收批至少应进行颗粒级配、含泥量、泥块含量及针片状颗粒含量检验。对重要工程或特殊工程应根据工程要求增加检测项目。

若检验不合格，应重新取样。对不合格项，进行加倍复验，若仍有一个试样不能满足标准要求，应按不合格品处理。

五、钢结构防腐、防火涂料质量控制资料

(1) 钢结构防腐涂料、稀释剂和固化剂等材料的品种、规格、性能等符合现行国家产品标准和设计要求，应提供质量合格证明文件、中文标志及检验报告等。

(2) 钢结构防火涂料的品种，技术性能应符合设计要求，并应经过具有资质的检测机构检测，符合国家现行有关标准的规定，应提供质量合格证明文件、中文标志及检验报告等。

(3) 钢结构防火涂料每使用100t或不足100t薄涂型防火涂料应抽检一次黏结强度；每使用500t或不足500t厚涂型防火涂料应抽检一次黏结强度和抗压强度。

六、幕墙及外窗试验质量控制资料

(1) 幕墙工程中使用的各种材料、构件和组件应有产品合格证书、进场验收记录、性能检测报告。硅酮结构胶应有认定证书和抽查合格证明；进口硅酮结构胶应有商检证。

(2) 同一幕墙工程应采用同一品牌的单组分或双组分的硅酮结构密封胶，并应有保质年限的质量证书。用于石材幕墙的硅酮结构密封胶还应有证明无污染的实验报告。

隐框、半隐框幕墙所采用的结构黏结材料必须是中性硅酮结构密封胶；全玻幕墙和点支承幕墙采用镀膜玻璃时，不应采用酸性硅酮结构密封胶。硅酮结构密封胶和硅酮建筑密封胶必须在有效期内使用。

(3) 应由国家指定检测机构出具硅酮结构胶相容性和剥离黏结性试验报告。

(4) 后置埋件应进行现场拉拔强度检测。对同一单位工程、同一规格、同一型号，固定于相同基体上的锚栓，取样数量不少于总数的1‰，且不少于3根。

(5) 玻璃幕墙应进行抗风压变形性能、空气渗透性能、雨水渗漏性能及平面变形性能检测。

(6) 建筑外墙金属窗、塑料窗应复验抗风压性能、空气渗透性能和雨水渗漏性能。铝塑门窗的“三性”试验单元的选取；铝塑门窗原则上选取单元窗（外窗）作为“三性”试验单元，对于组合窗及无法进行“三性”试验的窗，应由设计验算其抗风压性能是否符合设计及规范要求；气密性能、水密性能应通过用该型材制作的标准窗进行试验测试。

七、人造木板质量控制资料

(1) 人造木板及饰面人造木板应提供产品合格证书、进场验收记录、性能检测报告。民用建筑工程室内装修中采用的人造木板及饰面人造木板必须有游离甲醛含量或游离甲醛释放量检测报告。某一种人造木板或饰面人造木板面积大于500m^3时，应对不同产品分别进行游离甲醛含量或游离甲醛释放量的复验。

(2) 门窗工程、吊顶工程、轻质隔墙工程、细部工程等应对人造木板的甲醛含量进行复验。采用的某一种人造木板或饰面人造木板面积大于500m^2时，应对不同产品分别进行游离甲醛含量或游离甲醛释放量的复验。

第四节　主要质量通病防治

一、钢筋混凝土现浇楼板裂缝

通病表现形式：现浇楼板易产生贯通性裂缝或上表面裂缝；现浇板外角部位易产生斜裂缝；现浇板沿预埋线管易产生裂缝。

治理主要措施：

(1) 住宅的建筑平面宜规则，避免平面形状发生突变。当平面有凹口时，凹口周边楼板的配筋宜适当加强。当楼板平面形状不规则时，宜设置梁使之形成较规则的平面。在未设梁的板的边缘部位设置暗梁，提高该部位的配筋率，提高混凝土的抗裂性能。

(2) 应加大现浇楼板的刚度。现浇钢筋混凝土双向板设计厚度不应小于100mm，厨房、厕浴、阳台板不得小于80mm，当埋设线管较密或线管交叉时，板厚不宜小于120mm。对于过长的单向板，设计时应进行抗裂验算，合理确定加密分布筋的配置。

(3) 现浇板配筋设计宜采用热轧带肋钢筋细且密的配筋方案。

① 屋面及建筑物两端的现浇板及跨度大于4.2m的板应配制双层双向钢筋，钢筋间距不宜大于150mm，直径不应小于8mm。

② 外墙转角处应设置放射形钢筋，钢筋长度应大于板跨的1/3，且不得小于1.2m。

③ 在现浇板的板宽急剧变化处、大开洞削弱处等易引导收缩应力集中处，钢筋间距不应大于150mm、直径不应小于8mm，并应在板的上表面布置纵横两个方向的温度收缩钢筋。板的上、下表面沿纵横两个方向的配筋率均不应小于截面积的0.15%，且不小于 Φ6@200。

④ 管线应尽量布置在梁内，当楼板内需埋置管线时，管线必须布置在上下钢筋网片之间，且不宜立体交叉穿越，确需立体交叉的不应超过两层管线。线管在敷设时交叉布线处可采用线盒，同时在多根线管的集散处宜采用放射形分布，尽量避免紧密平行排列，以确保线管底部的混凝土浇筑顺利且振捣密实。当两根以上管并行时，沿管方向应增加 Φ4@150 宽500mm的钢筋网片，做到在应力集中部位有双层布筋。

(4) 现浇板强度等级不宜大于C30，当大于C30时，应采取抗裂措施。

(5) 剪力墙结构住宅结构长度大于45m且无变形缝时，宜在中间位置设置后浇带。后浇带处应设置双层钢筋，后浇带混凝土与两侧混凝土浇筑的间隔时间不宜小于2个月。

(6) 预拌混凝土使用单位在订购预拌混凝土前，应根据工程的不同部位和环境提出对混凝土性能的明确技术要求。掺合料总掺量不应大于水泥总用量的30%。

(7) 对高强度、高性能和有特殊要求的混凝土，建设单位、施工总包单位和监理单位应参与配合比设计。

(8) 模板支撑系统必须经过计算，除满足强度要求外，还必须有足够的刚度和稳定性。

(9) 后浇带处应采用独立的模板支撑体系，浇筑前和浇筑后混凝土达到拆模强度之前，后浇带两侧梁板下的支撑不得拆除。

(10) 应加强对现浇楼板负弯矩钢筋位置的控制。控制负弯矩钢筋位置应设置足够强度、刚度的通长钢筋马凳，马凳底部应有防锈措施。双层上排钢筋应设置钢筋小马凳，每平方米不得少于2只。

(11) 在混凝土浇筑时，对裂缝易发生部位和负弯矩筋受力最大区域应铺设临时性活动跳板。

(12) 预拌混凝土在运输、浇筑过程中，严禁随意加水。

(13) 现浇板浇筑时，应振捣充分，在混凝土终凝前应进行二次压抹，压抹后应及时覆盖和浇水养护。

(14) 现浇板养护期间，当混凝土强度小于1.2MPa时，不得进行后续施工。当混凝土强度小于10MPa时，不宜在现浇板上吊运，堆放重物。吊运、堆放重物时，应采取有效措施，减轻冲击。

(15) 对主体进行验收前，应对现浇楼板进行检查，发现裂缝立即处理，并形成记录。

二、填充墙裂缝

通病表现形式：不同基体材料交接部位易产生裂缝；填充墙临时施工洞口周边易产生裂缝；填充墙内暗敷线管处易产生裂缝。

治理主要措施：

(1) 蒸压(养)砖、混凝土小型空心砌块、蒸压加气混凝土砌块类的墙体材料至少养护28d后方可用于砌筑。

(2) 严格控制砌块的含水率和融水深度。墙体材料现场存放时应设置可靠的防潮、防雨淋措施。

(3) 不同基体材料交接处应采取钉钢丝网等抗裂措施。钢丝网与不同基体的搭接宽度每边不小于100mm。钢丝网片的网孔尺寸不应大于20mm×20mm，其钢丝直径不应小于1.2mm，应采用热镀锌电焊钢丝网，并宜采用先成网后镀锌的后热镀锌电焊网。钢丝网应用钢钉或射钉加铁片固定，间距不大于300mm。

(4) 在填充墙上剔凿设备孔洞、槽时，应先用切割锯沿边线切开，后将槽内砌块剔除，应轻凿，保持砌块完整，如有松动或损坏，应进行补强处理。剔槽深度应保持线管管壁外表面距墙面基层15mm，并用M10水泥砂浆抹实，外挂钢丝网片两边压墙不小于100mm。

(5) 填充墙砌体应分次砌筑。每次砌筑高度不应超过1.5m，日砌筑高度不宜大于2.8m；灰缝砂浆应饱满密实，嵌缝应嵌成凹缝，严禁使用落地砂浆和隔日砂浆嵌缝。

(6) 填充墙砌筑接近梁板底时，应留一定空间，至少间隔7d后，再将其补砌挤紧。宜采用梁（板）底预留30～50mm，用干硬性C25膨胀细石混凝土填塞方法。

(7) 填充墙砌体临时施工洞处应在墙体两侧预留2A6@500拉结筋，补砌时应润湿已砌筑的墙体连接处，补砌应与原墙接槎处顶实，并外挂钢丝网片，两边压墙不小于100mm。

(8) 消防箱、配电箱、水表箱、开关箱等预留洞上的过梁，应在其线管穿越的位置预留孔槽，不得事后剔凿，其背面的抹灰层应满挂钢丝网片。

三、墙面抹灰裂缝

通病表现形式：抹灰墙面易出现空鼓、裂缝。治理主要措施如下。

(1) 应严格控制抹灰砂浆配合比，宜用过筛中砂（含泥量＜5%），保证砂浆有良好的和易性和保水性。采用预拌砂浆时，应由设计单位明确强度及品种要求。

(2) 对混凝土，填充墙砌体基层抹灰时，应先清理基层，然后做甩浆结合层，掺加界面剂与水泥浆拌和，喷涂后抹底灰。

(3) 抹灰前墙面应浇水，浇水量应根据墙体材料和气温不同分别进行控制，并同时检查基体抗裂措施实施情况。

(4) 抹灰面层严禁使用素水泥浆抹面。抹灰砂浆宜掺加聚丙烯抗裂纤维、碳纤维或耐碱玻璃纤维等纤维材料。必要时，可在基层抹灰和面层砂浆之间增加玻纤网。如墙面抹灰有施工缝时，各层之间施工缝应相互错开。

(5) 墙面抹灰应分层进行，抹灰总厚度超过35mm时，应采取加设钢丝网等抗裂措施。

(6) 墙体抹灰完成后应及时喷水进行养护。

四、外墙保温饰面层裂缝、渗漏

通病表现形式：饰面层易出现开裂，外墙易产生渗漏，治理主要措施如下。

（1）外墙外保温施工图及设计变更均应经同一图审机构审查批准。设计变更不得降低节能效果，并应获得监理或建设单位确认，建设、施工单位不得更改外墙外保温系统构造和组成材料。

（2）外墙外保温设计应明确基层抹灰要求，对门窗洞口四周、外墙细部及突出构件等做好防水保温细部设计，并出具节点详图。

（3）外墙外保温系统组成材料应与其系统型式检验报告一致。

（4）保温材料应有省级住房和城乡建设行政主管部门出具的产品认定证书。

（5）涂饰饰面应采用与保温系统相容的柔性耐水腻子和高弹性涂料。

（6）外墙外保温施工前应做出专项施工方案，由总承包单位报建设（监理）单位审查批准后实施。

（7）外墙外保温工程施工应坚持样板引路的原则，样板验收合格后方可全面施工。

（8）外墙基层处理及找平层施工应符合下列要求：

①抹灰前应先堵好架眼及孔洞，封堵应由专人负责施工，施工、监理单位应对孔洞封堵质量进行专项检查验收，并形成隐蔽工程验收记录；

②封堵脚手架眼和孔洞时，应清理干净、浇水湿润，然后采用干硬性细石混凝土封堵严密；

③穿墙螺栓孔宜采用聚氨酯发泡剂和防水膨胀干硬性水泥砂浆填塞密实，封堵后孔洞外侧表面应进行防水处理。

（9）粘贴聚苯板外墙外保温系统施工应符合下列要求。

① 条黏法需用工具锯齿涂抹，涂抹面积应达到100%；点框法黏结面积不应小于50%。

② 涂料饰面时，当采用EPS（聚苯板）板做保温层，建筑物高度在20m以上时，宜采用以黏结为主、以锚栓固定为辅的黏锚结合方式，锚栓每平方米不宜少于3个；当采用XPS（绝热用挤塑聚苯乙烯泡沫塑料）板做保温层，应从首层开始采用黏锚结合的方式，锚栓每平方米不宜少于4个，锚栓在墙体转角、门窗洞口边缘的水平、垂直方向加密，其间距不大于300mm，锚栓距基层墙体边缘应不小于60mm，锚栓拉拔力不得小于0.3MPa。

③ 以XPS板为保温层时，应对XPS板表面进行粗糙化处理，并应在两面喷刷专用界面砂浆，界面砂浆宜为水泥基界面砂浆。

④ 保温板之间应拼接紧密，并与相邻板齐平，胶黏剂的压实厚度宜控制在3～5mm，贴好后应立即刮除板缝和板侧面残留的胶黏剂。保温板间残留缝隙应采用阻燃型聚氨酯发泡材料填缝，板件高差不得大于1.5mm。

⑤ 门窗洞口上部和凸显建筑物的装饰腰线、女儿墙压顶等有排水要求的外墙部位应做滴水线。

⑥ 门窗洞口四角聚苯板不得拼接，应采用整板切割成型，拼缝离开角部至少200mm。

⑦ 耐碱网格布粘贴时，洞口处应在其四周各加贴一块长300mm、宽200mm的45° 斜向耐碱玻纤网布；转角处两侧的耐碱玻纤网布应互绕搭接，每边搭接长度不应小于200mm或采用附加网处理。

⑧ 在外墙保温系统的起始和终端部位的墙下端，檐口处及门窗洞口周边等部位应做好耐碱玻纤网的反包处理。

(10) 硬泡聚氨酯外墙外保温系统施工应符合下列要求。

① 用喷涂法施工时，外墙基层应涂刷封闭底涂。喷涂前应采取遮挡措施对门窗、脚手架等非喷涂部位进行保护。

② 喷涂硬泡聚氨酯的施工环境温度不应低于10℃，空气相对湿度宜小于80%，风力不宜大于三级。严禁在雨天、雪天施工，当施工中途下雨、下雪时应采取遮盖措施。

③ 喷涂硬泡聚氨酯采用抹面胶浆时，抹面层厚度控制：普通型3 ~ 5mm，加强型5 ~ 7mm，并应严格控制表面平整度。

(11) 外墙保温层需设置分格缝的，应由设计明确位置及处理措施。

(12) 需穿透外墙保温层固定的管道及设备支架等，其与保温层结合的间隙应采取可靠措施做防水密封处理。

(13) 外墙施工完后，建设单位应组织参建单位对外墙进行淋水试验，淋水持续时间不得少于2h，并做好检查记录。

五、外窗渗漏

通病表现形式：外窗框周边易出现渗水；组合窗的拼接处易出现渗水。治理主要措施如下。

(1) 外窗制作前必须对洞口尺寸逐一校核，保证门窗框与墙体间有适合的间隙；外窗进场后应对其气密性能、水密性能及抗风压性能进行复验。

(2) 窗下框应采用固定片法安装固定，严禁用长脚膨胀螺栓穿透型材固定门窗框。固定片宜为镀锌铁片，镀锌铁片厚度不小于1.5mm，固定点间距：转角处180mm，框边处不大于500mm。窗侧面及顶面打孔后工艺孔冒安装前应用密封胶封严。

(3) 窗框与结构墙体间应施打聚氨酯发泡胶，发泡前应清理干净，发泡胶应连续施打、一次成形、填充饱满。

(4) 外窗框四周密封胶应采用中性硅酮密封胶，密封胶应在外墙粉刷涂料前完成，打胶要保证基层干燥，无裂纹、气泡，转角处保持平顺、严密。

(5) 外窗台上应做出向外的流水斜坡，坡度不小于10%，内窗台应高于外窗台10mm。窗楣上应做鹰嘴或滴水槽。

(6) 组合外窗的拼樘料应采用套插或搭接连接，并应伸入上下基层，不应少于15mm。拼接时应带胶拼接，外缝采用硅酮密封胶密封。

(7) 外窗排水孔位置、数量、规格应根据窗型设置，满足排水要求。

(8) 外窗安装完成后，应进行外窗现场淋水见证检验，并形成记录。

六、有防水要求的房间地面渗漏

通病表现形式：管根、墙根、板底等部位易出现渗漏。治理主要措施如下。

(1) 有防水要求的房间楼板混凝土应一次浇筑、振捣密实。楼板四周应设现浇钢筋混凝土止水台，高度不小于120mm，且应与楼板同时浇筑。

(2) 防水层应沿墙四周上返，高出地面不小于300mm。管道根部、转角处、墙根部位应做防水附加层。

(3) 管道穿过楼板的洞口处封堵时应支设模板，将孔洞周围浇水湿润，用高于原设计强度一个等级的防渗混凝土分两次进行浇灌、捣实。管道穿楼板处宜采用止水节施工法。

(4) 对于沿地面敷设的给水、采暖管道，在进入有水房间处，应沿有水房间隔墙外侧抬高至防水层上反高度以上后，再穿过隔墙进入卫生间，避免破坏防水层。

(5) 地漏安装的标高应比地面最低处低5mm，地漏四周用密封材料封堵严密。门口处地面标高应低于相邻无防水要求房间的地面不小于20mm。

(6) 有防水要求的房间内穿过楼板的管道根部应设置阻水台，且阻水台不应直接做在地面面层上。阻水台高度应提前预留，保证高出成品地面20mm。有套管的，必须保证套管高度满足上口高出成品地面20mm。

(7) 防水层上施工找平层或面层时应做好成品保护，防止破坏防水层。有防水要求的房间应做二次蓄水试验，即防水隔离层施工完成时一次，工程竣工验收时一次，蓄水时间不少于24h，蓄水高度不少于20～30mm，并形成记录。

七、屋面渗漏

通病表现形式：屋面细部处理不规范，易产生漏水、渗水。治理主要措施如下。

(1) 不得擅自改变屋面防水等级和防水材料，确需变更的，应经原审图机构审核批准，图纸设计中应明确节点细部做法。

（2）屋面防水必须由有相应资质的专业防水队伍施工，施工前应进行图纸会审，掌握细部构造及有关技术要求。

（3）卷材防水屋面基层与女儿墙、山墙、天窗壁、变形缝、烟（井）道等凸出屋面结构的交接处和基层转角处，找平层均应做成圆弧形，圆弧半径应符合规范要求。

（4）卷材防水在天沟、檐沟与屋面交接处，以及泛水、阴阳角等部位，应做防水附加层；附加层经验收合格后，方可进行下一步施工。

（5）天沟、檐沟、檐口、泛水和立面卷材收头的端部应裁齐，塞入预留凹槽内，用金属压条钉压固定，最大钉距不应大于450mm，并用密封材料嵌填封严。

（6）伸出屋面的管道、井（烟）道，设备底座及高出屋面的结构处应用柔性防水材料做泛水，其高度不小于250mm；管道底部应做防水台，防水层收头处应箍紧，并用密封材料封口。

（7）屋面水落口周围直径500mm范围内应设不小于5%的坡度坡向水落口，水落口处防水层应伸入水落口内部不应小于50mm，并用防水材料密封。

（8）刚性防水层与基层、刚性保护层与柔性防水层之间应做隔离层。屋面细石混凝土保护层分隔缝间距不宜大于4.0m。

（9）屋面太阳能、消防等设施、设备、管道安装时，应采取有效措施，避免破坏防水层。

（10）屋面防水工程完工后，应做蓄水检验，蓄水时间不少于24h，蓄水最浅处不少于30mm；坡屋面应做淋水检验，淋水时间不少于2h。

第五节　主要技术标准规范强制性条文

一、建筑节能工程施工质量验收规范（GB 50411—2019）

第1.0.5条。单位工程竣工验收应在建筑节能分部工程验收合格后进行。

第3.1.2条。设计变更不得降低建筑节能效果。当设计变更涉及建筑节能效果时，应经原施工图设计审查机构审查，在实施前应办理设计变更手续，并获得监理或建设单位的确认。

第3.3.1条。建筑节能工程应按照经审查合格的设计文件和经审查批准的施工方案施工。

第4.2.2条。墙体节能工程使用的保温隔热材料，其导热系数、密度、抗压强度或压缩强度、燃烧性能应符合设计要求。

第4.2.7条。墙体节能工程的施工，应符合下列规定：

(1)保温隔热材料的厚度必须符合设计要求。

(2)保温板材与基层及各构造层之间的黏结或连接必须牢固。黏结强度和连接方式应符合设计要求。保温板材与基层的黏结强度应做现场拉拔试验。

(3)保温浆料应分层施工。当采用保温浆料做外保温时，保温层与基层及各层之间的黏结必须牢固，不应脱层、空鼓和开裂。

(4)当墙体节能工程的保温层采用预埋或后置锚固件固定时，锚固件数量，位置、锚固深度和拉拔力应符合设计要求。后置锚固件应进行锚固力现场拉拔试验。

第4.2.15条。严寒和寒冷地区外墙热桥部位，应按设计要求采取节能保温等隔断热桥措施。

第5.2.2条。幕墙节能工程使用的保温隔热材料，其导热系数、密度、燃烧性能应符合设计要求。幕墙玻璃的传热系数、遮阳系数、可见光透射比、中空玻璃露点应符合设计要求。

第6.2.2条。建筑外窗的气密性、保温性能、中空玻璃露点、玻璃遮阳系数和可见光透射比应符合设计要求。

第7.2.2条。屋面节能工程使用的保温隔热材料，其导热系数、密度、抗压强度或压缩强度、燃烧性能应符合设计要求。

第8.2.2条。地面节能工程使用的保温材料，其导热系数、密度、抗压强度或压缩强度、燃烧性能应符合设计要求。

二、硬泡聚氨酯保温防水工程技术规范(GB 50404—2017)

第3.0.10条。喷涂硬泡聚氨酯施工时，应对作业面外易受飞散物料污染的部位采取遮挡措施。

第3.0.13条。硬泡聚氨酯保温及防水工程所采用的材料应有产品合格证书和性能检测报告，材料的品种、规格、性能等应符合设计要求和本规范的规定。

材料进场后，应按规定抽样复验，提出试验报告，严禁在工程中使用不合格的材料。注：硬泡聚氨酯及其主要配套辅助材料的检测除应符合有关标准规定外，还应按本规范附录A～附录E的规定执行。

第4.1.3条。硬泡聚氨酯保温层上不得直接进行防水材料热熔、热黏法施工。

第4.3.3条。平屋面排水坡度不应小于2%，天沟，檐沟的纵向坡度不应小于1%。

第4.6.24条。硬泡聚氨酯保温层厚度必须符合设计要求。

第 5.5.3 条。硬泡聚氨酯板外墙外保温工程施工应符合下列要求：

黏贴硬泡聚氨酯板材时，应将胶黏剂涂在板材背面，黏结层厚度应为 3 ~ 6mm，黏结面积不得小于硬泡聚氨酯板材面积的 40%。

第 5.6.2 条。主控项目的验收应符合下列规定：硬泡聚氨酯保温层厚度必须符合设计要求。

三、外墙外保温工程技术规程（JGJ 144—2019）

第 4.0.2 条。外墙外保温系统经耐候性试验后，不得出现饰面层起泡或剥落、保护层空鼓或脱落等破坏，不得产生渗水裂缝。具有薄抹面层的外保温系统，抹面层与保温层的拉伸黏结强度不得小于 0.1MPa，并且破坏部位应位于保温层内。

第 4.0.5 条。EPS 板现浇混凝土外墙外保温系统现场黏结强度不得小于 0.1MPa，并且破坏部位应位于 EPS 板内。

第 4.0.8 条。胶黏剂与水泥砂浆的拉伸黏结强度在干燥状态下不得小于 0.6MPa，浸水 48h 后不得小于 0.4MPa；与 EPS 板的拉伸黏结强度在干燥状态和浸水 48h 后均不得小于 0.1MPa，并且破坏部位应位于 EPS 板内。

第 4.0.10 条。玻纤网经向和纬向耐碱拉伸断裂强力均不得小于 $750N/50mm^2$，耐碱拉伸断裂强力保留率均不得小于 50%。

第 5.0.11 条。外保温工程施工期间以及完工后 24h 内，基层及环境空气温度不应低于 5℃。夏季应避免阳光暴晒，在 5 级以上大风天气和雨天不得施工。

第 6.2.7 条。现场取样胶粉 EPS 颗粒保温浆料干密度不应大于 $250kg/m^3$，并且不应小于 $180kg/m^3$。现场检验保温层厚度应符合设计要求，不得有负偏差。

第 6.3.2 条。无网现浇系统 EPS 板两面必须预喷刷界面砂浆。

第 6.4.3 条。有网现浇系统 EPS 钢丝网架板厚度、每平方米腹丝数量和表面荷载值应通过试验确定。EPS 钢丝网架板构造设计和施工安装应考虑现浇混凝土侧压力影响，抹面层厚度应均匀，钢丝网应完全包覆于抹面层中。

第 6.5.6 条。机械固定系统锚栓，预埋金属固定件数量应通过试验确定，并且每平方米不应小于 7 个。单个锚栓拔出力和基层力学性能应符合设计要求。

第 6.5.9 条。机械固定系统金属固定件，钢筋网片、金属锚栓和承托件应做防锈处理。

四、建筑变形测量规范（JGJ 8—2016）

第 3.0.1 条。下列建筑在施工和使用期间应变形测量：

(1) 地基基础设计等级为甲级的建筑物；

（2）复合地基或软弱地基上的设计等级为乙级的建筑；

（3）加层、扩建建筑；

（4）受邻近深基坑开挖施工影响或受场地地下水等环境因素变化影响的建筑；

（5）需要积累经验或进行设计分析的建筑。

第 3.0.11 条。当建筑变形观测过程中发生下列情况之一时，必须立即报告委托方，同时应及时增加观测次数或调整变形测量方案：

（1）变形量或变形速率出现异常变化；

（2）变形量达到或超出预警值；

（3）周边或开挖面出现塌陷、滑坡；

（4）建筑本身、周边建筑及地表出现异常；

（5）由于地震，暴雨，冻融等自然灾害引起的其他变形异常情况。

第十二章　市政、园林工程质量监督

第一节　市政、园林工程质量监督概述

市政基础设施工程是为全社会服务的公共设施，类型多、投资大，是各级政府投资建设的重要方面。工程实体质量的优劣，与城市的正常运转和人民群众生产、生活密切相关。市政工程的质量特性必须达到适用、安全、耐久、经济等基本要求，其中最基本的是工程使用功能和使用安全。保证工程建设符合国家技术标准，确保工程建设达到预期的使用功能和使用安全，是市政工程质量监督管理的基本任务。

市政工程实体质量监督是指工程质量监督机构（以下简称监督机构）依据经审查合格的施工图设计文件、工程建设强制性标准，对施工过程中的工程质量控制资料和实体质量进行监督检查的活动。

对市政工程实体质量的监督，采取抽查施工作业面的施工质量与对关键工序、关键部位重点检查相结合的方式。对市政工程实体质量的监督要突出结构安全和使用功能，重点是地基基础、主体结构及其他涉及结构安全的关键部位是否符合施工图设计文件、工程建设强制性标准要求，并应当设置质量监督控制点。当施工单位施工至质量监督控制点时，必须提前由总监（总监代表）通知质监人员到现场进行监督检查。

对市政工程实体质量检查的同时，要抽查施工、监理等单位有关保证结构安全和使用功能的质量控制资料，重点是涉及结构安全和使用功能的主要材料，构配件和设备的出厂合格证、试验报告、见证取样送检资料以及功能性检测资料。

实体质量监督检查要辅以必要的监督抽测。监督抽测是指监督机构在施工现场使用便携式仪器、设备随机对工程实体及建筑材料、构配件和设备进行的抽样检测。监督抽测的目的是验证材料、构配件、设备及工程实体的质量情况。监督抽测的时间应随机进行，也可根据工程进度和规范要求对某部位或单体进行抽测。

第二节　工程实体质量监督要点

一、道路工程

(1) 监督机构应对下列内容进行重点抽查：

① 路基基层、面层的施工质量，检测试验，隐蔽验收；

② 结构层厚度、强度、压实度、弯沉（设计有要求时），混凝土面层强度、沥青混合料面层马歇尔稳定度等涉及道路结构稳定的重要指标；

③ 路面的高程、平整度、抗滑性能、宽度等涉及使用功能的指标值。

(2) 监督机构应对下列内容根据实际情况进行抽查：

人行道、缘石、侧平石收水井，地下管线，检查井盖等。

(3) 监督检测的项目宜包括：

① 道路压实度、平整度与弯沉值；

② 结构层厚度与强度；

③ 道路几何尺寸；

④ 混凝土预制构件强度；

⑤其他需要检测的项目。

二、桥梁工程（含高架桥）

(1) 监督机构应对下列内容进行重点抽查：

① 基础工程与主体结构工程的施工质量、试验检测和隐蔽验收；

② 混凝土、钢筋和钢绞线、预应力，钢结构制作与安装及其他涉及结构安全的关键工序验收；

③ 支座、伸缩装置、桥面铺装及其他涉及使用功能的质量验收；

④ 大中型桥梁的成桥鉴定，包括动静载试验、评估报告等。

(2) 监督机构应对下列内容根据实际情况进行抽查：

桥面系、安装工程、外观质量、桥梁总体等。

(3) 监督检测的项目宜包括：

① 基础与主体结构混凝土强度；

② 主要受力钢筋数量、位置、连接与混凝土保护层厚度；

③ 整体与部位的几何尺寸；

④ 钢结构防腐涂层厚度；

⑤其他需要检测的项目。

三、隧道工程（盾构法与明挖法、暗挖法）

(1) 监督机构应对下列内容进行重点抽查：

① 地基处理与桩基、主体结构的施工质量，试验检测、隐蔽验收；

② 基坑开挖与支护，混凝土、钢筋、钢结构制作与安装、横向联络通道、结构防水、隧道抗渗堵漏及其他涉及结构安全与耐久性的关键工序验收；

③ 预制管片的单片检漏检测报告和水平拼装验收记录；

④ 基坑位移、地面沉降、隧道轴线、结构限界等与结构安全、使用功能和环境影响相关的重要指标。

(2) 监督检测的项目宜包括：

① 主要受力钢筋数量、位置与混凝土保护层厚度；

② 管片拼装质量；结构混凝土强度；

③ 其他需要检测的项目。

四、给水排水和污水处理工程

（一）给水和污水处理工程

(1) 监督机构应对下列内容进行重点抽查：

① 基础与主要构筑物的施工质量，试验检测、隐蔽验收；

② 管线敷设和机电设备安装的施工质量、检测调试；

③ 混凝土、钢筋、预应力、钢结构制作和安装及其他涉及结构安全的关键工序验收；

④ 水池满水试验和消化池、沼气罐的气密性试验。

(2) 监督机构应对下列内容根据实际情况进行抽查：

钢结构的连接与防腐、建筑物和构筑物外观质量等。

(3) 监督检测的项目宜包括：

① 基础与主体结构的混凝土强度；

② 主要受力钢筋的数量、连接、位置与混凝土保护层厚度；

③ 消化池预埋件安装、密封性能、保温及防腐性能；

④ 机电设备预埋技术性能；

⑤ 其他需要检测的项目。

(二) 排水工程

(1) 监督机构应对下列内容进行重点抽查:

① 地基处理与管道敷设工程的施工质量、试验检测、隐蔽验收;

② 混凝土、钢筋及其他涉及结构安全的关键工序验收;

③ 管道轴线、管底标高、闭水试验、回填土压实度及其他涉及使用功能的指标值。

(2) 监督机构应对下列内容根据实际情况进行抽查:

垫层,检查井内外粉饰、管道接口等。

(3) 监督检测的项目宜包括:

① 基础与主体结构混凝土及砂浆强度;

② 主要受力钢筋数量、位置与混凝土保护层厚度;

③ 其他需要检测的项目。

(三) 给水管道工程

(1) 监督机构应对下列内容进行重点抽查:

① 地基基础处理、管道敷设 (铺设、现浇、非开挖) 桥管下部结构、支 (吊) 架、管道保护、设备保护、设备安装的施工质量、试验检测、隐蔽验收;

② 管道连接、管道防腐层、埋地钢管阴极保护,混凝土、钢筋及其他涉及结构安全与耐久性的关键工序验收。

(2) 监督机构应对下列内容根据实际情况进行抽查:

管网系统试验 (压力、强度、严密性)、管网吹扫清洗、设备绝缘接地、沟槽回填压实度、设备试运行等。

(3) 监督检测的项目宜包括:

① 管道连接;

② 管道防腐层厚度和黏结力;

③ 管道外防腐层检漏;

④ 混凝土强度;

⑤ 主要受力钢筋数量、位置与混凝土保护层厚度;

⑥ 其他需要检测的项目。

五、绿化工程

(1) 监督机构应对下列内容进行重点抽查:

① 种植土壤理化性质,种植土层厚度、苗木品种及规格、种植质量、大树

移植；

② 园路（广场）路基、基层、面层施工质量，构筑物地基、基础、主体施工质量，隐蔽工程验收，试验检测；

③ 给水管道、排水管道施工质量，给水管道水压试验，雨污合流排水管道闭水试验。

(2) 监督检测的项目宜包括：

① 土壤理化性质化验分析；

② 路基、基层压实度；

③ 结构层厚度与强度，基础与主体结构的混凝土强度、砂浆强度；

④ 其他需检测的项目。

第三节 主要材料、构配件的质量控制

监督机构应抽查涉及工程结构安全和使用功能的主要原材料、构配件，设备的出厂合格证、检测报告、复试报告和见证取样检测报告；抽查由监理工程师签署的原材料、构配件，设备的质量证明文件和同意进场使用的审批文件。对工程中使用的主要原材料、试块、试件质量有怀疑时，实行强制性抽检或委托有相应资质的检测单位进行检测。

一、一般规定

(1) 原材料、成品、半成品、构配件、设备必须有出厂质量合格证书和出厂检（试）验报告，并归入施工技术文件。

(2) 合格证书、检（试）验报告为复印件的必须加盖供货单位印章方为有效，并注明使用工程名称、规格、数量、进场日期、经办人签名及原件存放地点。

(3) 凡使用新技术、新工艺、新材料，新设备的，应有法定单位鉴定证明和生产许可证。产品要有质量标准、使用说明和工艺要求。使用前应按其质量标准进行检（试）验。

(4) 进入施工现场的原材料、成品、半成品、构配件，在使用前必须按现行国家有关标准的规定抽取试样，交由具有相应资质的检测、试验机构进行复试，复试结果合格方可使用。

(5) 对按国家规定只提供技术参数的测试报告，应由使用单位的技术负责人依

据有关技术标准对技术参数进行判别并签字认可。

(6) 进场材料凡复试不合格的，应按原标准规定的要求再次进行复试，再次复试的结果合格方可认为该批材料合格，两次报告必须同时归入施工技术文件。

(7) 必须按有关规定实行有见证取样和送检制度，其记录、汇总表纳入施工技术文件。

(8) 总含碱量有要求的地区，应对混凝土使用的水泥、砂、石、外加剂和掺合料等的含碱量进行检测，并按规定要求将报告纳入施工技术文件。

二、水泥

(1) 水泥生产厂家的检(试)验报告应包括后补的28d强度报告。

(2) 水泥使用前复试的主要项目为：胶砂强度、凝结时间、安定性、细度等。试验报告应有明确结论。

三、钢材(钢筋、钢板、型钢)

(1) 钢材使用前应按有关标准的规定，抽取试样做力学性能试验；当发现钢筋脆断，焊接性能不良或力学性能显著不正常等现象时，应对该批钢材进行化学成分检验；如需焊接时，还应做可焊接性试验，并分别提供相应的试验报告。

(2) 预应力混凝土所用的高强钢丝、钢绞线等张拉钢材，除按上述要求检验外，还应按有关规定进行外观检查。

(3) 钢材检(试)验报告的项目应填写齐全，要有试验结论。

四、沥青

沥青使用前复试的主要项目为：延度、针入度、软化点、老化、黏附性等(视不同的道路等级而定)。

五、涂料

防火涂料应具有经消防主管部门认定的证明材料。

六、焊接材料

应有焊接材料与母材的可焊性试验报告。

七、砌块(砖、料石、预制块等)

用于承重结构时，使用前复试项目为：抗压、抗折强度。

八、砂、石

工程所使用的砂、石应按规定批量取样进行试验。试验项目一般有：筛分析、表观密度、堆积密度和紧密密度含泥量、泥块含量，针状和片状颗粒的总含量等。结构或设计有特殊要求时，还应按要求加做压碎指标值等相应项目试验。

九、混凝土外加剂、掺合料

各种类型的混凝土外加剂，掺合料使用前，应按相关规定中的要求进行现场复试并出具试验报告和掺量配合比试配单。

十、防水材料及黏接材料

防水卷材、涂料，填缝、密封、黏接材料，沥青玛蹄脂、环氧树脂等应按国家相关规定进行抽样试验，并出具试验报告。

十一、防腐、保温材料

其出厂质量合格证书应标明该产品质量指标、使用性能。

十二、石灰

石灰在使用前应按批次取样，检测石灰的氧化钙和氧化镁含量。

十三、水泥、石灰、粉煤灰类混合料

(1) 混合料的生产单位按规定提供产品出厂质量合格证书。

(2) 连续供料时，生产单位出具的合格证书的有效期最长不得超过7d。

十四、沥青混合料

沥青混合料生产单位应按同类型、同配比，每批次至少向施工单位提供一份产品质量合格证书。连续生产时，每2000t提供一次。

十五、商品混凝土

(1) 商品混凝土生产单位应按同配比、同批次、同强度等级提供出厂质量合格证书。

(2) 总含碱量有要求的地区，应提供混凝土碱含量报告。

十六、管材、管件、设备、配件

(1) 厂 (场)、站工程成套设备应有产品质量合格证书，设备安装使用说明等，工程竣工后整理归档。

(2) 厂 (场)、站工程的其他专业设备及电气安装的材料、设备、产品按现行国家或行业相关规范、规程、标准要求进行进场检查、验收，并留有相应文字记录。

(3) 进口设备必须配有相关内容的中文资料。

(4) 上述 (1)、(2) 项供应厂家应提供相关的检测报告。

(5) 混凝土管、金属管生产厂家应提供有关的强度、严密性、无损探伤的检测报告。施工单位应依照有关标准进行检查验收。

十七、预应力混凝土张拉材料

(1) 应有预应力锚具、连接器、夹片、金属波纹管等材料的出厂检 (试) 验报告及复试报告。

(2) 设计或规范有要求的桥梁预应力锚具，锚具生产厂家及施工单位应提供锚具组装的静载锚固性能试验报告。

十八、混凝土预制构件

(1) 钢筋混凝土及预应力钢筋混凝土梁、板、墩、柱、挡墙板等预制构件生产厂家，应提供相应的能够证明产品质量的基本质量保证资料。如钢筋原材料复试报告、焊 (连) 接检验报告；达到设计强度值的混凝土强度报告 (含 28d 标养及同条件养护的)；预应力材料及设备的检验、标定和张拉资料等。

(2) 一般混凝土预制构件如栏杆、地袱、挂板、防撞墩、小型盖板、检查井盖板、过梁、缘石 (侧石)、平石、方砖、树池砌件等，生产厂家应提供出厂合格证书。

(3) 施工单位应依照有关标准进行检查验收。

十九、钢结构构件

(1) 作为主体结构使用的钢结构构件，生产厂家应依照本规定提供相应的能够证明产品质量的基本质量保证资料。如钢材的复试报告、可焊性试验报告；焊接 (缝) 质量检验报告；连接件的检验报告；机械连接记录等。

(2) 施工单位应依照有关标准进行检查验收。

二十、其他材料

(1) 各种地下管线的各类井室的井圈、井盖、踏步等，应有生产单位出具的质量合格证书。

(2) 支座、变形装置、止水带等产品应有出厂质量合格证书和设计有要求的复试报告。

(3) 绿化种植材料应有出圃单，外地购进苗木、种子应有检疫合格证。

第四节 工程质量控制资料监督要点

一、一般规定

(1) 实行总承包的工程项目，由总承包单位负责汇集，整理各分包单位编制的有关施工技术文件。

(2) 施工技术资料应随施工进度及时整理，要求填写认真、字迹清楚、项目齐全、记录准确、完整真实。

(3) 施工技术文件中，应由各岗位责任人签认的，必须由本人签字 (不得盖图章或由他人代签)。工程竣工，文件组卷成册后必须由单位技术负责人和法人代表或法人委托人签字并加盖单位公章。

二、监督抽查重点

(一) 道路工程

(1) 路基质量控制资料监督抽查内容包括：压实度，路基材料检验报告，路基功能性检测报告 (如弯沉检测报告等)，隐蔽验收记录及监理平行检验资料，质量验收评定记录，软基处理验收记录。

(2) 基层质量控制资料监督抽查内容包括：基层材料出厂合格证，检验报告，进场验收 (复试) 报告，混合料配合比，标准击实试验报告及灰剂量标准曲线报告，压实度检测报告，灰剂量报告，弯沉值检测报告 (设计有要求时)，无侧限抗压强度检测报告，隐蔽验收记录及监理平行检验资料，质量验收评定记录。

(3) 面层质量控制资料监督抽查内容包括：沥青混凝土，水泥混凝土，水泥混凝土面层伸缩缝填料以及土工织物材料出厂合格证，检验报告，进场验收记录，沥青混凝土和水泥混凝土配合比，沥青混凝土马歇尔试验及压实度，水泥混凝土路面的抗压强度和抗折强度，沥青混凝土路面的弯沉值，抗滑性能检测报告，隐蔽工程验收记录及监理平行检验资料，沥青混凝土摊铺记录（测温记录等），质量验收评定记录。

（二）桥梁工程（含高架桥）

（1）桩基质量控制资料监督抽查内容包括：桩基施工方案及方案审批，预制桩和预制桩接桩材料的产品合格证和验收记录，复试报告，试桩报告，灌注桩原材料合格证书，检验报告，进场验收记录，复试报告，桩基施工记录，隐蔽工程验收记录及监理平行检验资料，混凝土强度及评定，桩基检测报告，桩基质量验收记录。

（2）现浇混凝土结构质量控制资料监督抽查内容包括：现浇混凝土结构施工方案，支架模板等专项方案及审批，原材料合格证书，检验报告，进场验收记录，复试报告，混凝土配合比、强度及评定，商品混凝土质量保证资料，现浇混凝土主体工程质量验收记录。

（3）装配式结构质量控制资料监督抽查内容包括：吊装方案及审批，原材料合格证书，检验报告，进场验收记录，复试报告，构件出厂合格证和进场验收记录，吊装记录，构件节点处理，装配式结构主体工程质量验收记录。

（4）砌体结构质量控制资料监督抽查内容包括：原材料合格证书，检验报告，进场验收记录，复试报告，砂浆配合比、强度检测报告。

（5）钢结构质量控制资料监督抽查内容包括：钢结构桥梁主体施工方案及审批，原材料和半成品合格证，检验报告，进场验收记录，复试报告，高强螺栓连接摩擦面抗滑移系数厂家试验报告和安装前复试报告，焊缝无损检验报告及涂层检测资料，高强螺栓扭矩系数复试报告；焊缝探伤报告，焊接工艺评定，构件安装记录，钢结构主体工程质量验收记录，钢结构防腐层厚度检测报告。

（6）预应力施工质量控制资料监督抽查内容包括：预应力张拉专项方案及审批，原材料，成品（预应力筋、锚具、夹片，波纹管）合格证，检验报告，检查验收记录，复试报告，静载锚固性能试验报告，油泵、千斤顶、压力表的校验报告和配套标定报告，预应力张拉应力值、伸长量，每端滑移量、滑丝量记录，孔道压浆配合比，试块强度、压浆记录，同条件试块强度。

（7）功能性试验资料监督抽查包括：大中型桥梁（或设计有要求）的动静载试验报告。

（三）隧道工程

（1）盾构法隧道质量控制资料监督抽查内容包括：原材料合格证，进场检验记录和复试报告，盾构机械掘进施工记录，管片制作、拼装施工记录，管片抗压和抗渗检测报告，壁后注浆施工记录，监理平行检验记录，隐蔽验收记录，隧道施工验收记录。

（2）矿山法隧道质量控制资料监督抽查内容包括：原材料合格证，进场检验记录和复试，初期支护混凝土抗压、抗渗强度检测报告，初期支护锚杆抗拔力检测报告，钢格栅安装施工记录，防水层施工记录，二次衬砌钢筋绑扎施工记录，二次衬砌混凝土抗压、抗渗强度检测报告，隧道断面检查记录，隐蔽验收记录及监理平行检验记录。

（3）明挖法、暗挖法隧道质量控制资料监督抽查内容包括：原材料合格证，进场检验记录和复试报告，基坑支护结构施工方案，地基处理方案及施工记录，底板、边墙、顶板混凝土抗压、抗渗检测报告，隐蔽验收记录及监理平行检验记录。

（四）给水排水和污水处理工程

1. 给水和污水处理工程

（1）地基与基础工程质量控制资料监督抽查内容包括：施工方案及审批，原材料合格证书，检验报告，进场验收记录，复试报告，天然地基验槽记录，人工地基承载力试验检测报告及回填密实度试验报告，桩基成孔、钢筋笼质量、桩位及混凝土强度、桩长、桩径，桩基施工隐蔽工程检查验收记录，桩基检测报告，地基与基础工程验收记录。

（2）构筑物质量控制资料监督抽查内容包括：施工方案及审批，原材料合格证书、检验报告，进场验收记录、复试报告；钢筋加工、成型、安装质量，混凝土配合比报告，抗压、抗渗试验报告，同条件养护试验报告，池体构筑物满水试验报告，池体构筑物沉降观测报告，隐蔽工程检查验收记录，给水、污水处理构筑物工程验收记录。

（3）预应力结构、钢结构、消化池、沼气罐等特殊工程质量控制资料监督抽查内容包括：原材料（预应力钢筋、钢材、连接材料、焊接材料、涂料）合格证书，检验报告，进场报告，进场验收记录，复试报告，预应力张拉施工质量及资料，钢结构工程验收文件，消化池保温、防腐（特别是顶部内衬防腐处理），消化池满水试验，气密性试验，沼气罐沉降观测，沼气罐焊缝质量、无损探伤检测，沼气罐气密性试验、调试记录。

（4）机电设备安装工程质量控制资料监督抽查内容包括：机电设备的订购合同，产品质量合格证书、说明书、运行及保养手册、性能检测报告、符合国家强制性标准情况、进口产品的商检报告及相关文件、进场开箱验收记录及合格证明文件，设备运行单机调试，联动调试记录，机电设备安装工程验收文件，机电设备基础施工隐蔽记录、地脚螺栓的制作、安装质量验收记录和设备安装质量的抽查。

2. 排水工程

排水工程质量控制资料监督抽查内容包括：施工方案及审批，原材料合格证，检测报告，进场验收记录，复试报告，功能性试验（闭水试验），变形量检测及管道高程，沟槽回填压实度试验，平基、管座混凝土配合比及抗压强度。

3. 给水管道工程

给水管道工程质量控制资料监督抽查内容包括：施工方案及审批，原材料及产品（管材、阀门、水泵等）合格证，检测报告，进场验收记录，复试报告，给水卫生许可批件，埋地钢管阴极保护，燃气、热力钢管焊缝探伤检测报告，功能性试验（强度试验、严密性试验），阀门抽样试验报告，隐蔽工程验收记录及监理平行检验记录。

（五）城市绿化工程

（1）绿化种植质量控制资料监督抽查内容包括：土壤化验分析报告，绿化用地检验批质量验收记录，种植穴，槽挖掘检验批质量验收记录，树木种植检验批质量验收记录，大树移植检验批质量验收记录，草坪、花卉种植检验批质量验收记录，种植材料和播种材料进场验收记录，苗木出圃单，外地购进苗木、种子检疫证，植物成活率统计记录。

（2）附属设施质量控制资料监督抽查内容包括：路基、基层压实度试验记录，路基、基层、面层检验批质量验收记录，基层、面层材料出厂合格证，检验报告，进场复试报告，管道沟槽开挖、回填和管道安装检验批质量验收记录，管沟回填压实度试验记录，给水管道压力试验记录，排水管道闭水试验记录，给水、排水管道出厂合格证、检验报告和进场验收记录，隐蔽工程验收记录。

第五节　主要技术标准规范

一、《城镇道路工程施工与质量验收规范》(CJJ1—2008)

（一）编制宗旨

为了加强城镇道路施工技术管理，规范施工要求，统一施工质量检验及验收标准，提高工程质量。

(二) 适用范围及主要内容

(1) 该规范适用于城镇新建、改建、扩建的道路及广场、停车场等工程的施工和质量检验、验收。

(2) 该规范共有18项内容：① 总则；② 术语，符号及代号；③ 基本规定；④ 施工准备；⑤ 测量；⑥ 路基；⑦ 基层；⑧ 沥青混合料面层；⑨ 沥青贯入式与沥青表面处置面层；⑩ 水泥混凝土面层；⑪ 铺砌式面层；⑫ 广场与停车场面层；⑬ 人行道铺筑；⑭ 人行地道结构；⑮ 挡土墙；⑯ 附属构筑物；⑰ 冬雨期施工；⑱ 工程质量与竣工验收。

(三) 应了解的内容

(1) 本规范修订的主要技术内容是：增加了施工技术要求；对质量验收标准进行了修订。其内容有较大扩充，将城镇道路建设中新发展的项目——广场、人行地道、隔离墩、隔离栅、声屏障等纳入本规范中。

(2) 本规范适用于城镇新建、改建、扩建的道路及广场、停车场等工程的施工和质量检验、验收。

(3) 沥青混合料面层的概念：用沥青结合料与不同矿料拌制的特粗粒式，粗粒式，中粒式，细粒式，砂粒式沥青混合料铺筑面层的总称。

(4) 工程开工前，施工单位应根据合同文件、设计文件和有关的法规、标准、规范、规程，并根据建设单位提供的施工界域内地下管线等构筑物资料、工程水文地质资料等踏查施工现场，依据工程特点编制施工组织设计，并按其管理程序进行审批。遇冬雨期等特殊气候施工时，应结合工程实际情况，制订专项施工方案，并经审批程序批准后实施。

(5) 施工单位应按合同规定的、经过审批的有效设计文件进行施工。严禁按未经批准的设计变更工程洽商进行施工。

(6) 单位工程完成后，施工单位应进行自检，并在自检合格的基础上将竣工资料、自检结果报监理工程师，申请验收。监理工程师应在预验合格后报建设单位申请正式验收。建设单位应以相关规定及时组织相关单位进行工程竣工验收，并应在规定时间内报建设行政主管部门备案。

(7) 开工前，建设单位应组织设计、勘测单位向施工单位移交现场测量控制桩、水准点，并形成文件。施工单位应结合实际情况，制订施工测量方案，建立测量控制网、线、点。

(8) 施工前，应做好量具、器具的检定工作和有关原材料的检验。

(9) 施工前，应根据施工组织设计确定的质保计划，确定工程质量控制的单位工程、分部工程、分项工程和检验批，报监理工程师批准后执行，并作为施工质量控制的基础。

（10）开工前，施工单位应在合同规定期限内向建设单位提交测量复核书面报告。经监理工程师签认批准后，方可作为施工控制桩放线测量，建立施工控制网、线、点的依据。

（11）施工前，应根据工程地质勘察报告，对路基土进行天然含水量、液限、塑限、标准击实，必要时应做颗粒分析、有机质含量、易溶盐含量、冻膨胀和膨胀量等试验。

（12）路基范围内遇有软土地层或土质不良，边坡易被雨水冲刷的地段，当设计未做处理规定时，应按规范办理设计变更，并据此制订专项施工方案。

（13）不应使用淤泥、沼泽土、泥炭土、冻土、有机土以及含生活垃圾的土做路基填料。对液限大于50%，塑性指数大于26，可溶盐含量大于5%，700℃有机质烧失量大于8%的土，未经技术处理不得用作路基填料。

（14）不同性质的土应分类、分层填筑，不得混填，填土中大于10cm的土块应打碎或剔除。填土应分层进行，下层填土验收合格后，方可进行上层填筑。路基填土宽度每侧应比设计规定宽50cm。路基填筑中宜做成双向横坡，一般土质填筑横坡宜为2%～3%，透水性小的土类填筑横坡宜为4%。透水性较大的土壤边坡不宜被透水性较小的土壤所覆盖。

（15）在路基宽度内，每层虚铺厚度应视压实机具的功能确定。人工夯实虚铺厚度应小于20cm。

（16）原地面横向坡度在1∶10～1∶5时，应先翻松表土以进行填土；原地面横向坡度陡于1∶5时应做成台阶形，每级台阶宽度不得小于1m，台阶顶面应向内倾斜；在砂土地段可不做台阶，但应翻松表层土。

（17）填土的压实遍数，应按压实度要求，经现场试验确定。碾压应自路基边缘向中央进行，压路机轮外缘距路基边应保持安全距离，压实度应达到要求，且表面应无明显轮迹、翻浆、起皮、波浪等现象。压实应在土壤含水量接近最佳含水量值时进行。

（18）当管道位于路基范围内时，其沟槽的回填土压实度应符合现行国家标准《给水排水管道工程施工及验收规范》（GB 50268—2008）的有关规定，凡管顶以上50cm范围内不得用压路机压实。当管道结构顶面至路床的覆土厚度不大于50cm时，应对管道结构进行加固；当管道结构顶面至路床的覆土厚度在50～80cm时，路基压实过程中应对管道结构采取保护或加固措施。

（19）石方填筑路基应符合下列规定：

① 修筑填石路堤应进行地表清理，先码砌边部，然后逐层水平填筑石料，以确保边坡稳定。

② 施工前应先修筑试验段，以确定能达到最大压实干密度的松铺厚度与压实机械组合及相应的压实遍数、沉降差等施工参数。

③ 填石路堤宜选用 12t 以上的振动压路机、25t 以上的轮胎压路机或 2.5t 以上的夯锤压（夯）实。

④ 路基范围内管线、构筑物四周的沟槽宜回填土料。

（20）构筑物沟槽回填：预制涵洞的现浇混凝土基础强度及预制件装配接缝的水泥砂浆强度达 5MPa 后，方可进行回填。砌体涵洞应在砌体砂浆强度达到 5MPa，且预制盖板安装后进行回填；现浇钢筋混凝土涵洞，其胸腔回填土宜在混凝土强度达到设计强度 70% 后进行，顶板以上填土应在达到设计强度后进行。涵洞两侧应同时回填，两侧填土高差不得大于 30cm。对有防水层的涵洞靠防水层部位应回填细粒土，填土中不得含有碎石、碎砖及大于 10cm 的硬块。

（21）软土路基处理：

① 软土路基施工应列入地基固结期。应按设计要求进行预压，预压期内除补填因加固沉降引起的补填土方外，严禁其他作业。

② 施工前应修筑路基处理试验路段，以获取各种施工参数。

③ 置换土施工应符合下列要求：

a. 填筑前，应排除地表水，清除腐殖土、淤泥。

b. 填料宜采用透水性土。处于常水位以下部分的填土，不得使用非透水性土壤。

c. 填土应由路中心向两侧按要求分层填筑并压实，层厚宜为 15cm。

d. 分段填筑时，接茬应按分层做成台阶形状，台阶宽不宜小于 2m。

④ 当软土层厚度小于 3.0m，且位于水下或为含水量极高的淤泥时，可使用抛石挤淤，并应符合下列要求：

a. 应使用不易风化石料，石料中尺寸小于 30cm 粒径的含量不得超过 20%。

b. 抛填方向应根据道路横断面下卧软土地层坡度而定。坡度平坦时自地基中部渐次向两侧扩展；坡度陡于 1：10 时，自高侧向低侧抛填，并在低侧边部多抛投，使低侧边部约有 2m 宽的平台顶面。

c. 抛石露出水面或软土面后，应用较小石块填平、碾压密实，再铺设反滤层填土压实。

d. 采用砂垫层置换时，砂垫层应宽出路基边脚 0.5 ~ 1.0m，两侧以片石护砌。

⑤ 采用砂桩处理软土地基应符合下列要求：

a. 砂宜采用含泥量小于 3% 的粗砂或中砂。

b. 应根据成桩方法选定填砂的含水量。

c. 砂桩应砂体连续、密实。

d. 桩长、桩距、桩径、填砂量应符合设计规定。

⑥ 采用碎石桩处理软土地基应符合下列要求：

a. 宜选用含泥沙量小于10%、粒径为19～63mm的碎石或砾石做桩料。

b. 应进行成桩试验，确定控制水压、电流和振冲器的振留时间等参数。

c. 应分层加入碎石（砾石）料，观察振实挤密效果，防止断柱、缩颈。

d. 桩距，柱长，灌石量等应符合设计规定。

⑦ 强夯处理路基时应符合下列要求。

a. 夯实施工前，必须查明场地范围内的地下管线等构筑物的位置及标高，严禁在其上方采用强夯施工，靠近其施工必须采取保护措施。

b. 施工前应按设计要求在现场选点进行试夯，通过试夯确定施工参数，如夯锤质量、落距、夯点布置、夯击次数和夯击遍数等。

c. 地基处理范围不宜小于路基坡脚外3m。

d. 应划定作业区，并应设专人指挥施工。

e. 在施工过程中，应设专人对夯击参数进行监测和记录。

（22）基层：石灰稳定土类材料宜在冬期开始前30～45d完成施工，水泥稳定土类材料宜在冬期开始前15～30d完成施工。高填土路基与软土路基，应在沉降值符合设计规定且沉降稳定后，方可施工道路基层。

（23）稳定土类道路基层材料配合比中，石灰、水泥等稳定剂计量应以稳定剂质量占全部土（粒料）的干质量百分率表示。

（24）基层材料的摊铺宽度应为设计宽度两侧加施工必要附加宽度。基层施工中严禁用贴薄层方法整平修补表面。

（25）水泥稳定土类基层原材料应符合下列规定。

① 水泥应符合下列要求：

a. 应选用初凝时间大于3h，终凝时间不小于6h的32.5级、42.5级普通硅酸盐水泥、矿渣硅酸盐水泥、火山灰硅酸盐水泥。水泥应有出厂合格证和生产日期，复验合格方可使用。

b. 水泥储存期超过3个月会受潮，应进行性能试验，合格后方可使用。

② 土应符合下列要求：

a. 土的均匀系数不应小于5，宜大于10，塑性指数宜为10～17。

b. 土中小于0.6mm颗粒的含量应小于30%。

c. 宜选用粗粒土、中粒土。

③ 颗粒应符合下列要求：

a. 级配碎石、砂砾、未筛分碎石、碎石土、砾石、煤矸石和粒状矿渣等材料均可做粒料原材。

b. 当作基层时，粒料最大粒径不宜超过 37.5mm。

c. 当作底基层时，粒料最大粒径对城市快速路、主干路不应超过 37.5mm；对次干路及以下道路不应超过 53mm。

(26) 水泥稳定土类材料 7d 抗压强度对城市快速路主干路基层为 3 ~ 4MPa，对底基层为 1.5 ~ 2.5MPa；对其他等级道路基层为 2.5 ~ 3.0MPa，底基层为 1.5 ~ 2.0MPa。

(27) 集中搅拌水泥稳定土类材料应符合下列规定：

① 集料应过筛，级配应符合设计要求。

② 混合料配合比应符合要求，计量准确；含水量应符合施工要求，并搅拌均匀。

③ 搅拌厂应向现场提供产品合格证及水泥用量，粒料级配、混合料配合比、强度标准值。

④ 水泥稳定土类材料运输时，应采取措施防止水分损失。

(28) 基层摊铺应符合下列规定：

① 施工前应通过试验确定压实系数。水泥土的压实系数宜为 1.53 ~ 1.58；水泥稳定砂砾的压实系数宜为 1.30 ~ 1.35。

② 宜采用专用摊铺机械摊铺。

③ 水泥稳定土类材料自搅拌至摊铺完成，不应超过 3h，应按当班施工长度计算用料量。

④ 分层摊铺时，应在下层养护 7d 后，方可摊铺上层材料。

(29) 基层碾压应符合下列规定：

① 应在含水量等于或略大于最佳含水量时进行。

② 先采用 12 ~ 18t 压路机做初步稳定碾压，混合料初步稳定后用大于 18t 的压路机碾压，压至表面平整、无明显轮迹，且达到要求的压实度。

③ 水泥稳定土类材料，宜在水泥初凝前碾压成活。

④ 当使用振动压路机时，应符合环境保护和周围建筑物及地下管线、构筑物的安全要求。

(30) 基层养护应符合下列规定：

基层宜采用洒水养护，保持湿润。采用乳化沥青养护，应在其上撒布适量石屑，养护期间应封闭交通。

常温下成活后应经 7d 养护，方可在其上铺筑面层。

(31) 沥青混凝土面层原材料应符合下列规定。

① 沥青应符合下列要求：

a. 宜优先采用 A 级沥青作为道路面层使用，B 级沥青可作为次干路及其以下道路面层使用。当缺乏所需标号的沥青时，可采用不同标号沥青掺配，掺配比应经试验确定。

b. 在高温条件下宜采用黏度较大的乳化沥青，寒冷条件下宜使用黏度较小的乳化沥青。

c. 当使用改性沥青时，改性沥青的基质沥青应与改性剂有良好的配伍性。

② 粗集料应符合下列要求：

a. 粗集料应符合工程设计规定的级配范围。

b. 集料对沥青的黏附性，城市快速路、主干路应大于或等于 4 级；次干路及以下道路应大于或等于 3 级。集料具有一定的破碎面颗粒含量，具有 1 个破碎面宜大于 90%，2 个及以上的宜大于 80%。

③ 细集料应符合下列要求：

a. 细集料应洁净、干燥、无风化、无杂质。

b. 热拌密级配沥青混合料中天然砂的用量不宜超过集料总量的 20%。

④ 矿粉应用石灰岩等憎水性石料磨制。城市快速路与主干路的沥青面层不应采用粉煤灰做填料。当次干路及以下道路用粉煤灰做填料时，其用量不应超过填料总量的 50%，粉煤灰的烧失量应小于 12%。

(32) 热拌沥青混合料面层：

① 热拌沥青混合料适用于各种等级道路的面层。其种类应按集料公称最大粒径，矿料级配，空隙率划分，同时应按工程要求选择适宜的混合料规格、品种。

② 沥青混合料面层集料的最大粒径应与分层压实层厚度相匹配。密级配沥青混合料，每层的压实厚度不宜小于集料公称最大粒径的 2.5 ~ 3 倍。

③ 各层沥青混合料应满足所在层位的功能性要求，便于施工，不得离析。各层应连续施工并黏结成一体。

④ 沥青混合料搅拌及施工温度应根据沥青标号及黏度、气候条件，铺装层的厚度、下卧层温度确定。聚合物改性沥青混合料搅拌及施工温度应根据实践经验经试验确定。通常宜较普通沥青混合料温度提高 10℃ ~ 20℃。

⑤ 热拌沥青混合料宜由有资质的沥青混合料集中搅拌站供应。

⑥ 用成品仓储存沥青混合料，储存期混合料降温不得大于 10℃。储存时间普通沥青混合料不得超过 72h；改性沥青混合料不得超过 24h。

⑦ 沥青混合料出厂时，应逐车检测沥青混合料的质量和温度，并附带载有出厂时间的运料单，不合格品不得出厂。沥青混合料运至摊铺地点，应对搅拌质量和温

度进行检查，合格后方可使用。

⑧ 热拌沥青混合料的摊铺应符合下列规定：

a. 热拌沥青混合料应采用机械摊铺。摊铺温度应符合规范规定。城市快速路、主干路宜采用两台以上摊铺机联合摊铺，每台机器的摊铺宽度宜小于6m。表面层宜采用多机全幅摊铺，减少施工接缝。

b. 摊铺机应具有自动或半自动方式调节摊铺厚度及找平的装置，可加热的振动熨平板或初步振动压实装置，摊铺宽度可调整等功能，且受料斗斗容应能保证更换运料车时连续摊铺。

c. 采用自动调平摊铺机摊铺最下层沥青混合料时，应使用钢丝或路缘石、平石控制高程和摊铺厚度，以上各层可用导梁引导高程控制，或采用声纳平衡梁控制方式。经摊铺机初步压实的摊铺层应符合平整度、横坡的要求。

d. 沥青混合料的最低摊铺温度应根据气温、下卧层表面温度、摊铺层厚度和沥青混合料种类经试验确定。城市快速路、主干路不宜在气温低于10℃条件下施工。

e. 沥青混合料的松铺系数应根据混合料类型、施工机械和施工工艺等通过试验段确定，试验段长不宜小于100m。

f. 摊铺沥青混合料应均匀、连续不间断，不得随意变换摊铺速度或中途停顿。摊铺速度宜为2～6m/min。摊铺时螺旋送料器应不停顿地转动，两侧应保持有不少于送料器高度2/3的混合料，并保证在摊铺机全宽度断面上不发生离析，熨平板按所需厚度固定后不得随意调整。

g. 摊铺层发生缺陷应找补，并停机检查，排除故障。

h. 路面狭窄部分、平曲线半径过小的匝道小规模工程可采用人工摊铺。

⑨ 热拌沥青混合料的压实应符合下列规定：

a. 应选择合理的压路机组合方式及碾压步骤，以达到最佳碾压结果。沥青混合料压实宜采用钢筒式静态压路机与轮胎压路机或振动压路机组合的方式压实。

b. 压实应按初压、复压、终压（包括成形）三个阶段进行。压路机应以慢而均匀的速度碾压，压路机的碾压速度应符合规范规定。初压碾压应从外侧向中心碾压，碾速稳定均匀。初压应采用轻型钢筒式压路机碾压1～2遍，初压后应检查平整度、路拱，必要时应进行修整。复压应连续进行，碾压段长度宜为60～80m，当采用不同型号的压路机组合碾压时，每一台压路机均做全幅碾压。密级配沥青混凝土宜优先采用重型的轮胎压路机进行碾压，碾压到要求的压实度为止。对大粒径沥青稳定碎石类基层，宜优先采用振动压路机复压。厚度小于30mm的沥青层不宜采用振动压路机碾压，相邻碾压带重叠宽度宜为10～20cm。振动压路机折返时应先停止振动。采用三轮钢筒式压路机时，总质量不宜小于12t。大型压路机难以碾压的部位，宜采用小型压实工具进行压实。终压宜选用双轮钢筒式压路机，碾压至无明显轮迹为止。

⑩ 在碾压过程中，碾压轮应保持清洁，可对钢轮涂刷隔离剂或防黏剂，严禁刷柴油。当采用向碾压轮喷水（可添加少量表面活性剂）方式时，必须严格控制喷水量，水应成雾状，不得漫流。

⑪ 压路机不得在未碾压成形路段上转向、调头、加水或停留。在当天成形的路面上，不得停放各种机械设备或车辆，不得散落矿料，油料等杂物。

⑫ 沥青混合料面层的施工接缝应紧密、平顺。上、下层的纵向热接缝应错开15cm，冷接缝应错开30～40cm。相邻两幅及上、下层的横向接缝均应错开1m以上。表面层接缝采用直茬，以下各层可采用斜接茬，层较厚时也应做阶梯形接茬。对冷接茬施作前，应在茬面涂少量沥青并预热。沥青混合料面层完成后应加强保护，控制交通，不得在面层上堆土或拌制砂浆。

(33) 水泥混凝土面层。

① 对材料的要求。

a. 水泥：重交通以上等级道路、城市快速路、主干路应采用42.5级以上的道路硅酸盐水泥或硅酸盐水泥、普通硅酸盐水泥；中、轻交通等级的道路可采用矿渣水泥，其强度等级不宜低于32.5级。水泥应有出厂合格证（含化学成分、物理指标），并经复验合格，方可使用。不同等级、厂牌、品种、出厂日期的水泥不得混存、混用。出厂期超过3个月或受潮的水泥，必须经过试验，合格后方可使用。

b. 粗集料：粗集料应采用质地坚硬、耐久、洁净的碎石、砾石、破碎砾石，其最大公称粒径，碎砾石不应大于26.5mm，碎石不应大于31.5mm，砾石不宜大于19.0mm，钢纤维混凝土粗集料最大粒径不宜大于19.0mm。

c. 细集料：宜采用质地坚硬、细度模数在2.5以上符合级配规定的洁净粗砂、中砂。城市快速路、主干路宜采用一级砂和二级砂。海砂不得直接用于混凝土面层。淡化海砂不应用于城市快速路、主干路、次干路，可用于支路。

② 混凝土面层应拉毛、压痕或刻痕，其平均纹理深度应为1～2mm。

③ 横缝施工时胀缝间距应符合设计规定，缝宽宜为20mm。在与结构物衔接处、道路交叉和填挖土方变化处，应设胀缝。缩缝应垂直板面，宽度宜为4～6mm。切缝时，宜在水泥混凝土强度达到设计强度25%～30%时进行。

④ 水泥混凝土面层成活后，应及时养护。可选用保湿法和塑料薄膜覆盖等方法养护。气温较高时，养护不宜少于14d；气温较低时，养护期不宜少于21d。混凝土板在达到设计强度的40%以后，方可允许行人通行。混凝土板养护期满后应及时填缝，缝内遗留的砂石、灰浆等杂物，应剔除干净。

二、《给水排水管道工程施工及验收规范》(GB 50268—2008)

(一) 编制宗旨

为了加强给水排水管道工程施工管理，规范施工技术，统一施工质量检验、验收标准，确保工程质量。

(二) 适用范围及主要内容

(1) 该规范适用于新建、扩建和改建城镇公共设施和工业企业的室外给排水管道工程的施工及验收；不适用于工业企业中具有特殊要求的给排水管道施工及验收。

(2) 该规范共包含 9 项内容:① 总则;② 术语;③ 基本规定;④ 土石方与地基处理;⑤ 开槽施工管道主体结构；⑥ 不开槽施工管道主体结构；⑦ 沉管和桥管施工主体结构；⑧ 管道附属构筑物；⑨ 管道功能性试验。

(三) 应了解的内容

1. 术语

压力管道：是指工作压力大于或等于 0.1MPa 的给排水管道。无压管道：是指工作压力小于 0.1MPa 的给排水管道。

③ 顶管法：借助于顶推装置，将预制管节顶入土中的地下管道不开槽施工方法。

④ 盾构法：采用盾构机在地层中掘进的同时，拼装预制管片或现浇混凝土构筑地下管道的不开槽施工方法。

⑤ 浅埋暗挖法：利用土层在开挖过程中短时间的自稳能力，采取适当的支护措施，使围岩或土层表面形成密贴型薄壁支护结构的不开槽施工方法。

2. 土石方与地基处理

(1) 给排水管道铺设完毕并经检验合格后，应及时回填沟槽。

① 预制钢筋混凝土管道的现浇筑基础的混凝土强度、水泥砂浆接口的水泥强度不应小于 5MPa。

② 化学建材管道或管径大于 900mm 的钢管、球墨铸铁管等柔性管道在沟槽回填前，应采取措施控制管道的竖向变形。

(2) 施工降排水。

① 设计降水深度在基坑 (槽) 范围内不应小于基坑 (槽) 底面以下 0.5m。

② 在沟槽两侧应根据计算确定采用单排或双排降水井，在沟槽端部，降水井外

延长度应为沟槽宽度的 1 ~ 2 倍。

③ 采取明沟排水施工时，排水井宜布置在沟槽范围以外，其间距不宜大于 150m。

(3) 沟槽每侧临时堆土或施加其他荷载时，堆土距沟槽边缘不小于 0.8m，且高度不应超过 1.5m；沟槽边堆置土方不得超过设计堆置高度。

(4) 沟槽挖深较大时，应确定分层开挖的深度，并符合下列规定：

① 人工开挖沟槽的槽深超过 3m 时应分层开挖，每层的深度不超过 2m。

② 人工开挖多层沟槽的层间留台宽度：放坡开槽时不应小于 0.8m，直槽时不应小于 0.5m，安装井点设备时不应小于 1.5m。

(5) 槽底局部超挖或发生扰动时，超挖深度不超过 150mm 时，可用挖槽原土回填夯实，其压实度不应低于原地基土的密实度；槽底地基土壤含水量较大，不适于压实时，应采取换填等有效措施。

(6) 排水不良造成地基土扰动时，可按以下方法处理：

① 扰动深度在 100mm 以内，宜填天然级配砂石或砂砾处理。

② 扰动深度在 300mm 以内，但下部坚硬时，宜填卵石或块石，再用砾石填充空隙并找平表面。

(7) 除设计有要求外，回填材料应符合下列规定。

① 采用土回填时，应符合下列规定：

a. 槽底至管顶以上 500mm 范围内，土中不得含有机物、冻土以及大于 50mm 的砖、石等硬块；在抹带接口处，防腐绝缘层或电缆周围，应采用细粒土回填。

b. 冬期回填时管顶以上 500mm 范围以外可均匀掺入冻土，其数量不得超过填土总体积的 15%，且冻块尺寸不得超过 100mm。

c. 回填土的含水量，宜按土类和采用的压实工具控制在最佳含水率 ± 2% 的范围内。

② 采用石灰土、砂、砂砾等材料回填时，其质量应符合设计要求或有关标准规定。

(8) 刚性管回填管道两侧和管顶以上 500mm 范围内胸腔夯实，应采用轻型压实机具，管道两侧压实面的高差不应超过 300mm。柔性管回填从管底基础部位开始到管顶以上 500mm 范围内，必须采用人工回填；管顶 500mm 以上部位，可用机械从管道轴线两侧同时夯实；每层回填高度应不大于 200mm。

(9) 采用轻型压实设备时，应夯夯相连；采用压路机时，碾压的重叠宽度不得小于 200mm；采用压路机、振动压路机等压实机械压实时，其行驶速度不得超过 2km/h。

（10）柔性管道回填至设计高程时，应在12～24h内测量并记录管道变形率，变形率应符合设计要求；设计无要求时，钢管或球墨铸铁管道变形率应不超过2%，化学建材管道变形率应不超过3%。

3. 开槽施工管道主体结构

（1）管节堆放宜选用平整、坚实的场地；堆放时必须垫稳，防止滚动。

（2）管道保温层的施工法兰两侧应留有间隙，每侧间隙的宽度为螺栓长加20～30mm。

（3）管道基础采用原状地基时，施工应符合下列规定：

① 岩石地基局部超挖时，应将基底碎渣全部清理，回填低强度等级混凝土或粒径10～15mm的砂石夯实。

② 原状地基为岩石或坚硬土层时，管道下方应铺设砂垫层。

（4）砂石基础施工，柔性管道的基础结构设计无要求时，宜铺设厚度不小于100mm的中粗砂垫层；软土地基宜铺垫一层厚度不小于150mm的砂砾或5～40mm粒径碎石，其表面再铺厚度不小于50mm的中、粗砂垫层。刚性管道的基础结构，设计无要求时一般土质地段可铺设砂垫层，亦可铺设25mm以下粒径碎石，表面再铺20mm厚的砂垫层（中、粗砂）。

（5）同一管节允许有两条纵缝，管径大于或等于600mm时，纵向焊缝的间距应大于300mm；管径小于600mm时，其间距应大于100mm。

（6）弯管起弯点至接口的距离不得小于管径，且不得小于100mm。

（7）不同壁厚的管节对口时，管壁厚度相差不宜大于3mm。不同管径的管节相连时，当两管径相差大于小管管径的15%时，可用渐缩管连接。渐缩管的长度不应小于两管径差值的2倍，且不应小于200mm。

（8）直线管段不宜采用长度小于800mm的短节拼接。

（9）钢筋混凝土管及（自）应力混凝土管安装，管径大于或等于700mm时，应采用水泥砂浆将管道内接口部位抹平、压光；管径小于700mm时，填缝后应立即拖平。

（10）预应力钢筒混凝土管内表面出现的环向裂缝或者螺旋状裂缝宽度不应大于0.5mm（浮浆裂缝除外）；距离管的插口端300mm范围内出现的环向裂缝宽度不应大于1.5mm；管内表面不得出现长度大于150mm的纵向可见裂缝。

4. 不开槽施工管道主体结构

（1）水平定向法施工，应根据设计要求选用聚乙烯管或钢管；夯管法施工采用钢管、管材的规格、性能还应满足施工方案要求；夯管施工时，轴向最大锤击力的确定应满足管材力学性能要求，其管壁厚度应符合设计和施工要求；管节的圆度不应大于0.005倍管内径，管端面垂直度不应大于0.001倍，管内径且不大于1.5mm。

(2) 应根据工作井的尺寸、结构形式、环境条件等因素确定支护结构和支护(撑)形式；在土方开挖过程中，应遵循“开槽支撑、先撑后挖、分层开挖、严禁超挖”的原则进行开挖与支撑；井底封底前，应设置集水坑，坑上应设有盖；封闭集水坑时应进行抗浮验算；在地面井口周围应设置安全护栏、防汛墙和防雨设施。

(3) 顶管的顶进工作井装配式后背墙宜采用方木、型钢或钢板等组装，底端宜在工作坑底以下且不小于500mm；组装构件应规格一致、紧贴固定；后背土体壁面应与后背墙贴紧，有孔隙时应采用砂石料填塞密实。

(4) 顶管施工应根据工程具体情况采用下列技术措施：

① 一次顶进距离大于100m时，应采用中继间技术。

② 在沙砾层或卵石层顶管时，应采取管节外表面熔蜡措施、触变泥浆技术等，减少顶进阻力和稳定周围土体。

③ 长距离顶管应采用激光定向等测量控制技术。

(5) 管道顶进过程中，应遵循“勤测量、勤纠偏、微纠偏”的原则，控制顶管机前进方向，并应根据测量结果分析偏差产生的原因和发展趋势，确定纠偏的措施。

(6) 触变泥浆注浆工艺应遵循“同步注浆与补浆相结合”和“先注后顶，随顶随注、及时补浆”的原则，制定合理的注浆工艺。

5. 沉管和桥管施工主体结构

组对拼装后管道(段)预水压试验应按设计要求进行，当设计无要求时，试验压力应为工作压力的2倍，且不得小于1.0MPa，试验压力达到规定值后保持恒压10min，不得有降压和渗水现象。

6. 管道附属构筑物

(1) 井室的混凝土基础应与管道基础同时浇筑。

(2) 砌块应垂直砌筑，需收口砌筑时，应按设计要求的位置设置钢筋混凝土梁进行收口；圆井采用砌块逐层砌筑收口，四面收口时每层收进不应大于30mm，偏心收口时每层不应大于50mm。

(3) 支墩宜采用混凝土浇筑，其强度等级不应低于C15。采用砌筑结构时，水泥砂浆强度不应低于M7.5。

7. 管道功能性试验

(1) 当管道采用两种(或两种以上)管材时，宜按不同管材分别进行试验；当不具备分别试验的条件必须组合试验，设计无具体要求时，应采用不同管材的管段中试验标准最高的标准进行试验。

(2) 管道的试验长度除本规范规定和设计另有要求外，压力管道水压试验的管段长度不宜大于1.0km；无压力管道的闭水试验，若条件允许可一次试验不超过5个连续井段；对于无法分段试验的管道，应由工程有关方面根据工程具体情况确定。

(3) 采用钢管、化学建材管的压力管道，管道中最后一个焊接接口完毕一个小时后方可进行水压试验。

三、《城市桥梁工程施工与质量验收规范》(CJJ2—2008)

(一) 编制宗旨

为了加强城市桥梁工程施工管理，规范施工技术标准，统一施工质量检验、验收标准，确保工程质量。

(二) 适用范围及主要内容

(1) 该规范适用于一般地质条件下城市桥梁的新建、改建、扩建工程和大、中修维护工程的施工与质量验收。

(2) 该规范共包含23项内容:① 总则;② 基本规定;③ 施工准备；④ 测量；⑤ 模板、支架和拱架;⑥ 钢筋;⑦ 混凝土;⑧ 预应力混凝土;⑨ 砌体；⑩ 基础;⑪ 墩台;⑫ 支座;⑬ 混凝土梁(板);⑭ 钢梁;⑮ 结合梁;⑯ 拱部与拱上结构;⑰ 斜拉桥;⑱ 悬索桥；⑲ 顶进箱梁;⑳ 桥面系;㉑ 附属结构;㉒ 装饰与装修;㉓ 工程竣工验收。

(三) 主要内容

(1) 施工单位应根据施工文件的要求，依据国家现行标准的有关规定，做好原材料的检验，水泥混凝土的试配与有关量具、器具的检定工作。

(2) 开工前，应将工程划分为单位(子单位)、分部(子分部)、分项工程和检验批，作为施工控制的基础。

(3) 根据桥梁的形式、跨径及设计要求的施工精度、施工方案，编制工程测量方案，确定在利用原设计网基础上加密或重新布设控制网。补充施工需要的水准点、桥涵轴线，墩台控制桩。

(4) 验算模板、支架和拱架的抗倾覆稳定时，各施工阶段的稳定系数均不得小于1.3。

(5) 模板、支架和拱架的设计中应设施工预拱度。施工预拱度应考虑下列因素:

① 设计文件规定的结构预拱度;

② 支架和拱架承受全部施工荷载引起的弹性变形;

③ 受载后由于杆件接头处的挤压和卸落设备压缩而产生的非弹性变形;

④ 支架、拱架基础受载后的沉降。

(6) 支架立柱必须落在有足够承载力的地基上，立柱低端必须放置垫板或混凝土垫块。支架地基严禁被水浸泡，冬期施工必须采取防止冻胀的措施。

(7) 安装模板应符合下列规定：

① 支架、拱架安装完毕，经检验合格后方可安装模板；

② 安装模板应与钢筋工序配合进行，妨碍绑扎钢筋的模板，应待钢筋工序结束后再安装；

③ 安装墩、台模板时，其底部应与基础预埋件连接牢固，上部应采用拉杆固定；

④ 模板在安装过程中，必须设置防倾覆设施。

(8) 模板、支架和拱架拆除应按设计要求的程序和措施进行，遵循“先支后拆、后支先拆”的原则。支架和拱架，应按几个循环卸落，卸落量宜由小渐大。每一循环中，在横向应同时卸落，在纵向应对称均衡卸落。

(9) 预应力混凝土结构的侧模应在预应力张拉前拆除；底模应在结构建立预应力后拆除。

(10) 钢筋的级别、种类和直径应按设计要求采用。当需要代换时，应由原设计单位作变更设计。

(11) 钢筋接头设置应符合下列规定：在同一根钢筋上宜少设接头。

① 钢筋接头应设在受力较小区段，不宜位于构件的最大弯矩处。

② 在任一焊接或绑扎接头长度区段内，同一根钢筋不得有两个接头，在该区段内的受力钢筋，其接头的截面面积占总截面面积的百分率应符合有关规定。

③ 接头末端至钢筋弯起点的距离不得小于钢筋直径的10倍。

④ 施工中钢筋受力分不清受拉、受压的，按受拉办理。

⑤ 钢筋接头部位横向净距不得小于钢筋直径，且不得小于25mm。

(12) 从事钢筋焊接的焊工必须经考试合格后持证上岗。钢筋焊接前，必须根据施工条件进行试焊。

(13) 钢筋的混凝土保护层厚度，必须符合设计要求。设计无规定时应符合下列规定：

① 普通钢筋和预应力直线形钢筋的最小混凝土保护层厚度不得小于钢筋公称直径，后张法构件预应力直线形钢筋不得小于其管道直径的1/2，且应符合耐久性的规定。

② 当受拉区主筋的混凝土保护层厚度大于50mm时，应在保护层内设置直径不小于6mm，间距不大于100mm的钢筋网。

③ 钢筋机械连接件的最小保护层厚度不得小于20mm。

④应在钢筋与模板之间设置垫块，确保钢筋的混凝土保护层厚度，垫块应与钢筋绑扎牢固，错开布置。

(14) 混凝土的强度达到2.5MPa后，方可承受小型施工机械荷载，进行下道工序前，混凝土应达到相应的强度。

(15) 混凝土用砂一般应以细度模数2.5～3.5的中、粗砂为宜。

(16) 粗骨料最大粒径应按混凝土结构情况及施工方法选取，最大粒径不得超过结构最小边尺寸的1/4和钢筋最小净距的3/4；在两层或多层密布钢筋结构中，不得超过钢筋最小净距的1/2，同时最大粒径不得超过100mm。

(17) 混凝土配合比应以质量比计，并应通过设计和试配选定，试配时应使用施工实际采用的材料，配制的混凝土拌合物应满足和易性、凝结时间等施工技术条件制成的混凝土应符合强度、耐久性等要求。

(18) 混凝土在运输过程中应采取防止发生离析、漏浆、严重泌水及坍落度损失等现象的措施。用混凝土搅拌运输车运输混凝土时，途中应以每分钟2～4转的慢速进行搅动。当运至现场的混凝土出现离析、严重泌水等现象，应进行第二次搅拌。经二次搅拌仍不符合要求，则不得使用。

(19) 浇筑混凝土前，应对支架、模板、钢筋和预埋件进行检查，确认符合设计和施工设计要求。模板内的杂物、积水与钢筋上的污垢应清理干净。模板内面应涂刷隔离剂，并不得污染钢筋等。

(20) 自高处向模板内倾卸混凝土时，其自由倾落高度不得超过2m；当倾落高度超过2m时，应通过串筒、溜槽或振动溜管等设施下落，倾落高度超过10m时应设置减速装置。

(21) 混凝土施工缝设置应符合下列规定。

①施工缝宜留置在结构受剪力和弯矩较小、便于施工的部位，且应在混凝土浇筑之前确定。施工缝不得呈斜面。

②先浇混凝土表面的水泥砂浆和松弱层应及时凿除。凿除时的混凝土强度、水冲法应达到0.5MPa；人工凿毛应达到2.5MPa；机械凿毛应达到10MPa。

③经凿毛处理的混凝土面，应清除干净，在浇筑后续混凝土前，应铺10～20mm同配比的水泥砂浆。

④重要部位及有抗震要求的混凝土结构或钢筋稀疏的混凝土结构，应在施工缝处补插锚固钢筋或石榫；有抗渗要求的施工缝宜做成凹形、凸形或设止水带。

⑤经施工缝处理后，应待下层混凝土强度达到2.5MPa后，方可浇筑后续混凝土。

(22) 施工现场应根据施工对象、环境、水泥品种、外加剂以及对混凝土性能的要求，制订具体的养护方案，并应严格执行方案规定的养护制度。

(23) 常温下混凝土浇筑完成后，应及时覆盖并洒水养护。

(24) 当气温低于5℃时，应采取保温措施，并不得对混凝土洒水养护。

(25) 采用塑料膜覆盖养护时，应在混凝土浇筑完成后及时覆盖严密，保证膜内有足够的凝结水。

(26) 抗渗混凝土拆模时，结构表面温度与环境气温之差不得大于15℃。地下结构部分的抗渗混凝土，拆模后应及时回填。

(27) 大体积混凝土应均匀分层、分段浇筑，并应符合下列规定。

① 分层混凝土厚度宜为1.5～2.0m。

② 分段数目不宜过多。当横截面面积在200m^{2}以内时不宜大于2段，在300m^{2}以内时不宜大于3段。每段面积不得小于50m^2。

③ 上、下层的竖缝应错开。

(28) 大体积混凝土应在环境温度较低时浇筑，浇筑温度（振捣后50～100mm深处的温度）不宜高于28℃。

(29) 大体积混凝土应采取循环水冷却、蓄热保温等控制体内外温差的措施，并及时测定浇筑后混凝土表面和内部的温度，其温差应符合设计要求，当设计无规定时不宜大于25℃。

(30) 冬期施工期间，当采用硅酸盐水泥或普通硅酸盐水泥配制混凝土，抗压强度未达到设计强度的30%时；或采用矿渣硅酸盐水泥配制混凝土抗压强度来达到设计强度的40%时；C15及以下的混凝土抗压强度未达到5MPa时，混凝土不得受冻。浸水冻融条件下的混凝土开始受冻时，不得小于设计强度的75%。

(31) 冬期混凝土拆模时混凝土与环境的温差不得大于15℃。当温差在10℃～15℃时，拆除模板后的混凝土表面应采取临时覆盖措施。采用外部热源加热养护的混凝土，当环境气温在0℃以下时，应待混凝土冷却至5℃以下后，方可拆除模板。

(32) 高温期混凝土浇筑完成后，表面宜立即覆盖塑料膜，终凝后覆盖土工布等材料，并应洒水保持湿润。

(33) 预应力筋锚具、夹具和连接器的相关规定。

① 锚具、夹具和连接器验收批的划分：在同种材料和同一生产工艺条件下，锚具和夹具应以不超过1000套为一个验收批；连接器应以不超过500套为一个验收批。

② 外观检查：应从每批中抽取10%的锚具（夹具或连接器）且不少于10套，检查其外观和尺寸，如有一套表面有裂纹或超过产品标准及设计要求规定的允许偏差，则应另取双倍数量的锚具重做检查，如仍有一套不符合要求，则应全数检查，合格后方可投入使用。

③ 硬度检查：应从每批中抽取5%的锚具（夹具或连接器）且不少于5套，对其中有硬度要求的零件做硬度试验，对多孔夹具式锚具的夹具，每套至少抽查5片。每个零件测试3点，其硬度应在设计要求范围内，如有一个零件不合格，则应另取双倍数量的零件重新试验，如仍有一个零件不合格，则应逐个检查，合格后方可使用。

④ 静载锚固性试验：大桥、特大桥等重要工程，质量证明文件不齐全、不正确或质量有疑点的锚具，经上述检查合格后，应从同批锚具中抽取6套锚具（夹具或连接器）组成3个预应力锚具组装件，进行静载锚固性能试验，如有一个试件不符合要求，则应另取双倍数量的锚具（夹具或连接器）重做试验，如仍有一个试件不符合要求，则该批锚具（夹具或连接器）为不合格品。一般中、小桥使用的锚具（夹具或连接器），其静载锚固性能可由锚具生产厂提供试验报告。

（34）预应力管道应具有足够的刚度、能传递黏结力，且应符合下列要求：

① 胶管的承受压力不得小于5kN，极限抗拉力不得小于7.5kN，且应具有较好的弹性恢复性能。

② 钢管和高密度聚乙烯管的内壁应光滑，壁厚不得小于2mm。

③ 金属螺旋管道宜采用镀锌材料制作，制作金属螺旋管的钢带厚度不宜小于0.3mm。

（35）预应力钢筋张拉应由工程技术负责人主持，张拉作业人员应经培训考核合格后方可上岗。

（36）预应力筋采用应力控制方法张拉时，应以伸长值进行校核。实际伸长值与理论伸长值的差值应符合设计要求；设计无规定时，实际伸长值与理论伸长值之差应控制在6%以内。

（37）后张法预应力筋张拉应符合下列要求：

① 混凝土强度应符合设计要求；设计未规定时，不得低于设计强度的75%。且应将限制位移的模板拆除后，方可进行张拉。

② 张拉前应根据设计要求对孔道的摩擦阻力损失进行实测，以便确定张拉控制应力，并确定预应力筋的理论伸长值。

③ 预应力筋的张拉顺序应符合设计要求；当设计无规定时，可采取分批、分阶段对称张拉，宜先中间，后上、下或两侧。

（38）后张法预应力施工压浆过程中及压浆后48h内，结构混凝土的温度不得低于5℃，否则应采取保温措施。当白天气温高于35℃时，压浆宜在夜间进行。孔道内的水泥浆强度达到设计规定后方可吊移预制构件；设计未规定时，不应低于砂浆设计强度的75%。

(39) 砌体砂浆应使用机械搅拌，搅拌时间不得少于1.5min。砂浆应随拌随用，并应在拌合后4h内使用完毕。在运输和储存中发生离析、泌水时，使用前应重新拌合，已凝结的砂浆不得使用。

(40) 浆砌石采用分段砌筑时，相邻段的高差不宜超过1.2m，工作缝位置宜在伸缩缝或沉降缝处。同一砌体当天连续砌筑高度不宜超过1.2m。

(41) 浆砌片石墙必须设置拉结石，拉结石应均匀分布，相互错开，每0.7m³墙面至少应设置一块。

(42) 浆砌块石砌筑镶面石时，上下层立缝错开的距离应大于8cm。

(43) 浆砌料石每层镶面石均应采用一丁一顺砌法，宽度应均匀。相邻两层立缝错开距离不得小于10cm；在丁石的上层和下层不得有立缝；所有立缝均应垂直。

(44) 砌体勾缝形式、砂浆强度等级应符合设计要求。设计而无规定时，块石砌体宜采用凸缝或平缝，细料石及粗料石砌体应采用凹缝，勾缝砂浆强度等级不得低于M10。

(45) 砌石勾缝宽度应保持均匀，片石勾缝宽度宜为3～4cm；块石勾缝宽度宜为2～3cm；料石、混凝土预制块缝宽宜为1～1.5cm。

(46) 块石砌体勾缝应保持砌筑的自然缝，勾凸缝时，灰缝应整齐，拐弯圆滑流畅，宽度一致，不出毛刺，不得空鼓脱落。料石砌体勾缝应横平竖直，深浅一致，十字缝衔接平顺，不得有狭缝、丢缝和黏接不牢等现象，勾缝深度应较墙面凹进5mm。

(47) 砌体在砌筑和勾缝砂浆初凝后，应立即覆盖洒水，湿润养护7～14d，养护期间不得碰撞、振动或承重。

(48) 冬期砌体施工砂浆强度未达到设计强度的70%时，不得使其受冻。

(49) 扩大基础当地基承载力不满足设计要求或出现超挖、被水浸泡现象时，应按设计要求处理，并在施工前结合现场情况，编制专项地基处理方案。

(50) 钻孔灌注桩清孔后的沉渣厚度应符合设计要求。设计未规定时，摩擦桩的沉渣厚度不应大于300mm；端承桩的沉渣厚度不应大于100mm。

(51) 在特殊条件下需人工挖孔时，应根据设计文件、水文地质条件、现场状况，编制专项施工方案。其护壁结构应经计算确定。施工中应采取防坠落、坍塌、缺氧和有毒、有害气体中毒的措施。

(52) 沉井下沉至设计高程后应清理、平整基底，经检验符合设计要求后，应及时封底。

(53) 承台施工前应检查基桩位置，确认符合设计要求，如偏差超过检验标准，应会同设计、监理工程师制定措施并实施后，方可施工。

(54) 在基坑无水情况下浇筑钢筋混凝土承台，如设计无要求，基底应浇筑 10cm 厚混凝土垫层。在基坑有渗水情况下浇筑钢筋混凝土承台，应有排水措施，基坑不得积水。如设计无要求，基底可铺 10cm 厚碎石，并浇筑 5 ~ 10cm 厚混凝土垫层。

(55) 重力式混凝土墩台施工应符合下列规定。

① 墩台混凝土浇筑前应对基础混凝土顶面做凿毛处理，清除锚筋污锈。

② 墩台混凝土宜水平分层浇筑，每次浇筑高度宜为 1.5 ~ 2m。

③ 墩台混凝土分块浇筑时，接缝应与墩台截面尺寸较小的一边平行，邻层分块接缝应错开，接缝宜做成企口形。分块数量，墩台水平截面积在 200m^2 内不得超过 2 块；在 300m^2 以内不得超过 3 块，每块面积不得小于 50m^2。

(56) 盖梁为悬臂梁时，混凝土浇筑应从悬臂端开始；预应力钢筋混凝土盖梁拆除底模时间应符合设计要求；如设计无规定，预应力孔道压浆强度应达到设计强度后，方可拆除底模板。

(57) 墩台砌体应采用坐浆法分层砌筑，竖缝均应错开，不得贯通。

(58) 台背、锥坡应同时回填，并应按设计宽度一次填齐。

(59) 台背填土宜与路基填土同时进行，宜采用机械碾压，台背 0.8 ~ 1m 范围内宜回填砂石、半刚性材料，并采用小型压实设备或人工夯实。

(60) 拱桥台背填土应在主拱施工前完成；拱桥台背填土长度应符合设计要求。

(61) 当实际支座安装温度与设计要求不同时，应通过计算设置支座顺桥方向的预偏量。

(62) 支座安装平面位置和顶面高程必须正确，不得偏斜、脱空、不均匀受力。

(63) 墩台帽、盖梁上的支座垫石和挡块宜二次浇筑，确保其高程和位置的准确。垫石混凝土的强度必须符合设计要求。

(64) 混凝土梁（板）在固定支架上浇筑施工应符合下列规定：

① 支架的地基承载力应符合要求，必要时，应采取加强处理或其他措施。

② 应有简便可行的落架拆模措施。

③ 各种支架和模板安装后，宜采取预压方法消除拼装间隙和地基沉降等非弹性变形。

④ 安装支架时，应根据梁体和支架的弹性、非弹性变形，设置预拱度。

⑤ 支架底部应有良好的排水措施，不得被水浸泡。

⑥ 浇筑混凝土时应采取防止支架不均匀下沉的措施。

参考文献

[1] 王占怀，张乐荣，陈江洲 . 房屋建筑工程质量监督检查实用手册 [M]. 北京：中国建筑工业出版社，2018.

[2] 孙猛，张少坤，冯泽龙 . 建筑工程质量检测与安全监督 [M]. 沈阳：辽宁大学出版社，2018.

[3] 江苏省建设工程质量监督总站 . 建设工程质量监督实务（第 2 版）[M]. 北京：中国建筑工业出版社，2014.

[4] 徐兴华 . 建设工程质量监督管理 [M]. 济南：黄河出版社，2014.

[5] 王鹏，李松良，王蕊 . 建筑设备 [M]. 北京：北京理工大学出版社，2019.

[6] 丑洋 . 建筑设备 [M]. 北京：北京理工大学出版社，2018.

[7] 袁湘玲，周倩 . 防雷装置设计技术评价方法与应用 [M]. 北京：气象出版社，2018.

[8] 林建民 . 防雷装置设计与安装修订版 [M]. 北京：气象出版社，2017.

[9] 聂智平 . 大型雷电探测网雷电定位解算研究 [M]. 长沙：湖南科学技术出版社，2016.

[10] 郭在华 . 雷电监测与预警技术 [M]. 北京：电子工业出版社，2018.

[11] 金跃衡，郝英 . 建筑工程质量监督管理工作技术导则 [M]. 天津：天津科学技术出版社，2017.

[12] 郭汉丁，郝海，张印贤 . 工程质量政府监督多层次激励协同机理研究 [M]. 北京：中国建筑工业出版社，2017.

[13] 浙江通志编纂委员会 . 浙江通志第 35 卷质量技术监督管理志 [M]. 杭州：浙江人民出版社，2019.

[14] 江苏省建设工程质量监督总站 . 房屋建筑和市政基础设施工程质量监督工作指南 [M]. 南京：江苏凤凰科学技术出版社，2018.